全国高等职业院校食品类专业第二轮规划教材

（供食品营养与健康、食品检验检测技术、食品生物技术、食品质量与安全等专业用）

食品微生物检验技术

第2版

主　编　李宝玉　孙运芳　臧学丽

副主编　王　婧　胡海霞　宫春波

编　者　（以姓氏笔画为序）

王　彪（安庆医药高等专科学校）

王　婧（湖南食品药品职业学院）

王菲菲（天津生物工程职业技术学院）

孙运芳（山东医学高等专科学校）

李宝玉（广东农工商职业技术学院）

张红丹（长春市食品药品检验中心）

呼雅丽（长春医学高等专科学校）

赵　炫（广东农工商职业技术学院）

赵玉娟（扎兰屯职业学院）

胡海霞（内蒙古农业大学职业技术学院）

宫春波（烟台市疾病预防控制中心）

常玉梅（山东药品食品职业学院）

臧学丽（长春医学高等专科学校）

中国健康传媒集团

中国医药科技出版社

内 容 提 要

　　本教材为"全国高等职业院校食品类专业第二轮规划教材"之一，系根据本套教材的编写指导思想和原则要求，结合专业培养目标和本课程的教学目标内容与任务要求写成。本教材具有专业针对性强、紧密结合时代行业要求和社会用人需求、与职业技能鉴定相对接等特点；内容主要包括食品微生物实验室建设与管理、食品微生物检验基本技能、食品卫生指示菌检验技术、食品中常见病原微生物检验技术、发酵食品微生物检验技术、罐藏食品的微生物检验技术、食品微生物快速检验技术等。本教材为书网融合教材，即纸质教材有机融合电子教材、教学配套资源、题库系统、数字化教学服务（在线教学、在线作业、在线考试）等。

　　本教材主要供全国高等职业院校食品营养与健康、食品检验检测技术、食品生物技术、食品质量与安全等专业师生教学使用，也可作为其他相关专业及企业技术人员的参考用书。

图书在版编目（CIP）数据

食品微生物检验技术 / 李宝玉，孙运芳，臧学丽主编. -- 2 版. -- 北京：中国医药科技出版社，2025. 1.
（全国高等职业院校食品类专业第二轮规划教材）.
ISBN 978-7-5214-4983-9

Ⅰ. TS207. 4

中国国家版本馆 CIP 数据核字第 20252X2X74 号

美术编辑　陈君杞
版式设计　友全图文

出版　**中国健康传媒集团** | 中国医药科技出版社
地址　北京市海淀区文慧园北路甲 22 号
邮编　100082
电话　发行：010 - 62227427　邮购：010 - 62236938
网址　www. cmstp. com
规格　889mm × 1194mm $\frac{1}{16}$
印张　14
字数　397 千字
初版　2019 年 1 月第 1 版
版次　2025 年 1 月第 2 版
印次　2025 年 1 月第 1 次印刷
印刷　河北环京美印刷有限公司
经销　全国各地新华书店
书号　ISBN 978-7-5214-4983-9
定价　49.00 元

获取新书信息、投稿、
为图书纠错，请扫码
联系我们。

为了贯彻党的二十大精神，落实《国家职业教育改革实施方案》《关于推动现代职业教育高质量发展的意见》等文件精神，对标国家健康战略、服务健康产业转型升级，服务职业教育教学改革，对接职业岗位需求，强化职业能力培养，中国健康传媒集团中国医药科技出版社在教育部、国家药品监督管理局的领导下，通过走访主要院校，对2019年出版的"全国高职高专院校食品类专业'十三五'规划教材"进行广泛征求意见，有针对性地制定了第二轮规划教材的修订出版方案，并组织相关院校和企业专家修订编写"全国高等职业院校食品类专业第二轮规划教材"。本轮教材吸取了行业发展最新成果，体现了食品类专业的新进展、新方法、新标准，旨在赋予教材以下特点。

1. 强化课程思政，体现立德树人

坚决把立德树人贯穿、落实到教材建设全过程的各方面、各环节。教材编写将价值塑造、知识传授和能力培养三者融为一体。深度挖掘提炼专业知识体系中所蕴含的思想价值和精神内涵，科学合理拓展课程的广度、深度和温度，多角度增加课程的知识性、人文性，提升引领性、时代性和开放性。深化职业理想和职业道德教育，教育引导学生深刻理解并自觉实践行业的职业精神和职业规范，增强职业责任感。深挖食品类专业中的思政元素，引导学生树立坚持食品安全信仰与准则，严格执行食品卫生与安全规范，始终坚守食品安全防线的职业操守。

2. 体现职教精神，突出必需够用

教材编写坚持"以就业为导向、以全面素质为基础、以能力为本位"的现代职业教育教学改革方向，根据《高等职业学校专业教学标准》《职业教育专业目录(2021)》要求，进一步优化精简内容，落实必需够用原则，以培养满足岗位需求、教学需求和社会需求的高素质技能型人才，体现高职教育特点。同时做到有序衔接中职、高职、高职本科，对接产业体系，服务产业基础高级化、产业链现代化。

3. 坚持工学结合，注重德技并修

教材融入行业人员参与编写，强化以岗位需求为导向的理实教学，注重理论知识与岗位需求相结合，对接职业标准和岗位要求。在不影响教材主体内容的基础上保留第一版教材中的"学习目标""知识链接""练习题"模块，去掉"知识拓展"模块。进一步优化各模块内容，培养学生理论联系实践的综合分析能力；增强教材的可读性和实用性，培养学生学习的自觉性和主动性。在教材正文适当位置插入"情境导入"，起到边读边想、边读边悟、边读边练的作用，做到理论与相关岗位相结合，强化培养学生创新思维能力和操作能力。

4.建设立体教材，丰富教学资源

提倡校企"双元"合作开发教材，引入岗位微课或视频，实现岗位情景再现，激发学生学习兴趣。依托"医药大学堂"在线学习平台搭建与教材配套的数字化资源(数字教材、教学课件、图片、视频、动画及练习题等)，丰富多样化、立体化教学资源，并提升教学手段，促进师生互动，满足教学管理需要，为提高教育教学水平和质量提供支撑。

本套教材的修订出版得到了全国知名专家的精心指导和各有关院校领导与编者的大力支持，在此一并表示衷心感谢。希望广大师生在教学中积极使用本套教材并提出宝贵意见，以便修订完善，共同打造精品教材。

数字化教材编委会

主　编　李宝玉　孙运芳　臧学丽

副主编　王　婧　胡海霞　宫春波

编　者　（以姓氏笔画为序）

王　彪（安庆医药高等专科学校）

王　婧（湖南食品药品职业学院）

王菲菲（天津生物工程职业技术学院）

孙运芳（山东医学高等专科学校）

李宝玉（广东农工商职业技术学院）

张红丹（长春市食品药品检验中心）

呼雅丽（长春医学高等专科学校）

赵　炫（广东农工商职业技术学院）

赵玉娟（扎兰屯职业学院）

胡海霞（内蒙古农业大学职业技术学院）

宫春波（烟台市疾病预防控制中心）

常玉梅（山东药品食品职业学院）

臧学丽（长春医学高等专科学校）

前 言

随着我国经济社会的快速发展，人民生活水平的提高，人们越来越关注食品安全问题。保障食品安全的手段方式有很多，但其中不可或缺的就是食品微生物检测技术。它可以全程参与保障食品安全的事前、事中、事后监督检测，更好地保障人民饮食健康。微生物检测技术不仅仅用于食品微生物检测领域当中，也逐步在公共卫生及疾病预防控制领域中得到应用，在更大范围内保护人类健康。

本教材主要根据高等职业院校食品类专业培养目标和主要就业方向及职业能力要求，按照本套教材编写指导思想和原则要求，结合本课程教学大纲，由来自全国从事教学和生产一线的教师及相关企业学者悉心编写而成。本教材编写以职业技能为导向，以"理论必需，应用为主"为原则，以国家农产品食品检验工职业标准为依据构建内容；以食品微生物检验操作技能为主线，以食品微生物检验理论知识为辅线，实现"教、学、做"一体化。

《食品微生物检验技术》是依据高等职业院校食品类专业人才培养目标要求，基于职业岗位和职业能力分析需求，按照校企合作、工学结合的教材建设思路，开发设计的一本专业核心教材。内容主要包括食品微生物实验室建设与管理、食品微生物检验基本技能、食品卫生指示菌检验技术、食品中常见病原微生物检验技术、发酵食品微生物检验技术、罐藏食品的微生物检验技术、食品微生物快速检验技术等。本教材为书网融合教材，即纸质教材有机融合电子教材、教学配套资源（PPT等）、题库系统、数字化教学服务（在线教学、在线作业、在线考试），使教学资源更加多元化、立体化，促进学生自主学习。

本教材由李宝玉、孙运芳、臧学丽担任主编，具体编写分工如下：绪论由王菲菲编写，项目一由赵玉娟编写，项目二由王婧、呼雅丽编写，项目三由张红丹、胡海霞编写，项目四由李宝玉、宫春波和赵炫编写，项目五、六由臧学丽编写，项目七由孙运芳、常玉梅编写，附录由王彪、李宝玉编写，全书由李宝玉统稿。

本教材在编写过程中得到了参编院校及相关企业的大力支持和帮助，在此表示衷心的感谢！由于食品微生物检验新标准不断出台，微生物检验的新情况、新问题也不断出现，加上作者编写水平有限，书中难免有不足之处，敬请广大读者、专家和同行批评指正，以便再版时修正完善。

编　者
2024 年 9 月

绪　论

学习目标

知识目标

1. 掌握　食品微生物检验的范围及指标。

2. 熟悉　食品微生物检验的意义。

3. 了解　食品安全与微生物之间的关系；食品中微生物的主要来源；食品微生物检验方法的新进展。

技能目标

1. 会描述食品微生物检验的目的、任务及意义。

2. 能运用食品微生物检验的范围及指标。

3. 能分析微生物与食品安全的关系。

素质目标

1. 通过认识微生物与食品安全的关系，树立食品安全意识和科学世界观。

2. 认同食品微生物检验人员的职责，养成爱岗敬业的职业素养。

情境导入

情境：假设你是一位食品检验员，负责对市场上的食品进行安全检验。某天，你接到了一通来自当地一家知名餐厅的电话，称他们的几位顾客在用餐后出现了腹泻和呕吐的症状。餐厅经理非常担忧，怀疑可能是他们的食品出了问题。为了保障公众健康，你需要立即对这家餐厅的食品进行微生物检验。

讨论　1. 我们为什么要进行食品微生物检验？

　　　　2. 食品微生物检验时我们具体要做哪些检验项目呢？

地球上，生活着各式各样的生物，大多数生物体型较大，肉眼可见；结构功能分化得比较清楚。然而，除了这些较大的生物以外，自然界中还存在着一类体型微小、数量庞大、肉眼难以看见的微小生物，统称为微生物。食品中微生物的种类、数量、性质、活动规律与人类健康关系极为密切。微生物与食品的关系复杂，既有其有益的一面，又有其不利的一面。

很多微生物可用于食品制造，如饮料、酒类、醋、酱油、味精、馒头、面包、酸乳等生产中的发酵微生物；还有一些微生物能使食品变质败坏，如腐败微生物；少数微生物还能引起人类食物中毒或使人、动植物感染而发生传染病的，即所谓病原微生物。

任务一 微生物与食品安全 e 微课1

一、食品中的微生物污染

近年来，全球范围内重大食品安全事件不断发生，其中病原微生物引起的食源性疾病是影响食品安全的主要因素之一，如沙门菌（*Salmonella* spp.）、副溶血性弧菌（*Vibrio parahaemolyticus*）、大肠埃希菌O157：H7（*Escherichia coli* O157：H7）、志贺菌（*Shigella* spp.）、单核细胞增生李斯特菌（*Listeria monocytogenes*）、空肠弯曲菌（*Campylobacter jejuni*）等。此外，一些有害微生物产生的生物性毒素，如黄曲霉毒素、赭曲霉毒素等真菌毒素和肠毒素等细菌毒素，已成为食品中有害物质污染和中毒的主要因素。由于微生物具有较强的生态适应性，在食品原料的加工、包装、运输、销售、贮藏以及食用等每一个环节都可能被微生物污染。同时，微生物具有易变异性，未来可能不断有新的病原微生物出现并威胁食品安全和人类健康。

（一）细菌性污染

细菌性污染是涉及面最广、影响最大、问题最多的一类食品污染，其引起的食物中毒是所有食物中毒中最普遍、最具暴发性的。细菌性食物中毒全年皆可发生，具有易发性和普遍性等特点，对人类健康有较大的威胁。细菌性食物中毒可分为感染型和毒素型。感染型如沙门菌属（*Salmonella*）、变形杆菌属（*Proteus*）引起的食物中毒。毒素型又可分为体外毒素型和体内毒素型两种。体外毒素型是指病原菌在食品内大量繁殖并产生毒素，如葡萄球菌（*Staphylococcus*）肠毒素中毒、肉毒梭菌（*Clostridium botulinum*）毒素中毒。体内毒素型是指病原体随食品进入人体肠道内产生毒素引起中毒，如产气荚膜梭状芽孢杆菌（*Clostridium perfringens*）食物中毒、产肠毒素性大肠埃希菌食物中毒等。也有感染型和毒素型混合存在的情况发生。引起食品污染的微生物主要有沙门菌、副溶血性弧菌、志贺菌、葡萄球菌等。近年来，变形杆菌属、李斯特菌、大肠菌科、弧菌属（*Vibrio*）引起的食品污染呈上升趋势。

（二）真菌性污染

真菌在发酵食品行业应用非常广泛，但许多真菌也可以产生真菌毒素，引起食品污染。尤其是20世纪60年代发现强致癌的黄曲霉毒素（aflatoxin，AFT）以来，真菌与真菌毒素对食品的污染日益引起人们重视。真菌毒素不仅具有较强的急性毒性和慢性毒性，而且具有"致癌、致畸、致突变"作用，如黄曲霉（*Aspergillus flavus*）和寄生曲霉（*Aspergillus parasiticus*）产生的黄曲霉毒素，麦角菌（*Claviceps purpurea*）产生的麦角碱，杂色曲霉（*Aspergillus versicolor*）和构巢曲霉（*Aspergillus nidulans*）产生的杂色曲霉素等。真菌毒素的毒性可以分为神经毒性、肝脏毒性、肾脏毒性、细胞毒性等。例如黄曲霉毒素具有强烈的肝脏毒性，可以引起肝癌。真菌性食品污染一是来源于作物种植过程中的真菌病，如小麦、玉米等禾本科作物的麦角病、赤霉病，都可以引起毒素在粮食中的累积；另一来源是粮食、油料及其相关制品保藏和贮存过程中发生的霉变，如甘薯被茄腐皮镰孢菌（*Fusarium solani*）或甘薯长喙壳菌（*Ceratocystis fimbriata*）感染可以产生甘薯酮、甘薯醇、甘薯宁毒素，甘蔗保存不当也可被甘蔗节菱孢霉（*Arthrium sacchari*）侵染而霉变。常见的产毒素真菌主要有曲霉（*Aspergillus*）、青霉（*Penicillium*）、镰刀菌（*Arium*）、交链孢霉（*Alternaria*）等。由于真菌生长繁殖及产生毒素需要一定的温度和湿度，真菌性食物中毒往往有比较明显的季节性和地区性。在中国，北方食品中黄曲霉毒素B_1污染较轻，而长江沿岸和长江以南地区较重。也有调查发现，肝癌等癌症的发病率与当地的粮食霉变现象有一定关系。大型真菌中的毒蘑菇也含有毒素，其毒性有胃肠炎型、溶血型、肝病型等。中国的毒蘑菇约有100种，中毒事件经常发生。

（三）病毒性污染

与细菌、真菌不同，病毒的繁殖离不开宿主，所以病毒往往先污染动物性食品，然后通过宿主、食物等媒介进一步传播。带有病毒的水产品和患病动物的乳、肉制品一般是病毒性食物中毒的起源。与细菌、真菌引起的病变相比，病毒病多难以有效治疗，更容易暴发流行。常见食源性病毒主要有甲型肝炎病毒（hepatitis A virus）、戊型肝炎病毒（hepatitis E virus）、轮状病毒（rotavirus，RV）、诺如病毒（norwalk virus，NV）、朊病毒（prion）、禽流感病毒（avian influenza virus）、新型冠状病毒（COVID-19）等，这些病毒曾经或仍在肆虐，造成了许多重大的疾病事件。

（四）食品中微生物污染的途径

1. 内源性污染　凡是作为食品原料的动植物体在生活过程中，由于本身带有的微生物而造成食品的污染称为内源性污染，也称第一次污染。如畜禽在生活期间，其消化道、上呼吸道和体表总是存在一定类群和数量的微生物；受到沙门菌、炭疽杆菌等病原微生物感染的畜禽的某些器官和组织内就会有病原微生物的存在。

2. 外源性污染　食品在生产、加工、运输、贮藏、销售和食用过程中，通过水、空气、人、动物、加工设备及包装材料等使食品发生微生物污染称为外源性污染，也称第二次污染。

（1）水污染　食品生产加工过程中，水既是许多食品的原料或配料成分，也是清洗、冷却、冰冻不可缺少的物质，设备、环境及工具的清洗也需要大量用水。各种天然水源（地表水和地下水）不仅是微生物的污染源，也是微生物污染食品的主要介质。自来水是天然水净化消毒后供饮用的，正常情况下含菌较少，但若自来水管出现漏洞、管道中压力不足或暂时变成负压时，则会引起管道周围环境中的微生物渗漏进入管道，使水中的微生物数量增加。生产所用的水如果被生活污水、医院污水或厕所粪便污染，就会使微生物数量骤增，其中不仅可能含有细菌、病毒、真菌、钩端螺旋体，还可能含有寄生虫，用这种水进行食品生产会造成严重的生物污染，甚至可能导致其他有毒物质污染，所以水的卫生质量与食品的卫生质量密切相关，食品生产用水必须符合饮用水标准。

（2）空气污染　空气中的微生物可能来自土壤、水、人及动植物的脱落物和呼吸道、消化道的排泄物，人体的痰沫、鼻涕与唾液的小水滴中含有的微生物包括病原微生物，它们可随着灰尘、水滴的飞扬或沉降而污染食品。人在讲话或打喷嚏时，距人体15m内的范围是直接污染区，因此不应使食品直接暴露在空气中。

（3）人及动物接触污染　如果食品从业人员的身体、衣帽不经常清洗、不保持清洁，就会有大量的微生物附在其上，通过皮肤、毛发、衣帽与食品接触而造成污染。在食品的加工、运输、贮藏及销售过程中，如果被鼠、蝇、蟑螂等直接或间接接触，同样会造成食品的微生物污染。试验证明，每只苍蝇带有数百万个细菌，80%的苍蝇肠道中带有痢疾杆菌，鼠类粪便中带有沙门菌、钩端螺旋体等病原微生物。

（4）加工设备及包装材料污染　食品生产加工、运输、贮藏过程中所用的各种机械设备及包装材料，在未经消毒或灭菌前总会带有一定数量的微生物而污染食品，通过不经消毒灭菌的设备越多，造成微生物污染的机会也就越多。已经消毒灭菌的食品，如果使用的包装材料未经灭菌处理，则会造成食品的二次污染。

二、食品的腐败变质

新鲜的食品在常温20℃左右存放，由于附着在食品表面的微生物作用和食品内所含酶的作用，使食品的色、香、味和营养价值降低，如果久放，食品会腐败或变质，以致完全不能食用。新鲜食品是微生物的良好培养基，它们能迅速生长繁殖，促使食品营养成分迅速分解，由高分子物质分解为低分子物质。如鱼体蛋白质分解，可部分生成三甲胺、四氢吡咯、六氢吡啶、氨基戊醛、氨基戊酸等，导致食品质量即下降，进而发生变质和腐败。因此在食品变质的原因中，微生物往往是最主要的。

（一）食品腐败变质的概念

食品腐败变质是以食品本身的组成和性质为基础，在环境因素的影响下主要由微生物作用所引起，是微生物、环境、食品本身三者互为条件、相互影响、综合作用的结果。其过程实质上是食品中蛋白质、碳水化合物、脂肪等被污染微生物的分解代谢作用或自身组织酶进行的某些生化过程。

（二）引起食品腐败变质的因素

引起食品腐败变质的原因主要有微生物的作用及食品本身的组成和性质。引起食品腐败的微生物有细菌、酵母菌和霉菌等，其中以细菌引起的食品腐败变质最为显著。而食品中存活的细菌只是自然界细菌的一部分，这部分食品中常见的细菌，在食品卫生学上被称为食品细菌。食品细菌包括致病菌、相对致病菌和非致病菌，有些致病菌还会引起食物中毒。它们既是评价食品卫生质量的重要指标，也是食品腐败变质的原因。

1. 引起食品腐败变质的微生物　污染食品后可引起腐败变质、造成食物中毒和引起疾病的常见细菌主要有以下几种。

（1）需氧芽孢菌　在自然界中分布极广，主要存在于土壤、水和空气中，食品原料经常被这类细菌污染。大部分需氧芽孢菌生长适宜温度在 $28 \sim 40℃$，有些能在 $55℃$ 甚至更高的温度中生长，其中有些细菌是兼性厌氧菌，在密封保藏的食品中不因缺氧而影响生长。这类细菌都有芽孢产生，对热的抵抗力特别强，由于这些原因，需氧芽孢菌是食品的主要污染菌。食品中常见的需氧芽孢菌有枯草芽孢杆菌（*Bacillus subtilis*）、蜡样芽孢杆菌（*Bacillus cereus*）、巨大芽孢杆菌（*Bacillus megaterium*）、嗜热脂肪芽孢杆菌（*Bacillus stearothermophilus*）、地衣芽孢杆菌（*Bacillus licheniformis*）等。

（2）厌氧芽孢菌　主要存在于土壤中，也有的存在于人和动物的肠道内，多数菌必须在厌氧环境中才能良好生长。厌氧芽孢菌主要是通过直接或间接被土壤或粪便污染的植物性原料（如蔬菜、谷类、水果等），进而污染食品。一般厌氧芽孢菌的污染比较少，但危害比较严重，常导致食品中蛋白质和糖类的分解，造成食品变色，产生异味、产酸、产气、产生毒素。常见的有酪酸梭状芽孢杆菌（*Clostridium butyrate*）、巴氏固氮梭状芽孢杆菌（*Clostridium pasteurella*）、魏氏梭菌（*Clostridiosis welchii*）、肉毒梭状芽孢杆菌（*Clostridium botulinum*）等。

（3）无芽孢细菌　种类远比有芽孢菌的种类多，在水、土壤、空气、加工人员、工具中都广泛存在，因此污染食品的机会更多，食品被无芽孢菌污染是很难避免的。这些细菌包括大肠菌群所包含的各属细菌、肠球菌（*Enterococcus*）、假单胞菌属（*Pseudomonas*）、产碱杆菌属（*Alcaligenes*）。

（4）酵母菌和霉菌　是食品加工中的重要生产菌种，如用啤酒酵母（*Saccharomyces cerevisiae*）制造啤酒，绍兴酒酵母制造绍兴米酒，利用毛霉（*Mucor*）、根霉（*Rhizopus*）和曲霉的菌种制造酒、醋、酱油等。酵母菌、霉菌在自然界中广泛存在，可以通过生产的各个环节污染食品。经常出现的酵母菌有假丝酵母属（*Candida*）、圆酵母属（*Torula*）、酵母属（*Saccharomyces*）、隐球酵母属（*Cryptococcus*），霉菌有青霉属（*Penicillium*）、芽枝霉属（*Cladosporium*）、念珠菌属（*Candida*）、毛霉属等。

（5）病原微生物　食品在原料生产、贮藏过程中也可能污染一些病原微生物，如肠道致病性大肠埃希菌、沙门菌及其他肠杆菌、葡萄球菌、魏氏梭菌、肉毒梭菌、蜡样芽孢杆菌以及黄曲霉、寄生曲霉、赭曲霉、蜂蜜曲霉（*Aspergillus melleus*）等产毒素曲霉菌。这些微生物的污染，很容易导致食物中毒，在食品检验中，必须对这些致病性微生物引起足够的重视。

2. 食品本身的组成和性质　食品含有丰富的营养成分，各种蛋白质、脂肪、碳水化合物、维生素和无机盐等都有存在，只是比例上的不同而已。如有一定的水分和温度，就十分适宜微生物的生长繁殖。但有些食品是以某些成分为主的，如油脂以脂肪为主，蛋白类以蛋白质为主。微生物分解各种营养物质的能力也不同。因此只有当微生物所具有的酶所需的底物与食品营养成分一致时，微生物才可以引起食品的迅速腐败变质。当然，微生物在食品上的生长繁殖还受其他因素的影响。

（1）pH 食品本身所具有的pH影响微生物在其上面的生长和繁殖。一般食品的pH都在7.0以下，有的甚至仅为2~3，见表1-1。pH 4.5以上者为非酸性食品，主要包括肉类、乳类和蔬菜等。pH 4.5以下者称为酸性食品，主要包括水果和乳酸发酵制品等。因此，从微生物生长对pH的要求来看，非酸性食品较适宜于细菌生长，而酸性食品则较适宜于真菌的生长。但是食品被微生物分解会引起食品pH的改变，如食品中以糖类等为主，细菌分解后往往由于产生有机酸而使pH下降。如以蛋白质为主，则可能产氨而使pH升高。在混合型食品中，由于微生物利用基质成分的顺序性差异，而pH会出现先降后升或先升后降的波动情况。

表1-1 不同食品原料的pH

动物食品	pH	蔬菜食品	pH	水果	pH
牛肉	5.0~6.2	卷心菜	5.4~6.0	苹果	2.9~3.3
羊肉	5.4~6.7	花椰菜	5.6	香蕉	4.5~5.7
猪肉	5.3~6.9	芹菜	5.7~6.0	柿子	4.6
鸡肉	6.2~6.4	茄子	4.5	葡萄	3.4~4.5
鱼肉	6.6~6.8	莴苣	6.0	柠檬	1.8~2.0
蟹肉	7.0	洋葱	5.3~5.8	橘子	3.6~4.3
小虾肉	6.8~7.0	番茄	4.2~4.3	西瓜	5.2~5.6

（2）水分 食品本身所具有的水分含量影响微生物的生长繁殖。食品中的水分包括结合水和游离水两种。决定微生物是否能在食品上生长繁殖的水分因素是食品中所含的游离水，即所含水的活性或称水分活度（water activity, A_W）。由于食品中所含物质的不同，即使含有同样的水分，但A_W可能不一样。因此各种食品防止微生物生长的含水量标准就不同。

（3）渗透压 食品的渗透压同样是影响微生物生长繁殖的一个重要因素。各种微生物对于渗透压的适应性不同。大多数微生物都只能在低渗环境中生活，也有少数微生物嗜好在高渗透压的环境中生长繁殖，这些微生物主要包括霉菌、酵母菌和少数种类的细菌。根据它们对高渗透压的适应性不同，可以分为以下几类。

1）高度嗜盐细菌：适宜于含20%~30%食盐的食品中生长，菌落产生色素，如嗜盐杆菌属（*Halobacterium*）。

2）中度嗜盐细菌：适宜于含5%~10%食盐的食品中生长，如腌肉弧菌（*Vibrio costicolus*）。

3）低度嗜盐细菌：适宜于含2%~5%食盐的食品中生长，如假单胞菌属（*Pseudomonas*）、弧菌属（*Vibrio*）中的一些菌种。

4）耐糖细菌：能在高糖食品中生长，如肠膜状明串珠菌（*Leuconostoc mesenteroides*）。还有能在高渗食品上生长的酵母菌，如蜂蜜酵母（*Saccharomyces melleus*）、异常汉逊酵母（*Hansenula anomala*）。霉菌有曲霉（*Aspergillus*）、青霉（*Penicillium*）、卵孢霉（*Oospora*）、串孢霉（*Catenularia*）等。

（三）食品腐败变质的过程

食品腐败变质的过程实质上是食品中蛋白质、脂肪、碳水化合物的分解变化过程，其程度因食品种类、微生物种类和数量及环境条件的不同而异。

1. 蛋白质 富含蛋白质的食品如肉、鱼、蛋和大豆制品等的腐败变质，主要以蛋白质的分解为其腐败变质特征。由微生物引起蛋白质食品发生的变质通常称为腐败。蛋白质在动植物组织酶以及微生物分泌的蛋白酶和肽链内切酶等的作用下，首先水解成多肽，进而裂解形成氨基酸。氨基酸通过脱羧基、脱氨基、脱硫等作用进一步分解成相应的氨、胺类、有机酸类和各种碳氢化合物，食品即表现出腐败特征。

蛋白质分解后所产生的胺类是碱性含氮化合物质，如伯胺、仲胺及叔胺等具有挥发性和特异的臭味。各种不同的氨基酸分解产生的腐败胺类和其他物质各不相同，甘氨酸产生甲胺，鸟氨酸产生腐胺，精氨酸产生色胺进而又分解成吲哚，含硫氨基酸分解产生硫化氢和氨、乙硫醇等。这些物质都是蛋白质腐败产生的主要臭味物质。

2. 脂肪　脂肪的变质主要是酸败。食品中油脂酸败的化学反应主要是油脂自身氧化过程，其次是水解作用。油脂的自身氧化是一种自由基的氧化反应；而水解则是在微生物或动物组织中的解脂酶作用下，使食物中的中性脂肪分解成甘油和脂肪酸等，如甘油一酯、甘油二酯等。脂肪酸可进而断链形成具有不愉快味道的酮类或酮酸；不饱和脂肪酸的不饱和键可形成过氧化物；脂肪酸也可再氧化分解成具有特臭的醛类或醛酸，即所谓的"哈喇"味。这就是食用油脂和含脂肪丰富的食品发生酸败后感官性状改变的原因。

脂肪自身氧化以及加水分解所产生的复杂分解产物，使食用油脂或食品中脂肪带有若干明显特征：首先是过氧化值上升，这是脂肪酸败最早期的指标；其次是酸度上升，羰基（醛酮）反应阳性。脂肪酸败过程中，由于脂肪酸的分解，其固有的碘价（值）、凝固点（熔点）、密度、折射率、皂化价等也必然发生变化，因而导致脂肪酸败所特有的"哈喇"味；肉、鱼类食品脂肪的超期氧化变黄，鱼类"油烧"现象等也常常被作为油脂酸败鉴定中较为实用的指标。

食品中脂肪及食用油脂的酸败程度，受脂肪的饱和度、紫外线、氧、水分、天然抗氧化剂以及铜离子、铁离子、镍离子等催化剂的影响。油脂中脂肪酸不饱和度、油料中动植物残渣等，均有促进油脂酸败的作用；而油脂的脂肪酸饱和程度、维生素C、维生素E等天然抗氧化物质及芳香化合物含量高时，则可减慢氧化酸败。

3. 碳水化合物　食品中碳水化合物包括纤维素、半纤维素、淀粉、糖原以及双糖和单糖等。含这些成分较多的食品主要是粮食、蔬菜、水果和糖类及其制品。在微生物及动植物组织中的各种酶及其他因素作用下，这些食品组成成分被分解成单糖、醇、醛、酮、羧酸、二氧化碳和水等。由微生物引起糖类物质发生的变质，习惯上称为发酵或酵解。这个过程的主要变化是酸度升高，也可伴有其他产物所特有的气味，因此测定酸度可作为含大量糖类的食品腐败变质的主要指标。

（四）食品腐败变质的现象

食品受到微生物的污染后，容易发生变质。其现象主要体现在以下几方面。

1. 色泽　食品无论在加工前或加工后，本身均呈现一定的色泽，如有微生物繁殖引起食品变质时，色泽就会发生改变。有些微生物产生色素，分泌至细胞外，色素不断累积就会造成食品原有色泽的改变，如食品腐败变质时常出现黄色、紫色、褐色、橙色、红色和黑色的片状斑点或全部变色。另外由于微生物代谢产物的作用促使食品发生化学变化时也可引起食品色泽的变化。例如，肉及肉制品的绿变就是由于硫化氢与血红蛋白结合形成硫化氢血红蛋白所引起的，腊肉由于乳酸菌增殖过程中产生了过氧化氢促使肉色素褪色或绿变。

2. 气味　食品本身有一定的气味，动植物原料及其制品因微生物的繁殖而产生极轻微的变质时，人们的嗅觉就能敏感地察觉到有不正常的气味产生。如氨、三甲胺、醋酸、硫化氢、乙硫醇、粪臭素等具有腐败臭味，这些物质在空气中浓度为 $10^{-11} \sim 10^{-8} \text{mol/m}^3$ 时，人们的嗅觉就可以察觉到。此外，食品变质时，其他胺类物质、甲酸、酮类、醛类、醇类、酚类、靛基质化合物等也可察觉到。

食品中产生的腐败臭味常由多种臭味混合而成。有时也能分辨出比较突出的不良气味，如霉味臭、醋酸臭、胺臭、粪臭、硫化氢臭、酯臭等。氮有时产生的有机酸，水果变坏产生的芳香味，人的嗅觉习惯不认为是臭味。因此评定食品质量不是以香、臭味来划分，而是应该按照正常气味与异常气味来评定。

3. 口味　微生物造成食品腐败变质时也常引起食品口味的变化。而口味改变中比较容易分辨的是酸味和苦味。一般碳水化合物含量多的低酸食品，变质初期产生酸是其主要的特征。但对于原来酸味就高的食品，如番茄制品来讲，微生物造成酸败时，酸味稍有增高，辨别起来就不那么容易。另外，某些假单胞菌污染消毒乳后可产生苦味；蛋白质被大肠埃希菌、小球菌等微生物作用也会产生苦味。

当然，口味的评定从卫生角度看是不符合卫生要求的，而且不同人评定的结果往往意见分歧较多，只能作大概的比较，为此口味的评定应借助仪器来测试，这是食品科学需要解决的一项重要课题。

4. 浑浊和沉淀　浑浊和沉淀主要发生于液体食品（如饮料、啤酒等）中，发生浑浊的原因除了化学因素能造成外，多数是由酵母菌（多为圆酵母属）产生乙醇引起的。一些耐热性强的霉菌如雪白丝衣霉菌、宛氏拟青霉也是造成食品浑浊的原因菌。

5. 组织状态　固体食品变质时，因微生物酶的作用，可使动植物性组织细胞破坏，造成细胞内容物外溢，这样食品的性状即出现变形、软化；鱼、肉类食品则呈现肌肉松弛、弹性差，有时组织表现出发黏等现象；微生物引起粉碎后加工制成的食品，如乳粉、果酱等变质后常引起黏稠、结块等表面变形、湿润或发黏现象。

液态食品变质后会出现浑浊、沉淀，表面出现浮膜、变稠等现象，鲜乳因微生物作用引起变质可出现凝块、乳清析出、变稠等现象，有时还会产气等，以上都是食品腐败变质现象的体现。

6. 生白　酱油、醋等调味品如果长时间保存于温度较高（25～37℃）的地方，表面容易形成厚的白膜，俗称"生白"。主要是由于产膜性酵母菌通过尘埃和不清洁容器污染调味品后，大量生长繁殖造成。此外，泡菜的卤水也会因酵母菌大量繁殖而生白；污染需氧芽孢菌后生白的调味品可产生特殊的酸臭味，严重影响产品质量。

三、食物中毒

有些致病性微生物或条件致病性微生物可通过污染食品产生大量毒素，从而引起以急性过程为主要特征的食物中毒。食品中常见的致病菌主要包括沙门菌、致病性大肠埃希菌（*Escherichia coli*）、葡萄球菌、肉毒梭菌、单核细胞增生李斯特菌、蜡样芽孢杆菌、志贺菌、变形杆菌、产气荚膜梭菌（*Clostridium perfringens*）、空肠弯曲菌、克罗诺杆菌属（*Cronobacter*）、副溶血性弧菌、小肠结肠炎耶尔森菌（*Yersinia enterocolitica*）、黄曲霉等。

（一）细菌性食物中毒

1. 细菌性食物中毒的概念　细菌性食物中毒是指因摄入被致病菌或其毒素污染的食品引起的食物中毒。细菌性食物中毒是食物中毒中最常见的一类。

2. 细菌性食物中毒的类型

（1）感染型　凡食用含大量病原菌的食物而引起的中毒为感染型食物中毒。

（2）毒素型　凡是食用由于细菌大量繁殖产生毒素的食物而引起的中毒为毒素型食物中毒。

3. 细菌性食物中毒的特点

（1）有明显的季节性，尤以夏、秋两季发病率最高。

（2）动物性食品是引起细菌性食物中毒的主要中毒食品。

（3）发病率高，病死率因中毒病原而异，最常见的致病菌是肠道致病菌。

4. 常见引起食物中毒的细菌

（1）沙门菌 我国细菌性食物中毒中70%～80%是由沙门菌引起，而在引起沙门菌中毒的食品中，90%以上是肉类等动物性产品。

①沙门菌的特点：生长繁殖的最适温度是20～37℃，在普通水中可生存2～3周，在粪便和冰水中生存1～2个月；在自然环境中分布很广，人和动物均可带菌，正常人体肠道带菌在1%以下，肉食生产者带菌可高达10%以上。主要污染源是人和动物肠道的排泄物。

②沙门菌的食物污染：主要污染的食品有肉、鱼、禽、乳、蛋类食品，其中肉、蛋类最易受到沙门菌污染，其带菌率远远高于其他食品。

③中毒表现：沙门菌食物中毒是由于大量活菌进入消化道，附着于肠黏膜上，生长繁殖并释放内毒素引起的以急性胃肠炎等症状为主的中毒性疾病。一般病程3～5天，愈后良好，严重者尤其是儿童、老人及病弱者如不及时救治，可导致死亡。

④预防措施：防止污染、生熟分开，控制繁殖，加热彻底杀灭病原菌。

（2）致病性大肠埃希菌

①致病性大肠埃希菌的特点：主要存在于人和动物的肠道，随粪便分布于自然界中，在自然界生存活力较强，在土壤、水中可存活数月。根据致病性的不同，致泻性大肠埃希菌被分为产肠毒素性、侵袭性、致病性、黏附性和出血性五种。部分大肠埃希菌株与婴儿腹泻有关，并可引起成人腹泻或食物中毒暴发。

②致病性大肠埃希菌的食物污染：受污染的食品多为动物性食品，如各类熟肉制品、生牛乳，其次为蛋及蛋制品、乳酪及蔬菜、水果、饮料等食品。

③预防措施：首先要防止食物被致病性大肠埃希菌污染；其次要通过强化肉品检疫，控制生产环节污染，加强从业人员健康检查等经常性卫生管理工作入手，减少食品污染概率；最后在烹饪中特别要防止熟肉制品被生肉及容器、工具等交叉污染，被污染的食品必须在致病性大肠埃希菌产毒前将其杀灭。

（3）葡萄球菌 有两个典型的菌种，金黄色葡萄球菌（*Staphylococcus aureus*）和表皮葡萄球菌（*Staphylococcus epidermidis*），其中以金黄色葡萄球菌的致病作用最强，能引起化脓性病灶及败血症，可污染食品并产生肠毒素而引起食物中毒。

①葡萄球菌的特点：广泛分布于人及动物的皮肤、鼻腔、指甲下和自然界中，一般有30%～50%的人鼻咽腔带有此菌，金黄色葡萄球菌感染的患者其鼻腔带菌率达80%以上，人手上可有14%～44%的带菌率。患有化脓性病灶的奶牛，则乳中带菌率非常高。该菌对外界环境抵抗力较强，在干燥状态下可生存数日，加热70℃、1小时才能将病原菌杀灭。食品被金黄色葡萄球菌污染后，在适宜的条件下细菌迅速繁殖，产生大量的肠毒素。产毒的时间长短与温度和食品种类有关。一般37℃、12小时或18℃、3天才能产生足够中毒量的肠毒素而引起食物中毒。在20%～30%的CO_2环境中和有糖类、蛋白质、水分的存在下，有利于肠毒素的产生。肠毒素耐热性强，带有肠毒素的食物煮沸120分钟才能被破坏，所以在一般的烹调加热中不能被完全破坏。

②葡萄球菌的食物污染：引起中毒的食物以剩饭、凉糕、奶油糕点、牛乳及其制品、鱼虾、熟肉制品为主。

③中毒表现：不发烧、剧烈呕吐，并有头痛、恶心、腹痛、腹泻等症状。病程较短，一般1～3天痊愈，很少死亡。

④预防措施：要防止带菌人群对各种食物的污染，必须定期对食品加工人员、餐饮从业人员、保育员进行健康检查。对患有化脓性感染，上呼吸道感染者应调换工作。要加强畜禽蛋奶等食品卫生质量管理。在低温、通风良好条件下贮藏食物，这样不仅能防止细菌生长且能防止肠毒素的形成。不吃不干净

的食物及腐败变质的食物，不喝生水。制作生冷、凉拌菜时必须注意个人卫生及操作卫生。

（4）副溶血性弧菌

①副溶血性弧菌的特点：副溶血性弧菌在温度37℃，含盐量在3%～3.5%的环境中能极好地生长；对热敏感，56℃加热1分钟可将其杀灭；对酸敏感，在食醋中能立即死亡。海产鱼虾的平均带菌率为45%～49%，夏季高达90%以上。副溶血性弧菌广泛存在于温热带地区的近海海水，海底沉积物和鱼贝类等海产品中。

②副溶血性弧菌的食物污染：由此菌引起的食物中毒的季节性很强，大多发生于夏、秋季节，6～10月海产品大量上市时。引起中毒的食物主要是海产品和盐渍食品，如海产鱼、虾、蟹、贝、咸肉、禽、蛋类以及咸菜或凉拌菜等，约有半数中毒者为食用腌制品后出现食物中毒的症状，中毒原因主要是烹调时未烧熟煮透或熟制品被污染。

③中毒表现：上腹部阵发性绞痛、腹泻，多数患者在腹泻后出现恶心、呕吐；大部分患者发病后2～3天恢复正常，少数严重患者由于休克、昏迷而死亡。

④预防措施：低温保存海产食品及其他食品；烹调加工各种海产食品时，原料应洁净并烧熟煮透，烹调和调制海产品拼盘时可加适量食醋；加工过程中生熟用具应分开；对加工海产品的器具必须严格清洗、消毒；食品烧熟至食用的放置时间不应超过4小时。

（5）肉毒梭菌

①肉毒梭菌及其毒素的特点：肉毒梭菌广泛分布于土壤、江河湖海淤泥沉积物、尘土及动物粪便中，并可借助食品、农作物、水果、海产品、昆虫、家禽、鸟类等传播到各处。其生长繁殖及产毒的最适温度为18～30℃，芽孢耐高温，干热180℃、5～15分钟才能杀灭。肉毒梭菌可产生强烈的神经毒素，人体消化道中的消化酶、胃酸很难破坏其毒性，但很容易被碱或加热破坏而失去毒性，如80～100℃经10～20分钟则可完全被破坏。

②肉毒毒素的食物污染：一年四季均可发生，尤以冬、春季节最多，引起中毒的食物多为家庭自制谷类或豆类发酵制品如臭豆腐、豆酱、面酱、豆豉等。在我国肉毒毒素中毒多发区的土壤、粮谷、豆类及发酵制品中，肉毒梭菌的检出率分别为22.2%、12.6%和4.88%。在日本90%以上肉毒毒素食物污染是由家庭自制鱼类罐头食品或其他鱼类制品引起。美国72%肉毒毒素食物污染为家庭自制鱼类罐头、水产品及肉奶制品引起。

③中毒表现：头晕、无力、视物模糊、眼睑下垂、复视，随后咀嚼无力、张口困难、言语不清、声音嘶哑、吞咽困难、头颈无力、垂头等。严重的导致呼吸困难，多因呼吸停止而死亡，肉毒毒素中毒属于神经型食物中毒，死亡率较高。

④预防措施：对食物进行彻底加热，自制发酵酱类时，盐量要达到14%以上，并提高发酵温度，要经常日晒，充分搅拌，使氧气供应充足，另外不要吃生酱。

（6）志贺菌属　是人类细菌性痢疾最为常见的病原菌，通常称为痢疾杆菌。

①志贺菌及其毒素的特点：该菌耐寒，在37℃水中可存活20天，在冰块中可存活96天，蝇肠内可存活9～10天，在牛乳、水果和蔬菜中可生存1～2周，被污染的衣服、用具等可带菌数月之久。对化学消毒剂敏感，1%苯酚处理10～30分钟即可死亡；对热敏感，一般56～60℃经10分钟处理即被杀死。

②志贺菌的食物污染：全年均有发生，但夏、秋两季多见。中毒食品以冷盘和凉拌菜为主，熟食制品在较高温度下存放较长时间也是引发志贺菌食物中毒的主要原因。

③中毒表现：一般情况下在6～24小时内出现症状，如发热、呕吐、腹痛、频繁的腹泻、水样便，混有血液和黏液。严重者（儿童多见）出现惊厥、昏迷、手脚发冷、脉搏细而弱、血压低等表现。

④预防措施：不应食用存放时间长的熟食制品；注意食品的彻底加热和食用前再加热；应养成良好

的卫生习惯，接触直接入口食品之前及便后必须彻底用肥皂洗手；不吃不干净的食物及腐败变质的食物，不喝生水。

（7）李斯特菌

①李斯特菌的特点：不怕碱、怕热不怕冷，在20℃可存活一年。该菌可通过眼及破损皮肤、黏膜进入体内而造成感染。

②李斯特菌的食物污染：广泛分布于土壤、污水、动物粪便、蔬菜、青饲料及其他多种食品中，部分正常人体内也可带有此菌。多发生在夏、秋季节。中毒食品以乳及乳制品、肉制品、水产品和水果蔬菜等为主。食品未经煮熟、煮透，冰箱内冷藏的熟食制品、乳制品取出后直接食用易感染。

③中毒表现：恶心、呕吐、腹泻等症状，严重者引起败血症、脑膜炎等，也可引起心内膜炎，脑干出现神经精神症状者预后较差。

④预防措施：冰箱冷藏室内（4～10℃）保存的食品存放时间不宜超过1周；食用冷藏食品时应烧熟、煮透；牛乳最好煮沸后食用；对肉、乳制品、凉拌菜及盐腌食品应特别注意。

（二）霉菌性食物中毒

1. 霉菌毒素中毒的概念　霉菌在谷物或食品中生长繁殖产生有毒的代谢产物，人和动物摄入含有这种毒素物质发生的中毒症状称为霉菌毒素中毒症。

2. 霉菌毒素中毒的特点　中毒主要通过被霉菌污染的食物引起。被霉菌毒素污染的食品和粮食用一般烹调方法加热处理不能将其破坏去除。没有污染性免疫，霉菌毒素一般都是小分子化合物，机体对霉菌毒素不产生抗体。

3. 可引起癌症的霉菌毒素　麦角菌（*Claviceps*）产生的麦角碱；杂色曲霉（*Aspergill versicoir*）、构巢曲霉（*Aspergillus nidulas*）所产生的杂色曲霉毒素；黄曲霉（*Aspergillus flatus*）、寄生曲霉（*Aspergillus parasiticus*）、棒曲霉（*Aspergillus clavatus*）所产生的黄曲霉毒素；岛青霉（*Penicillium islandicum*）产生的岛青霉毒素、黄天精、环氯素等7种霉菌毒素，往往侵染大米，导致黄变米产生；皱褶青霉（*Penicillium rugulosum*）和缓生青霉（*Penicillium tardum*）产生的皱褶青霉素；灰黄青霉（*Penicillium griseofulvum*）产生的灰黄霉素能引起小鼠肝癌。串珠镰刀菌（*Fusarium moniliforme*）产生的镰刀菌毒素及交链孢霉（*Alternaria*）产生的交链孢霉素能引起大鼠前胃和食管鳞癌。还有其他一些霉菌毒素可引起实验动物的肝癌、肉瘤、胃癌、结肠癌、乳腺和卵巢的肿瘤。

（1）曲霉毒素　如黄曲霉毒素，是某些黄曲霉和寄生曲霉的菌株产生的肝毒性代谢物，广泛存在于花生、玉米、麦类、稻谷、高粱等农产品中。

①黄曲霉毒素的特点：在水中溶解度低，耐高温，在碱性溶液中黄曲霉毒素易于被降解，有用氨水处理被黄曲霉毒素污染的动物饲料的报道。一般烹调条件下不易被完全破坏。目前已发现黄曲霉毒素衍生物20多种，其中以黄曲霉毒素B_1的毒性最强，为氰化钾的10倍，砒霜的68倍，国际癌症研究所将黄曲霉毒素确定为一类致癌物。

②中毒表现：发热、腹痛、呕吐、食欲减退，严重者2～3周内出现肝脾肿大、肝区疼痛、皮肤黏膜黄染、腹水、下肢水肿及肝功能异常等中毒性肝病的表现，亦可出现心脏扩大、肺水肿，甚至痉挛、昏迷等症状。

③预防措施：改进粮食产品的生产、贮运条件，防止粮食霉变的发生，严禁生产、加工、销售有毒霉变大米。

（2）青霉毒素　青霉毒素是由污染食品的青霉属菌产生。如岛青霉毒素、黄绿青霉毒素、橘青霉毒素、皱褶青霉毒素、震颤霉菌毒素等。橘青霉毒素多由橘青霉（*Pencillium citrinum*）产生，主要生长繁殖于贮存的大米中。橘青霉毒素具有肾脏毒性，中毒后出现肾脏萎缩、肾小管病变，排尿量增多等现象。

（三）食源性病毒

1. 肝炎病毒　人类肝炎病毒有甲型、乙型、丙型、丁型、戊型病毒之分。甲型肝炎病毒呈球形，无包膜，核酸为单链 RNA。乙型肝炎病毒呈球形，具有双层外壳结构，外层相当一般病毒的包膜，核酸为双链 DNA。对热、低温、干燥、紫外线和一般消毒剂耐受。感染原因为摄入污染食品和饮用水。

2. 禽流感病毒　A 型流感病毒可以感染、传播的禽鸟共有 80 多种，如鸡、鸭、鹅、鹌鹑、鸽、麻雀、乌鸦等。世界卫生组织指出：粪便是禽流感传播的主渠道，通过飞沫及接触呼吸道分泌物也能传播。亚太候鸟迁徙路径恰好与禽流感暴发路线吻合，候鸟充当了禽流感传播媒介。症状类似感冒，严重者内脏出血，坏死，甚至造成死亡，吃禽类食物时，不吃生的或半生不熟的、特别是禽类血液制品。禽流感病毒在 70℃加热 2 分钟就会死亡，对乙醚、三氯甲烷、丙酮等有机溶剂、紫外线很敏感，很容易被杀死。

（四）食源性寄生虫

食源性寄生虫病是指进食生鲜的或未经彻底加热的含有寄生虫虫卵或幼虫的食品而感染的一类疾病的总称。对人类健康危害严重的食源性寄生虫有肝吸虫、肺吸虫、姜片虫、广州管圆线虫。患这类疾病的方式有进食生鱼片、生鱼粥、生鱼佐酒、醉虾蟹或未经彻底加热的涮锅、烧烤的水生动植物；使用切过生鱼片的刀及砧板切熟食，或用盛过生鱼的器皿盛熟食；饮用含有囊蚴的生水是感染姜片虫的一种重要方式。

任务二　食品微生物检验的目的、任务及意义 📱微课2

一、食品微生物检验的目的

食品微生物检验是利用食品微生物学的基础理论与技能、细菌的生化试验和血清学试验的基本知识，在掌握与食品卫生检验中有关微生物特性的基础上，通过系统的检验方法，研究食品中微生物的种类、数量、性质、生存环境及活动规律，及时、准确地对食品样品做出食品卫生检验的报告，为食品安全生产及卫生监督提供科学依据。

微生物检验的目的就是要为生产出安全、卫生、符合标准的食品提供科学依据，使生产工序的各个环节得到及时控制，不合格的食品原料不能投入生产，不合格的成品不能投放市场。一是监测生产过程中是否有严重偏差（如半成品受到污染），以便及时纠正和召回产品；二是积累数据并定期分析，根据分析结果来监测生产过程、工艺以及产品质量等是否出现波动、偏差和漂移，以便纠正和调整（即回顾性验证）；三是保证食品的卫生质量安全，避免食物中毒的发生。

二、食品微生物检验的任务

食品微生物检验用以确定食品的可食用程度，控制食品的有害微生物及代谢产物的污染，督促食品加工工艺的改进，改善生产卫生状况，防止人畜共患病的传播，保证人类身体健康。

食品微生物检验的任务：研究各类食品中微生物种类、分布及其特性，为科学研究做准备；研究食品的微生物污染及其控制，提高食品的卫生质量；研究微生物与食品保存的关系；了解食品中的致病性、中毒性、致病性微生物；掌握各类食品中微生物的检验方法及标准。

三、食品微生物检验的意义

食品和水及空气一样是人类生活的必需品，是人类生命的能源。食品卫生与人的健康关系极为密切。随着人们生活水平的提高，对食品的质量和食品的安全性要求越来越高，不仅要求营养丰富、美味可口，而且要卫生经济，因而对食品进行微生物检验至关重要。

食品微生物检验就是应用微生物学的理论与方法，研究外界环境和食品中微生物的种类、数量、性质、活动规律及其对人和动物健康的影响。食品微生物检验方法为食品检测必不可少的重要组成部分。

首先，它是衡量食品卫生质量的重要指标之一。通过微生物检验可以准确判断出食品被微生物污染的程度，正确评价食品的卫生状况，并为食品能否安全食用提供科学的依据。

其次，通过食品微生物检验，可以判断食品加工环节及食品卫生的情况，能够对食品被微生物污染的程度作出正确的评价，为各项卫生管理工作提供科学依据，提供传染病和人类、动物的食品中毒的防治措施。

最后，食品微生物检验贯彻"预防为主"的卫生方针，可以有效地防止或者减少食物中毒和人畜共患病的发生，保障人们的身体健康，同时对提高产品质量、避免经济损失、保证出口等方面具有政治上和经济上的重大意义。

任务三　食品微生物检验的范围及指标 🅔 微课3

一、食品微生物检验的范围

食品在加工、贮藏等各个环节均可能遭受到微生物的污染。污染的机会和原因很多，一般有食品生产环境的污染、食品原料的污染、食品加工过程的污染等。根据食品被微生物污染的原因和途径，食品微生物检验的范围包括以下几点。

1. 生产环境的检验　包括车间用水、空气、地面、墙壁、操作台等的微生物学检验。

2. 原辅料的检验　包括主料、辅料、添加剂等一切原辅料的微生物学检验。

3. 食品加工、贮藏、销售环节的检验　包括从业人员的健康及卫生状况、加工工具、生产环境、运输车辆、包装材料等的微生物学检验。

4. 食品的检验　重点是对出厂食品、可疑食品及食物中毒的检验，这是食品微生物检验的重点范围。

二、食品微生物检验的指标

食品微生物检验的指标就是根据食品卫生的要求，从微生物学的角度，对不同食品所提出的与食品卫生质量有关的具体指标。我国原卫生部颁布的食品微生物指标主要有菌落总数、大肠菌群和致病菌3项。

1. 菌落总数　反映食品的新鲜度、被细菌污染程度及在加工过程中细菌繁殖情况的一项指标，是判断食品卫生质量的重要依据之一。

2. 大肠菌群　这类细菌寄居于人及温血动物肠道内。因此，大肠菌群数可反映食品受粪便污染的情况，是评价食品卫生质量的重要依据之一。

3. 致病菌　致病菌种类多，特性不一，对食品进行致病菌检验时不可能对各种致病菌都进行检验，而应根据不同的食品或不同场合选检某一种或某几种致病菌。如罐头食品常选检肉毒梭菌，蛋及蛋制品选检沙门菌、金黄色葡萄球菌等。当某种疾病流行时，则有必要选检引起该病的病原菌。

4. 其他指标　微生物指标还应包括酵母菌、霉菌及其毒素和病毒。鉴于有很多霉菌能够产生毒素，引起疾病，故应该对产毒霉菌进行检验。例如，曲霉属的黄曲霉、寄生曲霉等，青霉属的橘青霉、岛青霉等，镰刀霉属（*Fusarium*）的串珠镰刀霉（*Fusarium moniliforme*）、禾谷镰刀霉（*Fusarium graminearum*）等。如肝炎病毒、口蹄疫病毒、猪瘟病毒、狂犬病毒、鸡新城疫病毒等与人类健康有直接关系的病毒类微生物，在一定场合也是食品微生物检验的重要指标。另外，从食品检验的角度考虑，寄生虫也被很多学者列为微生物检验的指标，如旋毛虫、蛔虫、肺吸虫、弓形体、螨、姜片吸虫、中华分枝睾吸虫等。

三、食品微生物检验技术的发展

食品微生物检验技术的发展与整个微生物学的发展是分不开的。人类很早就开始利用微生物的许多特性为人类的生产、生活服务，古代人类早已将微生物学知识用于农业及食品生产和疾病防治中，如公元前二千多年的夏禹时代就有酿酒的记载，北魏（公元386—534）《齐民要术》一书中详细记载了制醋的方法。长期以来民间常用的盐腌、糖渍、烟熏、风干等保存食物的方法，实际上正是通过抑制微生物的生长而防止食物的腐烂变质。在预防医学方面，我国自古就有将水煮沸后饮用的习惯。明朝李时珍《本草纲目》中指出，将患者的衣服蒸过后再穿就不会传染上疾病，说明已有消毒的记载。

1. 致病菌检测阶段

（1）微生物的发现　首先观察到微生物的是荷兰人列文虎克（Antonie van Leeuwenhoek，1632—1723）。他于1676年用自磨镜片制造了世界上第一架显微镜（约放大300倍），并从雨水、牙垢等标本中第一次观察和描述了各种形态的微生物，为微生物的存在提供了有力证据，并确定了细菌的三种基本形态：球菌、杆菌、螺旋菌。列文虎克也被称为显微镜之父。

（2）微生物与食品腐败　法国科学家巴斯德（Louis Pasteur，1822—1895）首先通过实验证明了有机物质的发酵与腐败是微生物作用的结果，而酒类变质是因污染了杂菌，从而推翻了当时盛行的自然发生学说。巴斯德在病原体研究和预防方面也作出了卓越的贡献，他发明了巴氏消毒法，被称为现代微生物学之父。

（3）病原微生物　19世纪末至20世纪初，在巴斯德和柯赫（Robert Koch，1843—1910）光辉业绩的影响下，国际上形成了寻找病原微生物的热潮。有关食品微生物学方面的研究也主要是检测致病菌。我国从20世纪50年代开始对沙门菌、葡萄球菌、链球菌等食物中毒菌进行调查研究，并建立了各种引起食物中毒的细菌的分离鉴定方法。

2. 指示菌检测阶段　在我国，80%的传染病是肠道传染病。为了预防肠道传染病，我国制定了各种食品微生物的检验方法和检验标准。通过这些方法和标准，可以检测并判断水、空气、土壤、食品、日常用品以及各类公共场所的有关微生物的安全卫生状况。但是，有时直接检测目的病原微生物非常困难，需借助带有指示性的微生物（指示菌），根据其被检出情况，判断样品被污染程度，并间接指示致病微生物有无存在的可能，以及对人群是否构成潜在的威胁。

指示菌（indicator microorganism）是在常规安全卫生检测中，用以指示检验样品卫生状况及安全性的指示性微生物。检验指示菌的目的，主要是以指示菌在检验样品中存在与否以及数量多少为依据，对照国家卫生标准，对检验样品的饮用、食用或使用的安全性作出评价。这些微生物应该在环境中存在数量较多，易于检出，检验方法较简单，而且具有一定的代表性。指示菌可分为以下三种类型。

（1）评价被检样品一般卫生质量、污染程度以及安全性的指示菌　最常用菌落总数、霉菌和酵母菌数评价。

（2）粪便污染的指示菌　主要指大肠菌群，其他还有肠球菌，粪大肠菌群等。其检出标志着被检样品受过人畜粪便的污染，而且有肠道病原微生物存在的可能性。

（3）其他指示菌　包括某些特定环境不能检出的菌类，如特定菌、某些致病菌或其他指示性微生物。如嗜热脂肪芽孢杆菌用于灭菌锅灭菌指示菌。

3. 微生态制剂检测阶段　19世纪人们就发现并开始认识厌氧菌（巴斯德，1863年），但直到20世纪70年代了解到厌氧菌主要是无芽孢专性厌氧菌后，才重新开始重视其研究。厌氧菌广泛分布在自然界，尤其是广泛存在于人和动物的皮肤和肠道。生态平衡时，厌氧菌与人和动物体"和平共处"；生态失调时，厌氧菌成为条件致病菌（opportunistic pathogen），形成厌氧菌感染症。由此，1980年以来，市场上出现以乳酸菌、双歧杆菌为主的各种微生态制剂后，检验其菌株特性和数量就成了目前食品微生物检测的一项重要内容。

4. 现代基因工程菌和尚未能培养菌的检测阶段　转基因动物、植物和基因工程菌被批准使用以及进入商品化生产，加重了食品微生物检测的任务。转基因食品的检验也逐渐成为一项检验项目。通过16S rDNA扩增等技术，目前也发现了一些活的但不能培养的微生物（viable but nonculturable，VBNC），这也促进了食品微生物检验技术的发展。目前微生物应用技术、实验方法在极其迅速地发展，如电镜技术结合生物化学、电泳、免疫化学等技术，推动了微生物的分类和鉴定技术；荧光抗体技术、单抗技术、聚合酶链式反应（polymerase chain reaction，PCR）技术等，也进一步促进了微生物检验的发展。

知识链接

PCR 检测技术

作为近年来最常见的一种新兴的食品微生物检测技术，可以根据其所加入的引物数量的不同，分为常规和多重PCR检测技术。常规检测需要准备一定的引物，并在其中加入事先准备好的DNA模板，在两者充分地混合之后，再在其中添加适量的聚合酶并进行催化。随后其DNA片段就会不断地得到扩增。在这个过程中，食品当中原先存在的各种菌类都能够被有效地检出，甚至能够达到超过百分之九十九的检出率。多重PCR检测需要在其中加入更多的引物，能够提高检测的有效性，尤其是能够为检测站节省不少的步骤，从而降低检测成本。

民以食为天，食以安为先。食品安全问题关系到人民健康、社会稳定和国家经济的可持续发展，需引起高度重视。食品微生物检验作为给人类提供有益于健康、能确保食用安全的食品科学的保障措施之一，对食品安全控制起着非常关键的作用。食品微生物检验的广泛应用和不断改进，是制定和完善有关法律法规的基础和执行依据，是制定各级预防和监控系统的重要组成部分，是食品微生物污染溯源的有效手段，也是控制和降低由此引起的重大损失的有效手段，具有较大的经济和社会意义。

练习题

一、选择题

1. 下列微生物污染中不属于真菌性污染的是（　　）

    A. 黄曲霉毒素   B. 麦角碱

    C. 杂色曲霉素   D. 肉毒梭菌毒素

2. 食品腐败变质的过程不包含以下哪种（　　）

    A. 蛋白质   B. 水

    C. 脂肪   D. 碳水化合物

3. 食品中常见的致病菌不包括以下哪个（　　）

    A. 乳酸菌   B. 沙门菌

    C. 葡萄球菌   D. 志贺菌

4. 常见引起食物中毒的细菌不包括以下哪个（　　）

    A. 沙门菌   B. 致病性大肠埃希菌

    C. 青霉毒素   D. 葡萄球菌

5. 下列哪种食品适合真菌生长（　　）

    A. 苹果   B. 牛肉

    C. 卷心菜   D. 芹菜

二、简答题

1. 简述污染食品的微生物来源及其途径。

2. 食品微生物检验的目的和任务是什么？

3. 食品微生物检验的范围包括哪些？

4. 食品安全标准中的微生物指标有哪些？

5. 简述食品微生物检验的意义。

书网融合······

本章小结   微课1   微课2   微课3   题库

食品微生物实验室建设与管理

学习目标

知识目标

1. 掌握 食品微生物实验室实验技术操作的要求；食品微生物实验室中常用仪器的使用与维护。无菌室的灭菌种类和方法。

2. 熟悉 食品微生物实验室安全条例；玻璃器皿的种类及清洗灭菌的操作过程。

3. 了解 食品微生物实验室的各项管理制度。

技能目标

1. 会进行食品微生物实验室的设备配置工作；会应用无菌操作技术。

2. 能处理实验室常遇到的安全问题。

素质目标

1. 引导学生尊重生命，培养社会责任感和社会参与意识。

2. 培养学生的安全意识、工匠精神。

3. 树立健全的人格，养成良好的行为习惯。

情境导入

情境： 实验室作为做实验的专用场所，实验室装修建设要尽量避免或降低外界因素对实验精度的干扰，尽量避免实验对环境造成的老化或破坏，尽量降低试验过程中产生的危险，从而保护实验室工作人员。实验室安全已经是一个老生常谈的话题，层出不穷的安全事故一次次地敲响警钟。1979 年，俄罗斯的斯维尔德洛夫斯克武器实验室，有人忘记在排气装置上安装过滤器，直接导致 64 人死于接触炭疽病，这是生物实验室有记载的最大伤亡的感染事件。

讨论 1. 生物实验中采取哪些措施，可以从根本上降低意外事故的发生概率？

2. 作为一名实验者，怎样严格执行生物实验室安全管理与操作细则？

任务一　食品微生物实验室基本要求与生物安全 微课1

PPT

一、食品微生物实验室的基本要求

食品微生物实验室是以质量管理、卫生以及监控危害分析和关键控制点计划的有效性进行评价为目的，进行检测、鉴定或描述食品中致病微生物存在与否的实验室。由于微生物的特殊生物学特性，对致病性微生物的检测必须在特定的食品微生物实验室内进行。食品微生物实验室完善的组织与管理、规划建设和配套环境设施的科学性和合理性、检验人员的良好检验器具和耗材的质量、检验方法的合适性、仪器设备的状态、检验质量的准确性，关系到食品微生物的检测质量，而且关系到食品安全，甚至关系到个人安全、社区安全和经济贸易，因此必须通过适当的监控手段和科学合理的验证试验来对其进行管理。

（一）环境条件要求

1. 实验室内应经常保持清洁卫生，每天上下班应进行清扫整理，桌柜等表面应每天用消毒液擦拭，保持无尘，杜绝污染。

2. 实验室应井然有序，不得存放实验室外及个人物品、仪器等，实验室用品应摆放合理且有固定位置。

3. 随时保持实验室卫生，不得乱扔纸屑等杂物，测试用过的废弃物应倒在固定的箱筒内，并及时处理。

4. 实验室应具有优良的采光条件和照明设备。

5. 实验室工作台面应保持水平和无渗漏，墙壁和地面应当光滑和容易清洗。

6. 实验室布局应合理，一般实验室应有准备间和无菌室，无菌室应有良好的通风条件，如安装空调设备及过滤设备，无菌室内空气测试应基本达到无菌。

（二）技术要求

1. 检验人员的要求

（1）食品微生物实验室的检验人员应具备检验工作所必需的设备操作、微生物检测技能（如倒平板、菌落计数、无菌操作等），积极参加实验室管理和生物安全等方面的培训。

（2）检验人员应具有一定资质的微生物学或相近专业的知识，能够操作或指导微生物检验。应按要求根据相应的教育、培训、经验进行资格确认，检验员的基本知识和基本经历在评审中显得尤为重要。因为微生物检验是通过形态特征、生理生化反应特征、生态特征、血清学反应等来鉴定菌种的，这需要一个受过微生物方面专门培训具有一定的理论基础，并且具有一定的检验经历的检验人员才能正确地检验食品中的微生物。

（3）检验人员进入实验室必须穿工作服，进入无菌室换无菌衣、帽、鞋，戴好口罩，非检验员不得进入实验室，严格执行安全操作规程。

（4）实验室管理者应授权专门人员进行特殊类型的抽样、检测、发布检测报告、提出意见和解释以及操作特殊类型的设备。授权的报告签发人应具有相关的工作经验和专业知识，包括有关法规和技术要求等。

（5）检验人员应定期检查试剂有无明晰标签，定期检查、保养、检修仪器，切不可在冰箱内存放和加工私人食品。对各种器材应建立领取消耗记录，贵重仪器应有使用记录，对破损遗失的器材应填写报告；药品、器材、菌种不经批准不得擅自外借和转让，更不得私自拿出，应严格执行《菌种保管制度》。

（6）检验人员不能在实验室内吸烟、进餐、会客、喧哗，离开实验室前认真检查水、电、暖气、门窗，对于有毒、有害、易燃、污染、腐蚀的物品和废弃物品应按有关要求执行。

2. 设施的要求

（1）食品微生物实验室的选址应考虑与周围环境的关系。微生物实验室应选择在水电齐全、环境洁净、空气清新的地方，尽量避免与饲料仓库及排放"三废"的工厂相邻。尤其是夏季，更应注意实验室周围的环境卫生。一级食品微生物实验室无需特殊选址，普通建筑物即可，但应有防止昆虫和啮齿动物进入的设计。二级食品微生物实验室可用普通建筑物，但应自成一区，宜设在建设物的一端或一侧，与建筑物其他部分可相通，但应安装自动关闭的门，新建实验室应远离公共场所。三级食品微生物实验室可共用普通建筑物，但应自成一区，宜设在建设物的一端或一侧，与建筑物其他部分不相通，新建实验室应远离公共场所，主实验室与外部建筑物的距离应不小于外部建筑物高度的1.2倍。四级食品微生物实验室应建造在独立建筑物的完全隔离区域内，该建筑物应远离公共场所和居住建筑，其间应设植物隔离带，主实验室与外部建筑物的距离应不小于外部建筑物高度的1.5倍。

（2）实验室的设计要求和地址选择都应当尽量满足微生物生长、发育的需要，能保证实施菌种分离和扩大培养的无菌操作规程，使接种的菌种能有一个洁净、恒温和空气清新的培养环境，以提高微生物的成活率和纯培养质量。

（3）实验室应具有进行微生物检测所需的适宜的、充分的设施条件，实验室应有检测设施及辅助设施（大门、走廊、管理样品室、洗手间、储存室等）。某些检测设备可能需要特殊的环境条件。

（4）实验室负责人应制定科学合理的环境监测程序（使用诸如空气采样器、沉降平板、接触盘或棉拭子等方法监测空气和表面微生物污染）。应保证工作区洁净无尘，空间应与微生物检测需要及实验室内部整体布局相称。通过自然条件或换气装置或使用空调，保持良好的通风和适当的温度。使用空调时，应根据不同工作类别检查、维护和更换合适的过滤设备。

（5）依据所检测微生物的不同等级，实验室应对授权进入的人员采取严格限制措施，根据具体检测活动（如检测种类和数量等），有效分隔不相容的业务活动。应采取措施把交叉污染的风险降低到最小。实验室的设计应能将意外伤害和职业病的风险降到最低，并能保证所有工作人员和来访者免受某些已知危险的伤害。应准备足够数量的洗手设施和急救材料，独立的洗手池，非手动控制效果更好，最好在实验室的门附近，并有发生泄漏时的处理程序。

（6）实验室地面为环氧树脂材料，具有无缝隙、耐腐蚀、平整、容易清洗的特征。地面地脚线用阴角铝材装饰，美观且严密性好。整个实验室通过科学设计，精心施工，使实验室内形成坚固、无缝、平滑、美观、不反光、不积尘、不生锈、防潮、抗菌、性能优良的无菌表面和内壳。

3. 设备和药品的要求

（1）食品微生物实验室设备应配有温控设备（培养箱、冰箱、冰冻机、烤箱）、测具（温度计、计时器、天平、酸度计、菌落计数器等）、定容设备（吸管、自动分液器、移液管等）、除菌和灭菌设备（超净工作台或生物安全柜、高压灭菌锅）、其他设备（显微镜、离心机、均质器、振荡器、生化培养箱、厌氧培养设备等）。

（2）仪器安放合理，贵重仪器有专人保管，建立仪器档案，并备有操作方法，保养、维修、说明书及使用登记本，做到经常维护、保养和检查，精密仪器不得随意移动，若有损坏需要修理时，不得私自拆动，应写出报告，通知管理人员，经科室负责人同意填报修理申请，并送仪器维修部门。

（3）设备应达到规定的性能参数，并符合相关检测指标。无论何时，只要发现设备故障，应立即停止使用，必要时检查对以前结果的影响。应根据使用频率在特定时间间隔内进行维护和性能验证，并保存相关记录，以确保其处于良好工作状态。

（4）各种仪器（冰箱、恒温箱除外），使用完毕后应立即切断电源，旋钮复原归位，待仔细检查后，方可离去，同时盖好有仪器套罩的设备。

（5）依据食品检测任务，制定各种药品试剂采购计划，写清品名、单位、数量、纯度、包装规格、出厂日期等，领回后建立文档，专人管理，每半年做出消耗表，并清点剩余药品。

（6）药品试剂陈列整齐，放置有序、避光、防潮、通风干燥，瓶签完整，剧毒药品加锁存放、易燃、挥发、腐蚀品种单独贮存。称取药品试剂应按操作规范进行，用后盖好，必要时可封口或黑纸包裹。不使用过期或变质药品。

二、食品微生物实验室的生物安全与质量控制

（一）食品微生物实验室的生物安全

致病性微生物是影响食品安全各要素中危害最大的一类，食品微生物污染是涉及面最广、影响最大、问题最多的一类污染，而且这种现象还将持续下去。据世界卫生组织（WHO）估计，全世界每分钟就会有 10 名儿童死于腹泻病，再加上其他的食源性疾病，如霍乱、伤寒等，在全世界范围内受到食源性疾病侵害的人数更令人震惊。食品微生物检测是食品安全监控的重要组成部分，但由于微生物的特殊生物学特性，对致病性微生物的检测必须在特定的食品微生物实验室内进行，食品微生物实验室的规划建设和配套环境设施的科学性和合理性，不仅关系到食品微生物的检测质量，而且关系到个人安全和环境安全。

近年来随着《病原微生物实验室生物安全管理条例》（中华人民共和国国务院令第 424 号）的颁布，以及《实验室生物安全通用要求》（GB 19489—2008）、《生物安全实验室建筑技术规范》（GB 50346—2011）等有关生物实验室的相关管理条例和强制性技术规范的出台，在多个方面规范了生物安全实验室的设计、建造、检测、验收的整个过程，从根本上改变了我国缺乏食品微生物实验室建筑技术规范和评价体系以及食品微生物实验室统一管理规范的现状，将把涉及生物安全的实验室建设和管理纳入标准化、法制化、实用性和安全性的轨道。

依据实验室所处理感染性食品致病微生物的生物危险程度，可把食品微生物实验室分为与致病微生物的生物危险程度相对应的食品微生物实验室，其中一级对生物安全隔离的要求最低，四级最高。不同级别食品微生物实验室的规划建设和配套环境设施不同。食品微生物实验室所检测微生物的生物危害等级大部分为生物安全二级，少数为生物安全三级和四级〔如霍乱弧菌（*Vibrio cholerae*）〕。

微生物实验室是一个独特的工作环境，工作人员受到意外感染的报道并不鲜见，其原因主要是对潜在的生物危害认识不足、防范意识不强、不合理的物理隔离和防护、人为过错和不规范的检验操作。除此之外，随着应用微生物产业规模的日益扩大，一些原先被认为是非病原性且有工业价值的微生物的孢子和有关产物所散发的气溶胶，也会使产业人员发生不同程度的过敏症状，甚至影响到周围环境，造成难以挽回的损失。微生物实验室生物危害的受害者不局限于实验者本人，同时还有其周围同事，另外被感染者本人也很有可能是一种生物危害，作为带菌者，也可能污染其他菌株、生物剂，同时又是生物危害的传播者，这种现象必须引起高度重视。因此说微生物实验室的生物危害值得高度警惕，其危害程度远远超过一般公害。

为了消除实验室生物安全隐患，应注意做到以下五个方面的安全措施。

1. 通风空调系统

（1）实验室内必须安装独立的通风空调系统以控制实验室气流方向和压强梯度。该系统必须确保实验室使用时，室内空气除通过排风管道经高效过滤排出外，不得从实验室的其他部位或缝隙排向室外；同时确保实验室内的气流由"清洁"区域流向"污染"区域。

（2）通风空调系统为直排系统，不得采用部分回风系统。

（3）环境参数　相对于实验室外部，实验室内部保持负压。实验间的相对压强以 $-30 \sim -40$ Pa 为宜，缓冲间的相对压强以 $-15 \sim -20$ Pa 为宜。实验室内的温、湿度以控制在人体舒适范围为宜，或根据工艺要求而定。实验室内的空气洁净度以《洁净厂房设计规范》（GB 50073—2013）中所定义的七级至八级为宜。实验室人工照明应均匀，照度不低于 500lx。

（4）为确保实验室内的气流由"清洁"区域流向"污染"区域，实验室内不应使用双侧均匀分布

的排风口布局。不应采用上送上排的通风设计。由生物安全柜排出的经内部高效过滤的空气可通过系统的排风管直接排至大气，也可送入建筑物的排风系统。应确保生物安全柜与排风系统的压力平衡。

（5）实验室的进风应经初、中、高效三级过滤。

（6）实验室的排风必须经高效过滤或加其他方法处理后，以不低于 12m/s 的速度直接向空中排放。该排风口应远离系统进风口位置。处理后的排风也可排入建筑物的排风管道，但不得被送回到该建筑物的任何部位。

（7）进风和排风高效过滤器必须安装在实验室内设有围护结构的风口处，有助于避免污染风管。

（8）实验室的通风系统中，在进风和排风总管处应安装气密型调节阀门，必要时可完全关闭，以进行室内化学熏蒸消毒。

（9）实验室的通风系统中所使用的所有部件必须为气密型，不能使用带有木框架的高效过滤器。

（10）应安装风机启动自动联锁装置，确保实验室启动时先开排风机后开送风机。关闭时先关送风机后关排风机。

2. 安全装置及特殊设备

（1）在主实验室内必须设置Ⅱ级或Ⅲ级生物安全柜。

（2）连续流离心机或其他可能产生气溶胶的设备应置于物理抑制设备之中，该装置应能将其可能产生的气溶胶经高效过滤器过滤后排出。在实验室内设置的所有其他排风装置（通风橱、排气罩等）的排风均必须经过高效过滤器过滤后方可排出，其室内布置应有利于形成气流由"清洁"区域流向"污染"区域的气流流型。

（3）实验室中必须设置不产生蒸汽的高压灭菌锅或其他消毒装置。

（4）实验室与外部应设置传递窗。传递窗双门不得同时打开，传递窗内应设物理消毒装置。感染性材料必须放置在密闭容器中方可通过传递窗传递。

（5）必须在实验室入口处的显著位置设置压力显示报警装置，显示实验室和缓冲间的负压状况。当负压指示偏离预设区间时，必须能通过声、光等手段向实验室内外的人员发出警报。也可在该装置上增加送、排风高效过滤器气流阻力的显示。

（6）实验室启动工作期间不能停电。应采用双路供电电源。如难以实现，则应安装停电时可自动切换的后备电源或不间断电源，对关键设备（如生物安全柜、通风橱、排气罩以及照明等）供电。

（7）可在缓冲间设有洗手池：洗手池的供水截门最好设有自动开关。洗手池如设在主实验室内，下水道必须与建筑物的下水管线分离，且有明显标志。下水必须经过消毒处理。洗手池仅供洗手用，不得向内倾倒任何感染性材料。供水管必须安装防回流装置。不得在实验室内安设地漏。

3. 其他室内安全措施

（1）实验台表面应不漏水，耐腐蚀、耐热。实验室中的家具应牢固。为便于清洁，各种家具和设备之间应保持一定的间隙。应有专门放置生物废弃物容器的台（架）。家具和设备的边角和突出部位应光滑、无毛刺，以圆弧形为宜。

（2）所需真空泵应放在实验室内。真空管线必须装置在线高效过滤器。

（3）压缩空气等钢瓶应放在实验室外。穿过围护结构的管道与围护结构之间必须用不收缩的密封材料加以密封。气体管线必须装置在线高效过滤器和防回流装置。

（4）实验室内必须设置通信系统，便于实验室内的实验记录等资料通过传真机发送至实验室外。

4. 废弃物的处理

（1）废料销毁　所有包含微生物及病毒的培养基为了防止泄漏和扩散，必须放在生物医疗废物盒内经过去污染、灭菌后才能丢弃；所有污染的非可燃的废物（玻璃或者锐利器具）在丢弃前必须放在生物医疗废物盒内；所有的液体废物在排入干净的下水道前必须经过消毒处理；碎玻璃必须放在纸板容器或其他的防止穿透的容器内；其他的锐利器具、所有的针头及注射器组合要放在抗穿透的容器内丢弃，针头不能折弯、摘下或者打碎，锐利器具的容器应放在生物医疗废物盒中。

（2）废气处理　少量有毒气体可以通过排风设备排出室外，被空气稀释。毒气量大时，必须处理后再排出。如氮氧化物、二氧化硫等酸性气体用碱液吸收，可燃性有机废液可在燃烧炉中通氧气完全燃烧。

（3）含酚、氰、汞、铬、砷的废液处理　①低浓度含酚废液：加次氯酸钠或漂白粉使酚氧化为二氧化碳和水；②高浓度含酚废水：用乙酸丁酯萃取，重蒸馏回收酚；③含氰化物的废液：用氢氧化钠溶液调至 pH 10 以上，再加入 3% 的高锰酸钾使 CN^- 氧化分解；④CN^- 含量高的废液：用碱性氯化法处理，即在 pH 10 以上加入次氯酸钠，使 CN^- 氧化分解；⑤含汞盐的废液：先调至 pH 8 ~ 10，加入过量硫化钠，使其生成硫化汞沉淀，再加入共沉淀剂硫酸亚铁，生成的硫化铁将水中的悬浮物硫化汞微粒吸附而共沉淀，排出清液，残渣用焙烧法回收汞或再制成汞盐；⑥铬酸洗液失效：浓缩冷却后加高锰酸钾粉末氧化，用砂芯漏斗滤去二氧化锰后即可重新使用。废洗液用废铁屑还原残留的 Cr（Ⅳ）到 Cr（Ⅲ），再用废碱中和成低毒的 $Cr(OH)_3$ 沉淀；⑦含砷废液：加入氧化钙，调节 pH 值为 8，生成砷酸钙和亚砷酸钙沉淀。或调节 pH 10 以上，加入硫化钠与砷反应，生成难熔、低毒的硫化物沉淀；⑧含铅、镉废液：用消石灰将 pH 值调至 8 ~ 10，使 Pb^{2+} 和 Cd^{2+} 生成 $Pb(OH)_2$ 和 $Cd(OH)_2$ 沉淀，加入硫酸亚铁作为共沉淀剂。

5. 意外事故的处置　在操作及保存二类、三类及四类危害微生物的实验室，一份详细的处理意外事故的方案是必需的。紧急情况下的程序要与所有的人员沟通。实验室管理层、上一级安全管理层、单位护卫、医院及救护电话都应张贴在所有的电话附近。应配备医疗箱、担架及灭火器。

如果在生物安全柜内发生溢出事件，为了防止微生物外溢，应立即启动去污染程序：①用有效的消毒剂擦洗墙壁、工作台面及设备；②用消毒剂充满工作台面、排水盘、盆子，并停留 20 分钟；③用海绵将多余的消毒剂擦去。

（二）食品微生物实验室的质量控制

1. 术语和定义　食品微生物实验室（food microbiological laboratory）是指以质量管理、卫生以及监控 HACCP 计划的有效性进行评价为目的，进行检测、鉴定或描述食品中致病微生物存在与否的实验室。实验室可以提供其检查范围内的咨询性和技术性服务，包括结果解释和为进一步适当检查提供建议以及相应的措施。

在食品微生物检测质量方面会用到一些专业术语，这里将常见的术语列出来。

（1）校准　在特定条件下，采取一系列步骤建立测量仪器、测量系统，标准物质或参考菌株表现值与标准规定的对应数值之间的关系。

（2）标准参考菌株　具有认证的标准物质，其中一个或更多特征值有一个被认证的程序，这个程序建立了准确表达物质特性的可追溯性，同时每个被鉴定值都有一个一定置信区间的不确定度。

（3）测定限度　主要用于定量的微生物检测，是指在所用方法的试验条件下所测定的在一个限定变化范围内估算的微生物最低数量。

（4）检测限度　用于定性的微生物检测，是指在数量上无法准确统计的可检测的最低微生物数量。

（5）阴性偏差　在参考方法得出一个阳性结果时，而另一个方法却得出阴性结果。当真实结果被证明是阳性时，这种偏离便是一个假阴性。

（6）阳性偏差　在参考方法得出一个阴性结果时，而另一个方法却得出阳性结果。当真实结果被证明是阴性时，这种偏差便是一个假阳性。

（7）参考培养物　参考菌株、参考原菌株和工作菌株的统称。

（8）参考方法　为了测定与预期在准确度和精确性上同量的一个或多个特征值的方法，即清晰确切的描述必要条件和程序的精确的调查方法。因此通常用于验证同一测定的其他方法的准确度，尤其是描述标准物质。一般是国内或国际标准。

（9）参考原株　由实验室获得或由供应商提供的参考原株在实验室经过一代转接后的同种菌株。

（10）重复性　在同一实验室且在相同的测定条件下，用相同方法连续测定结果的接近程度。

（11）再现性　在不同实验室变化的测定条件下进行的相同方法测定结果的接近程度。

（12）敏感性　在假定检查中正确分配的阳性培养物或菌落总数的份数。

（13）特异性　在假定检查中正确分配的阴性培养或菌落总数的份数。

（14）工作菌株　由参考原株转接后获得的同种菌株。

（15）原始样品　从一个系统中最初取出的一个或多个部分，准备送检或实验室收到并准备进行检验的样品。

（16）委托实验室　接受样品进行补充或确认检验程序和报告的外部实验室。

2. 质量管理体系　实验室应建立、实施并保持与其工作范围相适应的质量体系，并将其政策、方针、过程、计划、程序和指导书等制定成文件，以确保检测质量，还应把体系文件传达至所有相关人员，让他们理解并执行。质量管理体系不仅包括内部质量控制和参加有组织的实验室间的比对活动（如外部质量评审计划），还应在质量手册中予以规定质量管理体系的方针和目标，总体目标应在质量方针声明中予以文件化，该方针应简洁易懂，并便于有关人员及时获得。

（1）实验室质量手册的目录可包括以下内容：引言；实验室概述，其法律地位、资源以及主要职责；质量方针和质量目标；人员的教育与培训；质量体系；文件控制；合同评审；设施和环境条件；仪器，试剂和（或）相关消耗品的管理；检验程序的验证；安全规范（见 GB 19489—2008《实验室生物安全通用要求》）；研究和开发（如适用）；检验程序列表；申请程序，原始样品，实验室样品的采集和处理；内部审核；质量控制（包括实验室间比对）；实验室信息系统；对投诉的补救措施和处理；与委托实验室和供应商的交流及相关活动；结果的质量保证；结果的报告。

（2）文件控制　实验室应建立并保持有关程序，对构成质量文件的所有文件和信息（包括政策声明、教科书、程序、说明、校准表及其来源、图表、海报、公告、备忘录、软件、图片、计划书和外源性文件如法规、标准或检验程序等）进行控制。应遵循国家、地区和当地有关文件保留的规定，将每一份受控的文件制作一份以适当的纸张或非纸张媒介备份存档以备日后参考，并由实验室负责人规定其保存期限。同时需要建立总目录或相应的文件控制程序，以标明现行修改状态和质量体系内的文件发布情况，并应随时可得，以避免使用失效。

所有与质量管理体系有关的文件均应能唯一识别，包括标题、版本或当前版本的修订日期或修订号，以及发行机构、来源的标识。

（3）质量记录　实验室应建立并实施一套对质量及技术记录进行识别、采集、索引、查取、存放、维护以及安全处理的程序。质量记录需要包括内部审核和管理评审、纠正和预防措施记录。

1）内部审核：应根据质量管理体系的规定对体系的所有管理及技术要素进行定期的内部审核，以证实体系运作持续符合质量管理体系的要求。内部审核应包含体系的所有要素，尤其是对食品微生物检测有重要影响的方面。要明确内部审核的程序并形成文件，其中包括审核类型、频次、方法以及所需相关文件。如果发现有不足或有待改进之处，实验室应采取适当的纠正和预防措施，并将这些措施形成文件，经讨论后在约定的时间内实施。正常情况下，应每 12 个月对质量体系的主要要素进行一次内部审核。此外，内部审核的结果还应该提交实验室管理层进行评审。

2）管理评审：实验室管理层应对实验室质量管理体系及实验室全部的食品微生物检测活动进行评审，包括检测及咨询工作，以确保在食品微生物检测工作中保持稳定的服务质量，并及时进行必要的变动或改进。评审的结果应列入一个含有目标、目的和措施的计划中。管理评审的典型周期为每项12个月一次。

在建立质量体系期间，建议评审间隔应尽量短些，以保证在发现该质量管理体系或其他活动有需要改进之处时，及早采取应对措施，至少每年进行一次内审。

管理评审结果以及应采取的措施均应记录归档，同时应将评审结果及评审决定向实验室人员通报。实验室管理层应确保将这些措施在适当的约定时间内公布。

所有记录均应清晰明确，便于检索。应符合国家、地区或当地法规的要求，提供一个适宜的环境，以适当的形式进行存放，保证安全和保密，避免损毁、破坏、丢失、被人盗用或未授权的接触，实验室应有程序保护和备份以电子形式储存的记录，以防止未经授权的侵入和修改。

3）纠正措施：纠正措施程序应包括一个抽查过程，以确定问题产生的根本原因或潜在原因。某些情况下会发展为预防措施。纠正措施应与问题的严重性及其带来的风险的大小相适应。调查问题后采取相应纠正措施，如果需要对操作程序进行改动时，实验室管理层应将这些改动形成文件并执行。

实验室管理层应负责监控每一纠正措施所产生的结果，以确定这些措施是否有效地解决所识别出的问题。如果识别出的不符合项或偏离对实验室与其本身的相关政策、程序或质量管理体系的符合性产生怀疑时，则实验室管理人员应保证依据内部审核的规定对相应方面的活动进行审核。

纠正措施的结果应提交实验室管理评审。实验室应该对纠正措施进行监控，以确保所采取的纠正措施是有效的。

4）预防措施：预防措施应确定不符合项的潜在来源和所需的改进，无论是技术方面的还是相关的质量体系方面。如果需要采取预防措施，还应制定、执行和监控这些措施计划。

预防措施程序要包括启动措施和应用控制，以确保其有效性。除对操作程序进行评审之外，预防措施还可能涉及数据分析，包括趋势和风险分析以及外部质量保证。这里需要注意的是，预防措施是事先主动识别改进可能性的过程，而不是对已发现的问题或投诉的反应。

（4）技术要求

1）试剂：实验室有对试剂进行检查、接受或拒收和贮存的程序和标准，保证涉及的试剂质量适用于检验。实验室人员应该在保存期限内，使用可以溯源至认可的国家或国际的阴性和阳性标准菌株，检查对食品微生物检验起决定性作用的每一批试剂的适用性，在确定这些物品达到标准规格，或已达到相应的规程中所规定的标准之前，不得使用，并记录归档。

应建立一套供货清单控制系统，该系统中应该包括全部相关试剂、质量控制材料以及校准品的批号、实验室接收日期以及这些材料投入使用的日期。所有这些质量记录应在实验室管理评审中提供。

实验室应确保所有的试剂（包括储存溶液）、培养基、稀释剂和其他的悬浮液都贴上标签，标明其适用性、特性、浓度、储存条件、准备日期、有效期和（或）推荐的储存时期。负责微生物检验准备的试验人员可以从记录中确认。

2）培养基：检查实验室内制备的培养基、稀释剂和其他悬浮液的性质是否合适，原料（包括商业脱水配料和单独配料）是否储存在合适的条件下，如低温、干燥和避光等。所有的容器，尤其是那些用于培养基脱水的容器，需高度密封。结块或颜色发生改变的脱水培养基不能使用。除非实验方法有特殊要求，试验用水需要经蒸馏、去离子或反渗透处理。同时应确定和验证合适的储存条件下预制培养基的保存时间。

即用型培养基在使用前需验证所有准备使用的或部分完成的培养基（包括稀释剂和其他悬浮液）

的有效性，应估算目标微生物的复苏或存活能力，或全面定量评估对非目标微生物的抑制程度；使用客观的标准对其品质（如物理和生化性质）进行评审。

作为培养基确认的一部分，要求实验室使用人员充分了解制造商所提供的产品质量说明书，鉴定每一批培养基时，需要证明所接收的每批培养基满足质量要求，制造商应确保实验室人员能及时接到其关于质量规格的任何改变的通知。如果培养基制造商被权威质量系统认可，则实验室应根据详细说明书对其产品有效性的符合度进行检查。在其他情况下，必须对接收的培养基进行足够的检查。

（5）设备维护　实验室基本设备的维护应根据使用频率定期进行，保存具体记录。以下仪器设备需要清洁、维修、损坏检查、常规检查甚至灭菌加以维护。

1）常规保养的设备：滤器、玻璃和塑料容器（瓶子、试管）、玻璃或塑料制成的带盖培养皿、采样工具、接种针或接种环。

2）培养箱、水浴锅和干燥箱的维护：应确定并记录培养箱、水浴锅、干热灭菌箱及保温室的温度的稳定性、温度分布的均匀性和达到平衡状态时所需时间，尤其应注意其是否在正常使用（如多个带盖培养皿之间的位置、空间、高度）。每次经过修理和校正后，都应检查和记录最初验证设备时所记录的各参数的稳定性。实验室应监控这类设备的运行温度，并保存记录。

3）高压灭菌锅（包括培养基制备仪）的维护：下面大致列出了有关校准、确定和监控运行的一般性方法。然而，高压灭菌锅所进行的数量检验及相应项目，如能适应高压灭菌锅的内外变化，这也就提供了同等的质量保证。

高压灭菌锅必须具备指定的时间和温度允许范围。压力仪不能只适于一个压力量程。用来控制和监督工作循环的感应器需要进行校准并对其计时器进行性能测试；最初的测定包括实际应用中每个工作循环和每一种装载状态时的性能研究（空间热分布测试）。在经过大型维修或校正（如更换温度调节的探测仪或程序器，调整安装位置及工作循环）后，或对培养基的质量控制检验结果表明需要时，应当重复前述性能测试过程。必须安装足够的温度感应器（如在充满水或培养基的容器中）以指示不同位置的不同温度。至于培养基制备仪，一般认为安装使用两个感应器（一个靠近控制探测仪，另一个位于远离控制探测仪处）是适当的，除此之外，没有更加合适的方法。应确认和考虑温度上升和下降的适宜性及灭菌时间。

在确认和重新确认的过程中，应提供基于加热分布图的清晰明了的操作说明。制定接受/拒绝的标准和高压灭菌锅的使用记录，包括每个循环的温度和时间，可以通过下列措施之一进行监控：应用热电偶和记录仪打印输出图表；直接观察最高的温度值和当时的时间。

除直接监控高压灭菌锅的温度外，还应使用化学或生物指示剂检查每个灭菌和消毒循环的效力。高压灭菌锅的记录带和指示条带只能说明一项工作已经进行，而不能证明完成了一个可以接受的循环。

4）测定体积的设备：吸液管、自动分液器、移液管等。

在微生物实验室中经常会用到测定体积的设备，如自动分液器，分液器/稀释器，机械性的手动移液管和多功能移液管等。实验室应该对测定体积的设备进行最初的确证，之后定期检查以保证仪器按要求正常使用。对于具有一定性能范围的玻璃器皿，确证工作就不是必须的。应检查仪器设备的指定体积的准确度而不是固定体积（如在体积可变设备的不同设置），也应测定重复使用的精确度。

对于单独使用的多功能体积测定仪器，实验室应要求供应商提供一份相应的质量认可系统。经过初步的实用性确认后，建议随时对其进行准确度检查。如果公司无法提供质量认可系统，实验室应对设备的适用性进行检验。

5）测量设备：温度计、计时器、天平、酸度计、菌落计数器等。

温度直接影响分析结果或对设备的正确性能来说是至关重要的，如安装在培养箱和高压灭菌锅上的液体玻璃温度计、热电偶适应器和铂电阻温度计。如需校准设备，则应遵循国家或国际有关的温度标准，精确度在允许范围内，被证明符合国家或国际生产规定者才可以工作，如储藏用电冰箱、制冰机、培养箱及水浴锅这类精确性可以在允许的温度范围内变动的设备。必须对此类设备进行性能测试。测重仪和天平应按国家规定及其使用目的在一定时间内进行校准。

6）其他设备：定期检验传导计、氧气表、pH 计和其他类似仪器的性能，或在使用前对其进行性能检验。在合适的条件下储存检验用缓冲液，并且标记有效期。如果湿度对于检验结果很重要，则要根据国内或国际标准对湿度计进行校准。定时器，包括高压灭菌锅的定时器，须使用一个已经过校准的定时器或国内时间信号来进行确证。若检验步骤中使用离心机，应该评估离心力是否对检验有决定性作用，如果答案是肯定的，则需要校准离心机。

任务二 食品微生物实验室建设与配置 微课2

一、无菌室的结构与要求

1. 无菌室的结构　无菌室一般为 4~5m²、高 2.5m 的独立小房间（与外间隔离），内部装修应平整、光滑，无凹凸不平或棱角等，四壁及屋顶应用不渗水的材质，以便于擦洗及杀菌。无菌室专辟于微生物实验室内，可以用板材和玻璃建造，其周围需要设有缓冲走廊，走廊旁再设缓冲间。缓冲室的面积可小于无菌室，另设有小窗，以备进入无菌间后传递物品。无菌室和缓冲室进出口应设拉门，门与窗平齐，窗户应为双层玻璃，并应密封，门缝也应封紧，两门应错开，以免空气对流造成污染；室内装备的换气设备必须有空气过滤装置，另需设有日光灯及消毒用的紫外灯，紫外灯离工作台以 1.0m 为宜，其电源开关均应设在室外。在获得了无菌环境和无菌材料后，只有保持无菌状态，才能对某种特定的已知微生物进行研究。所以控菌能力和控菌稳定性是无菌室的核心验收指标。业内同行的验收标准为 100 级洁净区平板杂菌数平均菌落不得超过 1 个/皿，10 000 级洁净室平均菌落不得超过 3 个/皿。无菌室室内温度宜控制在 20~24℃，相对湿度 45%~60%。

2. 无菌室的使用要求

（1）无菌室应保持清洁整齐，工作后用消毒液拭擦工作台面，室内只能存放最必需的检验用具如酒精灯、乙醇棉球、火柴、镊子、接种针、接种环、玻璃铅笔等。室内检验用具及桌凳等位置保持固定，不随便移动。

（2）每隔 2~3 周左右的时间，要用 2% 苯酚水溶液擦拭工作台、门、窗、桌、椅及地面，然后用甲醛加热或喷雾灭菌。

（3）无菌室使用前后应将门关紧，打开紫外灯，如采用室内悬吊紫外灯消毒时，需 30W 紫外灯，距离在 1.0m 处，照射时间不少于 30 分钟，使用紫外灯，应注意不得直接在紫外线下操作，以免引起损伤，灯管每隔两周需用乙醇棉球轻轻拭擦，除去上面灰尘和油垢，以减少对紫外线穿透的影响。

二、食品微生物实验室常用仪器

食品微生物实验室常用下列仪器：显微镜、超净工作台、高压蒸汽灭菌器、培养箱、干燥箱、水浴箱、摇床、天平、离心机等。

1. 显微镜　显微镜的种类很多，在实验室中常用的有：普通光学显微镜、暗视野显微镜、相差显微镜、荧光显微镜和电子显微镜等。而在食品微生物检验中最常用的还是普通光学显微镜。

显微镜的放大效能（分辨率）由所用光波长短和物镜数值口径决定，缩短使用的光波波长或增加数值口径可以提高分辨率，可见光的光波幅度比较窄，紫外光波长短可以提高分辨率，但不能用肉眼直接观察。所以利用减小光波长来提高光学显微镜分辨率是有限的，提高数值口径是提高分辨率的理想措施。要增加数值口径，可以提高介质折射率，当空气为介质时折射率为1，而香柏油的折射率为1.51，和载玻片玻璃的折射率（1.52）相近，这样光线可以不发生折射而直接通过载玻片、香柏油进入物镜，从而提高分辨率。显微镜总的放大倍数是目镜和物镜放大倍数的乘积，而物镜的放大倍数越高，分辨率越高。

2. 超净工作台　超净工作台是一种局部层流（平行流）装置，由3个最基本的部分组成，即高效空气过滤器、风机和箱体。它能在局部造成高洁净度的工作环境。其工作原理：室内新风经预过滤器送入风机，由风机加压进入高压箱，再经过高效过滤器除尘，洁净后通过均匀层，以层流状态均匀垂直向下进入操作区，或以水平层流状态通过操作区，同时上部狭缝中喷送出高速空气流，形成不受外界干扰的空气幕，从而可在操作时获得洁净的空气环境。由于洁净气流是匀速平行地向一个方向流动，空气没有涡流，故任何一点灰尘或附着在灰尘上的杂菌都很难向别处扩散转移，而只能就地排除掉。因此，洁净气流可以造就无菌环境。

3. 高压蒸汽灭菌器　高压蒸汽灭菌器的装置严密，输入蒸汽不外逸，温度随蒸汽压力增高而升高，当压力增至103～206kPa时，温度可达121.3～132℃。高压蒸汽灭菌法就是利用高压和高热释放的潜热进行灭菌，是目前可靠而有效的灭菌方法，适用于耐高温、高压，不怕潮湿的物品。高压蒸汽灭菌的关键问题是为热的传导提供良好条件，而其中最重要的是使冷空气从灭菌器中顺利排出。因为冷空气导热性差，阻碍蒸汽接触灭菌物品，并且还可减低蒸汽压力使之不能达到应有的温度。

4. 培养箱　亦称恒温箱，可根据所培养的菌类对生长温度的需要进行培养，使用方便可靠，是微生物实验室必备和常用的设备。

（1）普通培养箱　一般控制的温度范围为5～65℃，又分为电热恒温培养箱和隔水式恒温培养箱。

（2）恒温恒湿箱　一般控制的温度范围为5～50℃，控制的湿度范围为50%～90%。可作为霉菌培养箱。

（3）厌氧培养箱　适用于厌氧微生物的培养。

5. 干燥箱　也称干热灭菌器，其工作原理与培养箱相似，只是所用的温度较高。主要用途是供玻璃仪器消毒用。要消毒的玻璃器皿必须清洁、干燥，并包装好，放入干燥箱内，将门关紧。然后，按上电源，打开开关加热，使温度慢慢上升，当温度升至60～80℃，开动鼓风机，使灭菌器内的温度均匀一致，到所要的温度（通常为160～180℃）后维持一定的时间，通常为1.5～2小时，然后截断电源，待干燥箱内温度降至室温时方可将门打开（干燥箱内温度高于60℃时不能将门打开取放器皿），取出灭菌物品。灭菌后的玻璃器皿上的棉塞或包扎纸略带淡黄色，而不应该烤焦。

6. 水浴箱　使用时必须先加水于水箱内，再接通电源，然后将温度选择开关拨向设置端，调节温度选择旋钮，同时观察数显读数，设定所需的温度值（精确到0.1℃），当设置温度值超过水温时，加热指示灯亮，表明加热器已开始工作，此时将选择开关拨向测量端，数显即显示实际水温，在水温达到所需水温时，恒温指示灯亮，加热指示灯熄灭。此时加热器停止工作，由于水箱内水是静止的，故水温上下之间有一定差异，需经过加热，恒温转换后水温才能维持恒定的状态。

7. 摇床　在制作液体菌种和进行微生物的液体培养时，必须使用摇床，也称为摇瓶机。摇床有往复式和旋转式两种，前者振荡频率为80～120次/分钟，振幅为8～12cm；后者振荡频率较高，为220次/分钟。往复式摇床因结构简单、运行可靠、维修方便而普遍使用。摇床可放在设有温度控制仪的温室内对菌种进行振荡培养。

8. 天平　天平主要用于称量化学药品。常用的托盘天平，量程1000g，感量1.0g；扭力天平，量程100g，感量0.1g；分析天平，量程100g，感量0.1~1.0mg。使用时严格按照仪器说明书进行操作。

9. 离心机　离心机是借离心力分离液相的设备，是根据物体转动产生离心力这一原理而制成的。根据物质的沉降系数、质量、密度等的不同，应用强大的离心力使物质分离、浓缩和提纯的方法称之为离心。一般来说，离心机转速在20000r/min以上的称之为超速离心。在微生物实验室内，它用于沉淀细菌、分离血清和其他密度不同的材料。

10. 其他

（1）空气调节器　目前有条件的在菌种培养室、保存室内都安装有空调，利用空调调节培养温度，从而为微生物的生长提供一个较理想的人工气候环境。

（2）电冰箱和冷藏箱　主要用于保藏菌种和其他物品，也是微生物实验室必备设备。目前它们的制冷方式几乎全是压缩式的，使用效率高、省电。按结构形式可分为单门、双门和多门，立式前开门和卧式上开门；按使用功能可分为冷藏式（0℃以上）、冷藏冷冻式（冷藏室0~10℃，冷冻室-18~-6℃）。

（3）细菌滤器　又称滤器，是微生物实验室中不可缺少的一种仪器，可以用来去除糖溶液、血清、腹水、某些药物等不耐热液体中的细菌，也可用来分离病毒以及测定病毒颗粒的大小等。常用的滤器种类有蔡氏滤器、玻璃滤器以及滤膜滤器等。滤膜滤器由硝基纤维素制成薄膜，装于滤器上，其孔径大小不一，常用于除菌的为0.22μm。硝基纤维素膜的优点是本身不带电荷，故当液体过滤后，其中有效成分损失较少。蔡氏滤器由金属制成，中间夹石棉滤板，有石棉K、EK、EK-S三种，常用EK号除菌。玻璃滤器是用玻璃细砂加热压成小碟状，嵌于玻璃漏斗中，一般分为G1、G2、G3、G4、G5、G6这六种，其中G5、G6可阻止细菌通过。

（4）冻干机　冻干机是用于冻干菌种、毒种补体、疫苗、药物等使用的机器，主要由干燥机、真空泵、压力计、真空度检验枪组成。冷冻真空干燥，即将保存的物质中水分直接升华而干燥。这样，微生物在冻干的状态下可以长期保存而不致失去活力。冷冻真空干燥机使用的方法如下：①首先检查冻干系统各部件连接是否严密，将干燥剂（氯化钙、硫酸钙、五氧化二磷等）盛放于干燥盘上；②将要冻干的物质，定量分装于无菌的安瓿内，每安瓿装0.1~0.5ml，放于-20℃以下的低温冰箱中迅速冷冻10~30分钟；③将已经冷冻的安瓿放在干燥剂上，关闭冻干机盖，打开抽气机连续抽气6~8小时，当压力降至0.2mmHg以下时，干燥完毕，关闭抽气机；④取出干燥剂上的安瓿，存放于干燥器内待封口。将干燥后的安瓿取出8支安装在冻干机上的8个橡胶管上，打开抽气机约10~30分钟，安瓿内气压很快降至0.2mmHg以后，用细火焰在安瓿的颈中央部位封口。如此连续进行干燥和封口；⑤封口的安瓿，再用真空度检查枪在其玻璃面附近检查，呈现蓝紫色荧光者，表示合格；⑥工作完后，将冻干机内的干燥剂取出，重新干燥备用。

以上是微生物实验室常用的仪器设备，管理者应确保将安全的实验室操作及程序融合到工作人员的基本培训中。安全措施方面的培训是新工作人员岗前培训的重要组成部分，应向工作人员介绍生物安全操作规范和实验室操作指南，包括安全手册或操作手册。实验室主管在对属下工作人员进行规范性实验室操作技术培训时起关键作用。

总之，培训和监督工作人员，加强设备仪器的妥善保养是必要的。不正常的任何设备，若出现过载或错误操作，或检测结果可疑，或设备缺陷，都应立即停用，同时食品微生物检验人员需要具备应对意外事故和突发事件的能力。

三、食品微生物实验室常用玻璃器皿

玻璃仪器品种繁多，根据国际标准分为8类。

（1）输送和截流装置　如玻璃接头、接口、阀门、塞、管和棒等。

（2）容器　如皿、瓶、烧杯、烧瓶、槽、试管等。

（3）基本操作仪器和装置　包括吸收、干燥、蒸馏、冷凝、分馏、蒸发、萃取、提纯、过滤、分液、搅拌、破碎、离心、气体发生、色谱、燃烧、燃烧分析等。

（4）测量器具　如流量、密度、压力、温度、表面张力等测量仪表以及量器、滴管、吸液管、注射器等。

（5）物理测量仪器　如测试颜色、光、密度、电参数、相变、放射性、分子量、黏度、颗粒度等的仪器。

（6）化学元素和化合物测定仪器　如砷、二氧化碳、元素分析、官能团分析、金属元素、硫、卤素和水等测定仪器。

（7）材料试验仪器　如气氛、爆炸物、气体、金属及矿物、矿物油、建筑材料、水质等测量仪器。

（8）食品、医药、生物分析仪器　如食品分析、血液分析、微生物培养、显微镜附件、血清和疫苗试验、尿化验等分析仪器。

食品微生物实验室应用的玻璃器材种类甚多，如吸管、试管、烧瓶、培养皿、培养瓶、毛细吸管、载玻片、盖玻片等，在采购时应注意各种玻璃器材的规格和质量，各类玻璃仪器按使用要求选用适宜的玻璃品种。

任务三　食品微生物实验室相关管理制度 📱微课3

PPT

一、食品微生物实验室管理制度

1. 实验室应制定仪器配备管理、使用制度，药品管理、使用制度，玻璃器皿管理、使用制度，并根据安全制度和环境条件的要求，本实验室工作人员应严格掌握，认真执行。

2. 进入实验室必须穿工作服，进入无菌室换无菌衣、帽、鞋，戴好口罩，非实验室人员不得进入实验室，严格执行安全操作规程。

3. 实验室内物品摆放整齐，试剂定期检查并有明晰标签，仪器定期检查、保养、检修，严禁在冰箱内存放和加工私人食品。

4. 各种器材应建立请领消耗记录，贵重仪器有使用记录，破损遗失应填写报告；药品、器材、菌种不经批准不得擅自外借和转让，更不得私自拿出。

5. 禁止在实验室内吸烟、进餐、会客、喧哗，实验室内不得带入私人物品，离开实验室前认真检查水电，对于有毒、有害、易燃、污染、腐蚀的物品和废弃物品应按有关要求执行。

6. 负责人严格执行本制度，出现问题立即报告，造成病原扩散等责任事故者，应视情节直至追究法律责任。

二、仪器配备、管理使用制度

1. 食品微生物实验室应配备下列仪器：培养箱、高压灭菌锅、普通冰箱、低温冰箱、厌氧培养设备、显微镜、离心机、超净台、振荡器、普通天平、千分之一天平、烤箱、冷冻干燥设备、均质器、恒温水浴箱、菌落计数器、生化培养箱，电位 pH 计、高速离心机。

2. 实验室所使用的仪器、容器应符合标准要求，保证准确可靠，凡计量器具须经计量部门检定合格方能使用。

3. 实验室仪器安放合理，贵重仪器有专人保管，建立仪器档案，并备有操作方法，保养、维修、说明书及使用登记本，做到经常维护、保养和检查，精密仪器不得随意移动，若有损坏需要修理时，不得私自拆动、应写出报告、通知管理人员，由经理同意填报修理申请、送仪器维修部门。

4. 各种仪器（冰箱、恒温箱除外），使用完毕后要立即切断电源，旋钮复原归位，待仔细检查后，方可离去。

5. 一切仪器设备未经设备管理人员同意，不得外借，使用后按登记本的内容进行登记。

6. 仪器设备应保持清洁，一般应有仪器套罩。

7. 使用仪器时，应严格按操作规程进行，对违反操作规程、因管理不善致使仪器损坏，应追究当事者责任。

三、药品管理、使用制度

1. 依据本实验室检测任务，制定各种药品试剂采购计划，写清品名、单位、数量、纯度、包装规格、出厂日期等，领回后建立账目，专人管理，每半年做出消耗表，并清点剩余药品。

2. 药品试剂陈列整齐，放置有序、避光、防潮、通风干燥，瓶签完整，剧毒药品加锁存放、易燃、挥发、腐蚀品种单独贮存。

3. 领用药品试剂，需填写请领单、由使用人和室负责人签字，任何人无权私自出借或馈送药品试剂，本单位科、室间或外单位互借时需经科室负责人签字。

4. 称取药品试剂应按操作规范进行，用后盖好，必要时可封口或黑纸包裹，不使用过期或变质药品。

四、玻璃器皿管理、使用制度

1. 根据检测项目的要求，申报玻璃仪器的采购计划，详细注明规格、产地、数量、要求，硬质中性玻璃仪器应经计量验证合格。

2. 大型器皿应建立账目，每年清查一次，一般低值易耗器皿损坏后随时填写损耗登记清单。

3. 玻璃器皿使用前应除去污垢，并用清洁液或2%稀盐酸溶液浸泡24小时后，用清水冲洗干净备用。

4. 器皿使用后随时清洗，染菌后应严格高压灭菌，不得乱弃乱扔。

五、实验室生物安全管理制度

1. 进入实验室，工作衣、帽、鞋必须穿戴整齐。

2. 在进行高压、干燥、消毒等工作时，工作人员不得擅自离开现场，认真观察温度、时间，蒸馏易挥发、易燃液体时，不得直接加热，应置水浴锅上进行，试验过程中如产生毒气时应在避毒柜内操作。

3. 严禁用口直接吸取药品和菌液，按无菌操作进行，如发生菌液、病原体溅出容器外时，应立即用有效消毒剂进行彻底消毒，安全处理后方可离开现场。

4. 工作完毕，用清水肥皂洗净双手，必要时可用苯扎溴铵、过氧乙酸泡手，然后用水冲洗，工作服应经常清洗，保持整洁，必要时高压灭菌。

5. 实验完毕，即时清理现场和实验用具，对染菌带毒物品，进行消毒灭菌处理。

6. 每日下班，尤其节假日前后应认真检查水、电和正在使用的仪器设备，关好门窗，方可离去。

任务四 食品微生物实验室实验技术操作要求 微课4

PPT

一、无菌操作要求

食品微生物实验室工作人员必须有严格的无菌观念，许多试验要求在无菌条件下进行，主要原因：一是防止试验操作中人为污染样品，二是保证工作人员安全，防止检出的致病菌由于操作不当造成个人污染。

1. 接种细菌时必须穿工作服、戴工作帽。

2. 进行接种食品样品时，必须穿专用的工作服、帽及拖鞋，应放在无菌室缓冲间，工作前经紫外线消毒后使用。

3. 接种食品样品时，应在进无菌室前用肥皂洗手，然后用75%乙醇棉球将手擦干净。

4. 进行接种所用的吸管，平板及培养基等必须经消毒灭菌，打开包装未使用完的器皿，不能放置后再使用，金属用具应高压灭菌或用95%乙醇点燃烧灼3次后使用。

5. 从包装中取出吸管时，吸管尖部不能触及外露部位，使用吸管接种于试管或平板时，吸管尖不得触及试管或平板边。

6. 接种样品、转种细菌必须在酒精灯前操作，接种细菌或样品时，吸管从包装中取出后及打开试管塞都要通过火焰消毒。

7. 接种环和针在接种细菌前应经火焰烧灼全部金属丝，必要时还应烧到环和针与杆的连接处，接种结核菌和烈性菌的接种环应在沸水中煮沸5分钟，再经火焰烧灼。

8. 吸管吸取菌液或样品时，应用相应的橡皮头吸取，不得直接用口吸。

二、无菌间使用要求

1. 无菌间通向外面的窗户应为双层玻璃，并应密封，不得随意打开，并设有与无菌间大小相应的缓冲间及推拉门，另设有 $0.5 \sim 0.7 m^2$ 的小窗，以备进入无菌间后传递物品。

2. 无菌间内应保持清洁，工作后用 $2\% \sim 3\%$ 甲酚皂溶液消毒，擦拭工作台面，不得存放与实验无关的物品。

3. 无菌间使用前后应将门关紧，打开紫外灯，如采用室内悬吊紫外灯消毒时，需30W紫外灯，距离在1.0m处，照射时间不少于30分钟，使用紫外灯应注意不得直接在紫外线下操作，以免引起损伤，灯管每隔两周需用乙醇棉球轻轻擦拭，以除去上面灰尘和油垢，减少其紫外线穿透的影响。

4. 处理和接种食品标本时，进入无菌间操作，不得随意出入，如需要传递物品，可通过小窗传递。

5. 在无菌间内如需要安装空调时，则应有过滤装置。

三、消毒灭菌要求

微生物检测用的玻璃器皿、金属用具及培养基、被污染和接种的培养物等，必须经灭菌后方能使用。

（一）干热和湿热高压蒸气灭菌方法

1. 灭菌前准备

（1）所有需要灭菌的物品首先应清洗晾干，玻璃器皿如吸管、平板用纸包装严密，如用金属筒应将上面通气孔打开。

（2）装培养基的三角瓶塞，用纸包好，试管盖好盖，注射器须将管芯抽出，用纱布包好。

2. 装放

（1）干热灭菌器　装放物品不可过挤，且不能接触箱的四壁。

（2）大型高压蒸气灭菌器　放置灭菌物品分别包扎好，直接放入消毒筒内，物品之间不能过挤。

3. 设备检查

（1）检查门的开关是否灵活，橡皮圈有无损坏，是否平整。

（2）检查压力表蒸气排尽时是否停留在零位，关好门和盖，通蒸气或加热后，观察是否漏气，压力表与温度计所标示的状况是否吻合，管道有无堵塞。

（3）对有自动电子程序控制装置的灭菌器，使用前应检查规定的程序，是否符合进行灭菌处理的要求。

4. 灭菌处理

（1）干热灭菌法　此法适应于在干热情况下不损坏、不变质、不蒸发的物品，较常用玻璃器皿、金属制品、陶瓷制品等的灭菌。①器械器皿应清洗后再干烤，以防附着在表面的污物炭化。②灭菌时安放物品不能过挤，不要直接接触底和箱壁，物品之间留有空隙。③灭菌时将箱门关紧，接上电源，先将排气孔打开约30分钟，排除灭菌器中的冷空气，温度升至160℃调节指示灯，维持1.5～2小时。④灭菌完毕后或温度升温过程中，须在60℃以下才能打开箱门。

（2）湿热高压蒸汽灭菌法　手提式高压锅或立式压力蒸汽灭菌器的使用应按下列步骤进行：①手提式高压锅在主体内加入3L清水，立式压力蒸汽灭菌器加水16L（重复使用时应将水量补足，水变浑浊需更换）。②手提式压力锅将顶盖上的排气管插入消毒桶内壁的方管中（无软管或软管锈蚀破裂的灭菌器不得使用）。③盖好顶盖拧紧，勿使漏气，置灭菌器于火源上加热；立式压力蒸汽灭菌器通上电源，并打开顶盖上的排气阀排出冷气（水沸腾后排气10～15分钟）。④关闭排气阀，使蒸气压力上升到规定要求，并维持规定时间（按灭菌物品性质与有关情况而定）。⑤达到规定时间后，对需干燥的物品，立即打开排气阀排出蒸汽，待压力恢复到零时，自然冷却至60℃后开盖取物，如为液体物品，不应打开排气阀，而应立即将锅去除热源，待自然冷却，压力恢复至零，温度降到60℃以下再开盖取物，以防突然减压液体剧烈沸腾或容器爆破。

（3）卧式压力蒸汽灭菌器的使用按下列步骤进行：①关紧锅门，打开进气阀，将蒸汽引入夹层进行预热，夹层内冷空气经阻气器自动排出。②夹层达到预定温度后，打开锅室进气阀，将蒸汽引入锅室，锅室内冷空气经锅室阻气器自动排出。③待锅室达到规定的压力与温度时，调节进气阀，使保持恒定至规定时间。④自然或人工降温至60℃再开门取物，不得使用快速排出蒸汽法，以防突然降压，液体剧烈沸腾或容器爆破。⑤使用自动程序控制式压力蒸汽灭菌器，在放好物品关紧门后，应根据物品类别按动相应开关，以便按要求程序自动进行灭菌，灭菌时必须利用附设仪表记录温度与时间以备查，操作要求应严格按照厂家说明书进行。

5. 灭菌温度与时间

（1）干热灭菌器灭菌温度160℃ 1.5～2小时。

（2）湿热灭菌条件通常采用121℃ 15分钟、121℃ 15分钟或116℃ 40分钟的程序，也可采用其他温度和时间参数。

（二）间歇灭菌方法

1. 灭菌方法　系利用不加压力的蒸汽灭菌，某些物质经高压蒸汽灭菌容易破坏，可用此法灭菌。

（1）将欲灭菌物品置于锅内，盖上顶盖，打开排水口，使器内余水排尽。

（2）关闭排水口，打开进气门，根据需要消毒 10~20 分钟。

（3）灭菌完毕关闭进气门，取出物品待冷至室温温度，放入 37℃ 恒温箱过夜，次日仍按上述方法消毒，如此 3 次，即可达到灭菌目的。

2. 血清凝固器灭菌法　当培养基中含有血清或鸡蛋特殊成分时，因高热会破坏其营养成分，故用低温，可使血清凝固，又可达到灭菌目的。

（1）在使用该法灭菌的血清等分装时，需严格遵守无菌操作，试管、平板也经灭菌后使用。

（2）将培养基按要求使成斜面或高层，加足水后，接上电源，升温 75~90℃、1 小时灭菌，放 37℃ 恒温箱过夜，再如此灭菌 3 次。

3. 煮沸消毒　可用煮锅或煮沸消毒器，水沸腾后再煮 5~15 分钟，也可在水中加入 2% 苯酚煮沸 5 分钟，加入 0.02% 甲醛，80℃ 煮 60 分钟均可达到灭菌目的，但选用煮沸消毒的增消剂时，应注意对物品的腐蚀性。

4. 灭菌处理　灭菌后物品按正常情况已属无菌，从灭菌器中取出应仔细检查放置，以免再度污染。

（1）物品取出，随即检查包装的完整性，若有破坏或棉塞脱掉，不可作为无菌物品使用。

（2）取出的物品，如为包装有明显的水浸者，不可作为无菌物品使用。

（3）培养基或试剂等，应检查是否达到灭菌后的色泽或状态，未达到者应废弃。

（4）启闭式容器，在取出时应将筛孔关闭。

（5）取出的物品掉落在地或误放不洁处，或沾有水液，均视为受到污染，不可作为无菌物品使用。

（6）取出的合格灭菌物品，应存放于贮藏室或防尘柜内，严禁与未灭菌物品混放。

（7）凡属合格物品，应标有灭菌日期及有效期限。

（8）每批灭菌处理完成后，记录灭菌品名、数量、温度、时间、操作者。

四、有毒有菌污物处理要求

微生物实验所用实验器材、培养物等未经消毒处理，一律不得带出实验室。

1. 经培养的污染材料及废弃物应放在严密的容器或铁丝筐内，并集中存放在指定地点，待统一进行高压灭菌。

2. 经微生物污染的培养物，必须经 121℃ 30 分钟高压灭菌。

3. 染菌后的吸管，使用后放入 5% 甲酚皂溶液或苯酚液中，最少浸泡 24 小时（消毒液体不得低于浸泡的高度）再经 121℃ 30 分钟高压灭菌。

4. 涂片染色冲洗片的液体，一般可直接冲入下水道，烈性菌的冲洗液必须冲在烧杯中，经高压灭菌后方可倒入下水道，染色的玻片放入 5% 甲酚皂溶液中浸泡 24 小时后，煮沸洗涤。做凝集试验用的玻片或平板，必须高压灭菌后洗涤。

5. 打碎的培养物，立即用 5% 甲酚皂溶液或苯酚液喷洒和浸泡被污染部位，浸泡半小时后再擦拭干净。污染的工作服或进行烈性试验所穿的工作服、帽、口罩等，应放入专用消毒袋内，经高压灭菌后方能洗涤。

五、培养基制备要求

培养基制备的质量将直接影响微生物生长。因为各种微生物对其营养要求不完全相同，培养目的不同，各种培养基制备要求如下。

1. 根据培养基配方的成分按量称取，然后溶于蒸馏水中，在使用前对应用的试剂药品应进行质量检验。

2. pH 测定及调节　　pH 测定应在培养基冷至室温时进行，因在热或冷的情况下，其 pH 有一定差异，当测定好时，按计算量加入碱或酸混匀后，应再测试一次。培养基 pH 值一定要准确，否则会影响微生物的生长或影响结果的观察。但需注意因高压灭菌可使一些培养基的 pH 降低或升高，故不宜灭菌压力过高或次数太多，以免影响培养基的质量，指示剂、去氧胆酸钠、琼脂等一般在调完 pH 后再加入。

3. 培养基需保持澄清，便于观察细菌的生长情况，培养基加热煮沸后，可用脱脂棉花或绒布过滤，以除去沉淀物，必要时可用鸡蛋白澄清处理，所用琼脂条应预先洗净晾干后使用，避免因琼脂含杂质而影响透明度。

4. 盛装培养基不宜用铁、铜等容器，使用洗净的中性硬质玻璃容器为好。

5. 培养基的灭菌既要达到完全灭菌目的，又要注意不因加热而降低其营养价值，一般 121℃ 15 分钟即可，如为含有不耐高热物质的培养基如糖类、血清、明胶等，则应采用低温灭菌或间歇法灭菌，一些不能加热的试剂如亚碲酸钾、卵黄、TTC、抗菌素等，待基础琼脂高压灭菌后凉至 50℃ 左右再加入。

6. 每批培养基制备好后，应做无菌生长试验及所检菌株生长试验。如果是生化培养基，使用标准菌株接种培养，观察生化反应结果，应呈正常反应，培养基不应贮存过久，必要时可置 4℃ 冰箱存放。

7. 目前各种干燥培养基较多，每批需用标准菌株进行生长试验或生化反应观察，各种培养基用相应菌株生长试验良好后方可应用，新购进的或存放过久的干燥培养基，在配制时也应测 pH，使用时需根据产品说明书用量和方法进行。

8. 每批制备的培养基所用化学试剂、灭菌情况及菌株生长试验结果、制作人员等应做好记录，以备查询。

六、样品采集及处理要求

1. 所采集的检验样品一定要具有代表性，采样时应首先对该批食品原料、加工、运输、贮藏条件、周围环境卫生状况等进行详细调查，检查是否有污染源存在。

2. 根据食品的种类及数量，采样数量及方法应按标准检验方法的要求进行。

3. 采样应注意无菌操作，容器必须灭菌，避免环境中微生物污染，容器不得使用甲酚皂溶液、苯扎溴铵、乙醇等消毒药物灭菌，更不能含有此类消毒药物或抗生素类药物，以避免杀死样品中的微生物，所用剪、刀、匙等用具也需灭菌后方可应用。

4. 样品采集后应立即送往实验室进行检验，送检过程中一般不超过 3 小时，如路程较远，可保存在 1~5℃ 环境中，如需冷冻者，则在冻存状态下送检。

5. 实验室收到样品后，进行登记（样品名称、送检单位、数量、日期、编号等），观察样品的外观，如果发现有下列情况之一者，可拒绝检验。

（1）样品经过特殊高压、煮沸或其他方法杀菌者，失去代表原食品检验意义者。

（2）瓶、袋装食品已启开者，熟肉及其制品、熟禽等食品已折碎不完整者，即失去原食品形状者（食物中毒样品除外）。

（3）规定采样数量不足者。

对送检符合要求的样品，实验室收到后，应立即进行检验，如果条件不具备，应置 4℃ 冰箱存放，及时准备创造条件，然后进行检验。

6. 样品检验时，根据其不同性状，进行适当处理。

（1）液体样品接种时，应充分混合均匀，按量吸取进行接种。

（2）固体样品，用灭菌刀、剪取其不同部位共 25g，置于 225ml 无菌生理盐水或其他溶液中，用均质器搅碎混匀后，按量吸取接种。

（3）瓶、袋装食品应用无菌操作启开，根据性状选择上述方法处理后接种。

七、样品检验、记录和报告要求

1. 实验室收到样品后，首先进行外观检验，及时按照国家标准检验方法进行操作，检验过程中应认真、负责、严格进行无菌操作，避免环境中微生物污染。

2. 样品检验过程中所用方法、出现的现象和结果等均应用文字写出试验记录，以作为结果分析、判定的依据，记录要求详细、清楚、真实、客观、不得涂改和伪造。

练 习 题

答案解析

一、单选题

1. 分析天平的分度值是（　　）

    A. 0.01g   B. 0.001g

    C. 0.0001g   D. 0.00001g

2. 用托盘天平进行称量过程中，加减砝码或取放试样时应把天平托起是为了（　　）

    A. 称量迅速   B. 减少玛瑙刀口的磨损

    C. 防止天平的摆动   D. 防止天平架的弯曲

二、多选题

1. 准确量取20.00ml溶液，可以使用的仪器有（　　）

    A. 量筒   B. 滴定管

    C. 量杯   D. 移液管

2. 下列仪器中可以放在电炉上直接加热的是（　　）

    A. 量杯   B. 蒸发皿

    C. 瓷坩埚   D. 容量瓶

3. 能在明火或电炉上直接烤干的仪器有（　　）

    A. 量筒   B. 试管   C. 烧杯

    D. 移液管   E. 容量瓶   F. 表面皿

    G. 蒸发皿

三、简答题

1. 简述生物安全、生物危害程度、生物安全水平分级的含义。

2. 食品微生物实验室常用的玻璃器皿有哪些？

3. 微生物实验室无菌操作要求有哪些？

书网融合……

本章小结　　　微课1　　　微课2　　　微课3　　　微课4　　　题库

食品微生物检验基本技能

学习目标

知识目标

1. 掌握 普通光学显微镜的使用方法；玻璃器皿的洗涤、包扎、灭菌方法；培养基的配制及灭菌方法；实验室灭菌及消毒的原理和方法；革兰染色的原理；微生物常用的接种技术。

2. 熟悉 微生物生理生化反应。

3. 了解 微生物简单染色法。

技能目标

1. 能制备培养基，准备无菌器材，具备微生物接种的能力。
2. 能熟练使用显微镜对微生物进行镜检，利用各种生理生化反应对细菌进行鉴别。

素质目标

通过本项目的学习，使学生了解微生物检验的基本技能，调动学生对本课程学习的积极性，培养学生自主探究的能力及分析、解决问题的能力。

情境导入

情境： 小明在学习食品微生物检验技术的基础技能时，认真思考、勤于动手，牢记老师讲解基本技术的操作要点。他发现在后续的食品微生物检验项目中，会频繁运用到显微镜的观察、培养基的配制等基础操作。通过坚持不懈地练习，他的检验技能越来越熟练，对微生物检验原理也理解得更透彻了。毕业后，他顺利进入了某大型食品企业从事检验工作。

讨论 1. 食品微生物检验的基础技能重要吗？小明是怎样逐渐增强自己的检验技能的？

2. 未来想进入大型食品企业从事检测工作，应该从哪些方面做起？

任务一　显微镜和显微镜使用技术

PPT

一、实验原理

显微镜包括普通光学显微镜、相差显微镜、暗视野显微镜、荧光显微镜和电子显微镜等。微生物个体微小，难以用肉眼观察其形态结构，只有借助于显微镜，才能对它们进行研究和利用。普通光学显微镜是一种精密的光学仪器，是观察微生物最常用的工具。一台显微镜的性能良好与否不仅仅决定于其放大率，还与物像观察时的明晰程度有关。

二、普通光学显微镜的构造

普通光学显微镜的构造可分为两大部分：机械装置和光学系统，这两部分很好地配合，才能发挥显微镜的作用。

（一）显微镜的机械装置

显微镜的机械装置包括镜座、镜臂、镜筒、转换器、载物台、推动器、粗调节器（粗调螺旋）和细调节器（微调螺旋）等部件。

1. 镜座　镜座位于显微镜的底部，起到支撑整个显微镜的作用。

2. 镜臂　位于镜筒的后方，呈弓形，是支撑镜身和搬挪显微镜时的握持部位。

3. 镜筒　位于显微镜前上方，镜筒上接目镜，下接转换器，形成目镜与物镜间的暗室。有单筒和双筒两种，其中双筒显微镜，两眼可同时观察，以减轻眼疲劳。

从物镜后缘到镜筒尾端的距离称机械筒长。由于物镜的放大率是对一定的镜筒长度而言的，故若镜筒长度发生变化，不仅放大倍率会随之变化，且成像质量也会受到影响。因此，在使用显微镜时，不能任意改变镜筒长度。国际上将显微镜的标准筒长定为160mm，此数字一般标于物镜的外壳上。

4. 载物台　又称工作台或镜台，是用来放置标本的，有圆形和方形两种，其中以方形较常见，面积为120mm×110mm。中间有一个通光孔，通光孔后方左右两侧各有一个压片夹，有固定式和移动式两种，其中移动式是通过推动器进行前后左右移动的。推动器是由一横一纵两个推进齿轴的金属架组成的，部分显微镜的纵横架杆上刻有刻度标尺，构成很精密的平面坐标系。

5. 物镜转换器　固定于镜筒下端，有3~4个物镜圆孔，可放置不同放大倍数的物镜，转换器可以通过转动来调换物镜。

6. 调焦螺旋　是用来调节焦距的装置，有粗调螺旋和细调螺旋。粗调螺旋用来作粗略调焦，调到隐约看到物像后，改用细调螺旋作精确调焦，使标本物像清晰。为得到清晰的物像，这种调节物镜和标本之间距离的操作称为调焦。

（二）显微镜的光学系统

显微镜的光学系统由物镜、目镜、反光镜、聚光器等组成，光学系统使标本物像放大，形成倒立的放大物像。

1. 物镜　是决定显微镜性能的最重要部件，安装在物镜转换器上，因其接近被观察的标本，故又称为接物镜。根据放大倍数的不同，物镜可分为低倍物镜、高倍物镜和油镜，分别刻有放大倍数的标记，即"4×""10×""40×""100×"。镜头前有红、黄、蓝、白的圆圈，油镜头上一般标有"90×"或"100×"，刻有"Oil"等。

2. 目镜　因其靠近观察者的眼睛，故也叫接目镜，安放在镜筒的上端。目镜由上下两组透镜组成，上面的透镜称接目透镜，下面的透镜称汇聚透镜。常用目镜的放大倍数有5倍、10倍、15倍，分别刻有"5×""10×""15×"的标记。

物镜可分辨清楚的标本，但若没有经目镜的再次放大，未达到人眼分辨率，那就看不清楚；同样物镜所不能分辨的标本，即使目镜再放大，也还是看不清楚，所以目镜起放大作用，而不能提高显微镜的分辨率。因此目镜和物镜既相互联系而又彼此制约。

3. 聚光器　又叫集光器，位于载物台下方。主要由聚光镜、孔径光阑、滤光镜等组成，聚光镜由许多透镜组成，其作用相当于凸透镜，能汇聚由反光镜反射而来的光线，使光线集中于载物玻片上。聚光器可以通过上下移动光栅来调节所需亮度。

4. 反光镜　位于聚光器下方，是一个可以转动的，具有平面和凹面两面的双面镜。平面镜反射光线的能力较弱，凹面镜反射光线的能力较强。新式显微镜常以电光源代替反光镜。

三、实验材料与试剂

制片标本、香柏油、二甲苯。

四、实验器具

普通光学显微镜、载玻片、盖玻片、接种环、酒精灯、擦镜纸、吸水纸。

五、实验操作

（1）置显微镜于平稳的实验台上，镜座距实验台边沿 3～5cm。

（2）接通电源，打开主开关。

（3）调节光源，使视野内的光线均匀，亮度适宜，便于观察。

（4）低倍镜观察　待观察的标本需先用低倍镜观察，发现目标和确定观察的位置。

（5）高倍镜观察　将高倍镜转至正下方，在转换物镜时，需用眼睛在侧面观察，避免镜头压到载玻片。然后由目镜观察，并仔细调节光圈，使光线的明亮度适宜，同时用粗调节器调节镜筒至物像出现后，再用细调节器调节至物像清晰为止，找到最适宜观察的部位后，将此部位移至视野中心。

（6）油镜观察　高倍镜下找到清晰的物像后转换油镜，在标本中央滴一滴香柏油，将油镜镜头浸入香柏油中，细调至看清物像为止。如果油镜离开油面仍未见物像，必须再将油镜降下，重复操作直至物像清晰为止。

（7）另换新片，则必须从第（4）步骤开始操作。

（8）观察完毕，降低载物台，先用擦镜纸擦去镜头上的香柏油，再用擦镜纸沾取少量二甲苯擦去残留的香柏油，最后立即用擦镜纸擦去镜头上残留的二甲苯，防止对镜头的损伤。

（9）将物镜镜头转成"八"字形。

（10）将显微镜置干燥通风处，并避免阳光直射。

六、注意事项

（1）搬动显微镜时，要一手握镜臂，一手扶镜座，两上臂紧靠胸壁。切勿一手斜提，前后摆动，以防镜头或其他零件跌落。

（2）观察标本时，显微镜离实验台边缘应保持一定距离（3～5cm），以免显微镜翻倒落地。

（3）使用前应将镜身擦拭一遍、用擦镜纸将镜头擦净，切不可用手指擦拭。

（4）使用时如发现显微镜操作不灵活或有损坏，不要擅自拆卸修理，应立即报告指导教师处理。

（5）使用时，必须先低倍镜再高倍镜，最后用油镜。

（6）观察时，镜检者姿势应端正，一般用左眼观察，右眼便于绘图或记录，两眼必须同时睁开，以减少疲劳，亦可练习左右眼均能观察。

（7）使用油镜观察样品后，立即用二甲苯将油镜镜头和载玻片擦净，以防其他的物镜玻璃上沾上香柏油。二甲苯有毒，使用后马上洗手。

任务二 食品微生物形态观察

PPT

一、细菌形态观察

（一）实验原理

细菌种类繁多、形态各异，常见的细菌形态有球状、杆状、螺旋状，分别称为球菌、杆菌、螺旋菌。细菌的个体很小，必须借助于显微镜才能看到，通常以微米（μm）作为其大小的测量单位。将细菌永久装片置于显微镜集光器与物镜之间，平行的光线自反射镜折入集光器，光线经过集光器穿过透明的物体进入物镜后，即在目镜的焦点平面（光阑部分或附近）形成一个初生的倒置实像，从初生实像射过来的光线，经目镜的接目透镜而到达眼球，这时的光线已变成平行或接近平行光，再透过眼球的水晶体时，便在视网膜后形成一个直立的实像。在微生物学实验中，应用最多的是普通光学显微镜（简称显微镜）。显微镜的物镜包括低倍镜、高倍镜和油镜三种，在细菌的形态结构观察中，油镜最为常用。

油镜的透镜很小，从载玻片透过的光线通过空气时，因介质折光率不同，光线将发生折射现象，使射入镜筒的光线很少，物像模糊不清。若在油镜镜头与载玻片之间加入与玻璃折射率相近的香柏油，则使通过的光线不至因折射而减弱，因此能清楚地看到物像。

（二）试剂与标本

香柏油、二甲苯、细菌的三型永久装片。

（三）实验器具

显微镜、擦镜纸。

（四）实验操作

1. 取镜 取出显微镜，将显微镜放在身体的正前方，镜座距实验台边沿 3 ~ 5cm（注意：取镜时，应一手握镜臂，另一只手托镜座，防止目镜从镜筒中滑出）。

2. 对光 转动物镜转换器，将 4 倍镜转动到和光路对准的位置（注意：接目镜和接物镜必须保持清洁，如有灰尘应该用擦镜纸擦拭，不得用布或其他物品擦拭）。

3. 调节光源 打开光源，通过滑动底座上的光强度开关来调节光的强度（如果光源太亮，而且发射的光谱中有较多刺眼的红光，可根据情况选用绿色、黄绿色或蓝绿色等滤光片，以减弱光的强度）。

4. 调节集光器和物镜数值口径相一致 取下目镜，直接向镜筒内观察，先将可变光阑缩到最小，再慢慢打开，使集光器的孔径与视野恰好一样大（其目的是使入射光所展开的角度正好与物镜的镜口角相一致，以充分发挥物镜的分辨力，并把超过物镜所能接受的多余光挡掉，否则会发生干扰，影响清晰度，在实际操作中，观察者往往只根据视野亮度和标本明暗对比度来调节可变光阑的大小，而不考虑集光器与所用物镜的数值口径的一致，只要能达到较好的效果，这种调节方法也是可取的，但对使用显微镜的工作者来说，必须了解这一操作的目的和原理，只有这样，才能操作运用自如）。

5. 放置标本 降低载物台，将标本片放在镜台上，用玻片夹夹牢，然后提升载物台至最高点。

6. 4 倍镜观察 双眼移向目镜，转动粗调节螺旋，下降载物台，当发现模糊的物像时，可以调节细螺旋（微调），使物像清晰为止（如发现视野太亮，切勿随意变动可变光阑，但可调节光的强度，或上下调节集光器）。

7. 10 倍镜观察 将从 4 倍镜头下看到的物像移到视野的正中央，然后转动物镜转换器直接将 10 倍镜转向通光孔（由于安装在物镜转换器上的多个物镜被设计成共焦点，镜头转换后一般可看到模糊的图像），转动细调节器直至物像清晰。

8. 40 倍镜观察 首先将从 10 倍镜头下看到的物像移到视野的正中央，然后转动物镜转换器直接将 40 倍镜转向通光孔（这时一般可看到模糊的图像），转动细调节器直至物像清晰。

9. 油镜观察 40 倍镜观察到物像后，将看到的物像移到视野的正中央，然后转开 40 倍镜，加一滴香柏油于细菌染色片上，转动物镜转换器直接将 100 倍油镜转向通光孔（镜头转换后油镜头会浸没在香柏油中，一般可看到模糊的图像），转动细调节器直至物像清晰。若光线太暗，将集光器上升或开大光圈，以获得合适亮度。

10. 绘制观察结果 在油镜头下绘制细菌三型态。左眼观察显微镜，右眼睁开（两眼务必同时睁开，否则易产生疲劳）同时绘图。用圆规在记录本上画一个圆，再在圆内用铅笔绘出所观察到的物像，并在圆的下面标注放大倍数，一般以"物镜的放大倍数×目镜的放大倍数"表示。

11. 用毕后的处理 下降载物台，取下标本（注意高倍镜下取标本一定先下降载物台，再取标本）；用擦镜纸擦拭目镜和物镜，并用柔软的绸布擦拭机械部分；用油镜观察后，应先用擦镜纸将镜头上的油擦去，再用蘸有少许二甲苯的擦镜纸擦 2~3 次，最后用干净的擦镜纸将二甲苯擦去。将物镜转成"八"字形，再将载物台下降到最低处，勿使物镜镜头与集光器相对放置。

12. 放置 显微镜放在通风干燥的地方，避免阳光直射或暴晒，通常用防尘布罩起来，放入箱内。

二、霉菌形态观察 📱微课 1

（一）实验原理

霉菌菌丝较粗大，细胞易收缩变形，而且孢子很容易飞散，所以制标本时常用乳酸酚棉蓝染液。此染液制成的霉菌标本片其特点是：细胞不变形；具有杀菌防腐作用，且不易干燥，能保持较长时间；溶液本身呈蓝色，有一定染色效果。霉菌的菌丝、分生孢子梗和分生孢子的形态常作为分类的重要依据。

（二）菌种与试剂

1. 菌种 培养 48~72 小时的曲霉、青霉、根霉。

2. 试剂 乳酸酚棉蓝染液。

（三）实验器具

马铃薯葡萄糖琼脂培养基平板、接种环、载玻片、盖玻片、镊子、酒精灯等。

（四）实验操作

1. 直接观察 将培养 3~4 天的霉菌培养皿打开，放在显微镜低倍镜下寻找菌落的边缘，直接观察菌丝、分生孢子梗和分生孢子。

2. 染色观察 于洁净载玻片上，滴一滴乳酸酚棉蓝染液，用镊子从霉菌菌落的边缘外取少量带有孢子的菌丝置染液中，再将菌丝挑散开，然后小心地盖上盖玻片，注意不要产生气泡。置显微镜下先用低倍镜观察，必要时再换高倍镜。

三、酵母菌形态观察

（一）实验原理

酵母菌个体较大，常规涂片方法可能损伤细胞，因此用亚甲蓝染液水浸片法观察其出芽生殖。亚甲蓝染液的氧化型呈蓝色,还原型呈无色。活细胞由于新陈代谢,细胞内还原性物质还原亚甲蓝,而呈现无色;死细胞或代谢能力弱的细胞不能将亚甲蓝还原,而呈现蓝色。

(二) 菌种与试剂

菌种:啤酒酵母菌悬液。

试剂:吕氏碱性亚甲蓝染液。

(三) 实验器具

显微镜、载玻片、盖玻片、滴管、试管、接种环、吸水纸、擦镜纸等。

(四) 实验操作

1. 在载玻片中央加一滴吕氏碱性亚甲蓝染液,用滴管取1滴酵母菌菌液于染液中,混合均匀,加盖玻片。

2. 将制片放置约3分钟后镜检,先用低倍镜,然后用高倍镜观察酵母菌的形态和出芽情况,并根据颜色区别死、活细胞。

3. 染色约0.5小时后再次进行观察,观察死细胞数量是否增加。

四、放线菌形态观察

(一) 实验原理

放线菌是由纤细的有分枝的菌丝构成,菌丝体为单细胞原核微生物。大多数放线菌的菌丝分化为营养菌丝和气生菌丝两部分。放线菌发育到一定阶段,孢子丝开始形成孢子。孢子丝有直形、波曲形、螺旋形、轮生等;孢子有球形、椭圆形、柱形或瓜子形、刺形等,常呈串排列或单个存在。这些特征是鉴定菌种的重要依据。营养菌丝深入培养基中生长,气生菌丝则生长在培养基的表面,并向空中伸展。因此用普通方法制片往往很难观察到放线菌的整体形态。必须采用适当的培养方法,以便将自然生长的放线菌直接置于显微镜下观察。通常采用的方法有玻璃纸培养法、插片法和印片法。

(二) 菌种与试剂

1. 菌种 培养72～120小时的5406放线菌〔细黄链霉菌(*Streptomyces microflavus*)〕。

2. 试剂 吕氏碱性美蓝染液或苯酚品红染液。

(三) 实验器具

高氏1号培养基平板、接种环、载玻片、盖玻片、镊子、酒精灯等。

(四) 实验操作

1. 印片法观察放线菌形态

(1) 用接种铲或解剖刀划出一块培养物,连同培养基挑取放线菌菌苔、菌面朝上置于载玻片中央。

(2) 取一块干净的载玻片或盖玻片在菌苔表面轻压,使孢子丝和气生菌丝以原始形态印于其上,弃去培养基,制成涂片,印迹面朝上,干燥、固定。

(3) 用吕氏碱性亚甲蓝染液或苯酚品红染液染0.5～1分钟,水洗。

(4) 干燥后,用油镜观察营养菌丝、孢子丝及孢子的形态特征。

2. 插片法观察放线菌形态

(1) 将菌种均匀涂布在固体平板培养基上。以无菌方式用镊子夹住无菌盖玻片斜插入平板内的培养基中,插入深度为盖玻片高度的1/2或1/3。

(2) 28℃培养箱中培养5～7天。

（3）以无菌方式用镊子取出盖玻片放在滴有亚甲蓝染液的载玻片上，用高倍镜或油镜观察菌丝或孢子的形态。记录观察结果并绘图。

五、注意事项

（1）霉菌制片时，菌丝体必须充分展开。

（2）盖盖玻片时必须斜着缓慢放下，否则易形成气泡。

（3）放线菌生长速度较慢，培养期较长，操作时需注意无菌操作。

任务三 食品微生物染色技术 e 微课2

PPT

一、实验原理

染色是细菌学上的一个重要而基本的操作技术。因细菌个体很小，含水量较高，在油镜下观察细胞几乎与背景无反差，所以在观察细菌形态和结构时，都采用染色法，其目的是使细菌细胞吸附染料而带有颜色，易于观察。

细菌的简单染色法是用一种染料处理菌体，此方法简单，易于掌握，适用于细菌的一般观察。常用碱性染料进行简单染色。这是因为在中性、碱性或弱碱性溶液中，细菌细胞通常带负电荷，而碱性染料在电离时，其分子的染色部分带正电荷。因此，碱性染料的染色部分很容易与细菌细胞结合使细菌着色。经染色后的细菌细胞与背景形成鲜明的对比，在显微镜下易于识别。

革兰染色法是细菌学上的一种重要的鉴别染色法。革兰染色法可把细菌区分为两大类，即革兰阳性（G^+）和革兰阴性（G^-）细菌，这两种不同的结果是由细菌细胞壁结构和组成的差异造成的。革兰阴性菌的细胞壁中含有较多的类脂质，而肽聚糖含量较少。当乙醇脱色时，类脂质被溶解，增加了细胞壁的通透性，使结晶紫与碘的复合物易于渗出，结果细胞被脱色，经复染后则呈现复染剂的颜色。革兰阳性菌细胞壁中肽聚糖含量高且交联度大，类脂质含量少，经乙醇脱色后，肽聚糖层的孔径变小，通透性降低，因而细胞仍保留初染时的颜色。

二、菌种与试剂

1. 菌种 培养 24 小时的大肠埃希菌和金黄色葡萄球菌。

2. 试剂 亚甲蓝、结晶紫、碘液、番红、95% 乙醇、香柏油、二甲苯、生理盐水。

三、实验器具

载玻片、接种环、镊子、酒精灯、火柴、记号笔、显微镜、擦镜纸、吸水纸、记号笔。

四、实验操作

（一）简单染色

1. 涂片 取一块载玻片，滴一小滴生理盐水于玻片中央，用接种环以无菌操作从斜面上挑出少许菌体，与水滴混合均匀，涂成极薄的菌膜（注意：载玻片应洁净无油迹；滴蒸馏水和取菌不宜过多；涂片要均匀，不宜过厚）。

2. 干燥　涂片后在室温下自然干燥，也可在酒精灯上略微加热，使之迅速干燥。

3. 固定　在酒精灯火焰外层尽快来回通过3～4次，并不时以载玻片背面触及手背，以不烫手为宜。

4. 染色　滴加结晶紫或其他染液，覆盖载玻片涂菌部分，染色1分钟。

5. 水洗　用洗瓶以细小水流冲洗多余的染料。

6. 干燥　用吸水纸吸干菌层周围的水分，晾干或微热烘干。

7. 镜检　涂片干燥后进行镜检。

（二）革兰染色

1. 制片　取要观察的菌体进行常规涂片、干燥、固定，方法同简单染色操作中第1～3步骤。

2. 初染　在菌膜上覆盖草酸铵结晶紫，染色1～2分钟，细小水流冲洗，直至流下的水没有颜色为止。

3. 媒染　用碘液覆盖1分钟，细小水流冲洗，直至流下的水没有颜色为止。

4. 脱色　用滴管流加95%乙醇脱色，直到流下的乙醇无色为止，约20～30秒，立即用细小水流水洗去残留乙醇。

5. 复染　用番红复染液覆盖2分钟，细小水流冲洗，直至流下的水没有颜色为止。

6. 镜检　用滤纸吸干或自然干燥，置油镜下检查。G$^+$菌呈蓝紫色，G$^-$菌呈红色。

五、注意事项

（1）涂片时应轻轻操作。

（2）涂片必须完全干燥后才能用油镜观察。

（3）革兰染色成败的关键是乙醇脱色。如脱色过度，革兰阳性菌也可被脱色而染成阴性菌；如脱色时间过短，革兰阴性菌也会被染成革兰阳性菌。脱色时间的长短还受涂片厚薄及乙醇用量多少等因素的影响，难以严格规定。

知识链接

革兰染色是谁发明的？

1884年，丹麦医生汉斯·克里斯蒂安·革兰（Hans Christian Gram，1853～1938年）进行了上百次的细菌染色研究后，在一次错误的细菌染色中偶然发现了一种染色方法，通过此法染色后可将细菌分为两大类，即革兰阳性菌和革兰阴性菌。从此建立了具有重要意义的鉴别细菌的染色法——革兰染色法。革兰染色法距今已有130多年的历史。

任务四　无菌技术

PPT

一、实验原理

食品微生物检验时，要得到反映食品卫生质量的准确数据，则应对采样、取样及检验等环节进行严格的无菌操作。无菌技术指在微生物实验工作中，控制或防止各类微生物的污染及其干扰的一系列操作方法和有关措施。保证实验操作中不被环境微生物污染，防止微生物在操作中污染环境或感染操作人员。无菌操作是微生物接种技术的关键。

二、培养基

斜面培养基、平板培养基、液体培养基。

三、实验器具

接种针、涂布棒、培养皿、试管、酒精灯。

四、实验操作

(一) 接种前准备工作

1. 无菌室的使用

(1) 将所有的实验器材和用品一次性全部放入无菌室超净工作台内。应尽量避免在操作过程中进出无菌室或传递物品。操作前打开无菌室和超净工作台的紫外灯灭菌30分钟。完成灭菌后，关闭紫外灯，再开始工作。

(2) 进入缓冲间后，应换好工作服、鞋、帽、戴上口罩，将手用消毒液清洗后，再进入工作间。

(3) 操作时，严格按照无菌操作法进行操作，废物应丢入废物桶内。

(4) 工作后应将台面收拾干净，取出培养物品及废物桶，用消毒液清洁，再打开紫外灯灭菌30分钟。

2. 倒平板

(1) 超净工作台经紫外线灭菌后，进行实验操作前，应用75%乙醇消毒。

(2) 取出灭菌后的培养皿。

(3) 在酒精灯旁，将装有培养基的锥形瓶盖打开。

(4) 右手拿锥形瓶，左手取出培养皿，将培养皿打开一条缝隙，迅速将培养基倒入培养皿中。

(5) 盖好培养皿盖子，轻摇使培养基均匀分布在培养皿底部。

(6) 待培养基凝固后，放入培养箱中进行培养。

(二) 斜面到斜面接种技术

1. 手持试管　将菌种管和待接斜面的两支试管用大拇指和其他四指握在左手中，使中指位于两试管之间部位。斜面面向操作者，并使它们位于水平位置。

2. 旋松管塞　用右手松动试管塞，以便接种时拔出。

3. 接种环灼烧灭菌　右手拿接种环，在火焰上将环端灼烧灭菌，然后将有可能伸入试管的部分均灼烧灭菌。

4. 拔管塞　用右手小指和掌心取下菌种试管和待接试管的试管塞一并夹住拔出，然后让试管口缓缓过火灭菌（切勿烧得过烫）。

5. 取菌　待接种环冷却后，轻沾取少量菌体，然后将接种环移出菌种试管。

6. 接种　在火焰旁迅速将沾有菌种的接种环伸入另一支待接斜面试管。从斜面培养基底部向上作"Z"字形来回密集划线，勿划破培养基。

7. 塞管塞　取出接种环，再次灼烧试管口，然后将试管塞底部过火焰1~2次后，立即塞入试管内。

8. 灼烧接种环灭菌　将接种环通过酒精灯火焰灼烧灭菌。

9. 培养　将上述接种好的斜面于恒温箱中培养（细菌37℃、霉菌25~28℃）。

（三）平板划线接种技术

1. 右手拿接种环，在火焰上将环端灼烧灭菌，然后将金属棒部分转动通过火焰3次。

2. 在火焰上方打开菌种试管或者培养皿，灼烧后的接种环应稍稍冷却。

3. 挑取菌体，迅速接种到平板上（一般采用"Z"字形分区划线）。

4. 取出接种环，将接种环灼烧灭菌。

5. 接种物适当条件下培养。

（四）穿刺接种技术

穿刺接种常用来接种厌氧菌和兼性厌氧菌，检查细菌运动性，或作为保藏菌种的一种接种方法，接种工具用接种针。

1. 手持试管　将试管放于手掌中，并用手指夹住，使两支试管呈"V"字形。

2. 旋松试管塞　用右手松动试管塞，以便接种时拔出。

3. 灼烧接种针　接种针灼烧灭菌，接着把在穿刺中可能伸入试管的其他部位也灼烧灭菌。

4. 拔出试管塞　用右手小指和掌心取下菌种试管和待接试管的试管塞一并夹住拔出或用小指、无名指和手掌拔下试管塞，并持于手中。然后让试管口缓缓过火灭菌（切勿烧得过烫）。

5. 取菌　用冷却后的接种针针尖部分沾取少量菌种。

6. 穿刺　将接种针自培养基中心平稳、快速垂直刺入培养基中，并且要将接种针穿刺到接近试管底部的位置，然后再将接种针沿原路拔出。

7. 塞上试管塞　取出接种针，再次灼烧试管口，然后将试管塞底部过火焰1~2次后，立即塞入试管内。

8. 接种针灼烧灭菌　将接种针经火焰灼烧灭菌。

9. 培养　将上述接种好的试管放入一定温度的恒温箱中竖直培养。

五、注意事项

（1）保持超净台整洁、干燥，不要堆积杂物，禁止存放无关的物品，以保持工作区的洁净气流不受干扰。

（2）禁止在工作台面上记录书写，工作时应尽量避免做明显干扰气流的动作。

（3）在操作中不应有大幅度或快速的动作。

（4）使用玻璃器皿应轻取轻放。

（5）均在火焰上方操作。

（6）接种用具在使用前后都必须灼烧灭菌。

（7）在接种培养物时，应轻、准。

任务五　玻璃器皿洗涤包扎灭菌 微课3~4

PPT

一、实验原理

玻璃器皿是微生物实验中必不可少的重要用具，为确保实验顺利地进行，要求把实验所用的玻璃器皿清洗干净。为保持灭菌后呈无菌状态，需要对培养皿、吸管等进行包扎，对试管和锥形瓶等加塞棉塞。这些工作看起来很普通简单，但若操作不当或不按操作规程去做，则会影响实验结果，甚至会导致实验的失败。

二、实验材料与试剂

去污粉、相应的洗涤液。

三、实验器具

高压蒸汽灭菌锅、试管、锥形瓶、培养皿、移液管、棉线、纱布、棉花、牛皮纸、报纸等。

四、实验操作

（一）玻璃器皿的洗涤

1. 新购玻璃器皿的洗涤　将器皿放入2%盐酸溶液中浸泡数小时，以除去游离的碱性物质，最后用流水冲净。

对容量较大的器皿，如大烧瓶、量筒等，洗净后注入浓盐酸少许，转动容器使其内部表面均沾有盐酸，数分钟后倾去盐酸，再以流水冲净，倒置于洗涤架上晾干，即可使用。

2. 常用旧玻璃器皿的洗涤　确实无病原菌或未被带菌物污染的器皿，使用前后，可按常规用洗衣粉水进行刷洗；吸取过化学试剂的吸管，先浸泡于清水中，待到一定数量后再集中进行清洗。

3. 带菌玻璃器皿的洗涤　凡实验室用过的菌种以及带有活菌的各种玻璃器皿，必须经过高温灭菌或消毒后才能进行刷洗。

（1）带菌培养皿、试管、锥形瓶等物品，做完实验后放入消毒桶内，用0.1MPa灭菌20～30分钟后再刷洗。含菌培养皿灭菌时，应将底盖分开放入不同的桶中，再进行高压灭菌。

（2）带菌的吸管、滴管，使用后不得放在桌子上，立即分别放入盛有3%～5%甲酚皂或5%苯酚或0.25%苯扎溴铵溶液的玻璃缸（筒）内消毒24小时后，再经0.1MPa灭菌20分钟后，取出冲洗。

（3）带菌载玻片及盖玻片，使用后不得放在桌子上，立即分别放入盛有3%～5%甲酚皂或5%苯酚或0.25%苯扎溴铵溶液的玻璃缸（筒）内消毒24小时后，用夹子取出经清水冲干净。

新购置的载玻片先用2%盐酸浸泡数小时，冲去盐酸，再用自来水冲净洗液，最后用蒸馏水洗2～3次，于烘箱内烘干。

如用于细菌染色的载玻片，要放入50g/L肥皂水中煮沸10分钟，然后用肥皂水洗，再用清水洗干净。最后将载玻片浸入95%乙醇中片刻，取出用软布擦干，或晾干，保存备用。

若用皂液不能洗净的器皿，可用洗液浸泡适当时间后再用清水洗净。

（二）玻璃器皿的晾干或烘干

1. 不急用的玻璃器皿　可放在实验室中自然晾干。

2. 急用的玻璃器皿　把器皿放在托盘中（大件的器皿可直接放入烘箱中），再放入烘箱内，用80～120℃烘干，当温度下降到60℃以下再打开取出器皿使用。

（三）玻璃器皿的包扎

要使灭菌后的器皿仍保持无菌状态，需在灭菌前进行包扎。

1. 培养皿　洗净的培养皿烘干后每10套（或根据需要而定）叠在一起，用牢固的纸卷成一筒，或装入特制的铁桶中，然后进行灭菌。

2. 移液管　洗净、烘干后的移液管，在吸口的一头塞入少许脱脂棉花，以防在使用时造成污染。

塞入的棉花量要适宜，多余的棉花可用酒精灯火焰烧掉。每支吸管用一条宽约 4~5cm 的纸条，以 30°~50°的角度螺旋形卷起来，吸管的尖端在头部，另一端用剩余的纸条打成一结，以防散开，标上容量，若干支吸管包扎成一束进行灭菌。使用时，从吸管中间拧断纸条，抽出试管。

3. 试管和锥形瓶　试管和锥形瓶都需要做合适的棉塞，棉塞可起过滤作用，避免空气中的微生物进入容器。制作棉塞时，要求棉花紧贴玻璃壁，没有皱纹和缝隙，松紧适宜。过紧易挤破管口和不易塞入；过松易掉落和污染。棉塞的长度不小于管口直径的 2 倍，约 2/3 塞进管口。

目前，国内已开始采用塑料试管塞，可根据所用的试管的规格和试验要求来选择和采用合适的塑料试管塞。

若干支试管用绳扎在一起，在棉花部分外包裹油纸或牛皮纸，再用绳扎紧。锥形瓶加棉塞后单个用油纸包扎。

（四）玻璃器皿的灭菌

1. 干热灭菌　灭菌物品放入干热灭菌箱灭菌专用的铁盒内，关好箱门，160~170℃维持 2 小时。灭菌结束后，关闭电源，自然降温至 60℃。打开箱门，取出物品放置备用。

2. 高温高压蒸汽灭菌　将包好的玻璃器皿放入高温高压蒸汽灭菌锅中，121℃ 20 分钟灭菌。

五、注意事项

（1）含有致病菌的玻璃器皿，应先浸在 5% 苯酚溶液内或高温高压灭菌后再洗涤。
（2）用过的器皿应立即清洗。
（3）移液管洗涤后要塞脱脂棉再进行包扎、灭菌。

任务六　培养基的制备 微课 5

PPT

一、实验原理

培养基是微生物的食物。掌握正确的培养基配制方法是从事微生物学实验工作的重要基础。培养基是按照微生物生长发育的需要，用不同组分的营养物质调制而成的营养基质。人工制备培养基的目的，在于给微生物创造一个良好的营养条件。把一定的培养基放入一定的器皿中，就提供了人工繁殖微生物的环境和场所。

自然界中，微生物种类繁多，由于微生物具有不同的营养类型，对营养物质的要求也各不相同，加之实验和研究上的目的不同，所以培养基在组成原料上也各有差异。但是，不同种类和不同组成的培养基中，均应含有满足微生物生长所需的水、碳源、氮源、能源、无机盐和生长因子。此外，培养基还应具有适宜的酸碱度（pH）、一定缓冲能力、一定的氧化还原电位和合适的渗透压。

有时培养基中加入聚山梨酯 80（聚氧乙烯脱水山梨醇单油酸酯，Tween 80，吐温 80），以降低培养基的表面张力，从而使细胞有毒代谢产物如乳酸等能顺利排出体外刺激生长。有机酸、蛋白质、醇等都能降低表面张力。

有时为了观察代谢过程中的酸度变化，常常加入酸碱指示剂。常用的指示剂变色范围：酚红：pH 6.8~8.4，从黄变红；甲基红：pH 4.2~6.2，从红变黄；中性红：pH 6.8~8.0，从红变黄；溴麝香草酚蓝：pH 6.0~7.6，从黄变蓝。

根据制备培养基对所选用的营养物质的来源，可将培养基分为天然培养基、半合成培养基和合成培养基三类。按照培养基的形态可将培养基分为液体培养基、半固体培养基和固体培养基。根据培养基使用目的，可将培养基分为选择培养基、加富培养基及鉴别培养基等。培养基的类型和种类是多种多样的，必须根据不同的微生物和不同的目的选择配制。

固体培养基在微生物分离、鉴定中占有重要地位。固体培养基是在液体培养基中添加凝固剂制成的，常用的凝固剂有琼脂、明胶和硅酸钠，其中以琼脂最为常用，其主要成分为多糖类物质，性质较稳定，一般微生物不能分解，故用凝固剂而不致引起化学成分变化。琼脂在95℃的热水中才开始溶化，溶化后的琼脂冷却到45℃才重新凝固。因此用琼脂制成的固体培养基在一般微生物的培养温度范围（25~37℃）内不会溶化而保持固体状态。

二、实验材料与试剂

1. 实验材料　待配各种培养基的组成成分、琼脂。

2. 试剂　1mol/L NaOH 溶液、1mol/L HCl 溶液。

三、实验器具

移液管、试管、烧杯、量筒、锥形瓶、培养皿、玻璃漏斗、药匙、称量纸、pH 试纸、记号笔、棉花、纱布、线绳、塑料试管盖、牛皮纸、报纸等。

四、实验操作

（一）液体培养基的配制

1. 称量　先按培养基配方计算各成分的用量，然后进行准确称量，依次把各成分加入烧杯中。一般可用百分之一天平称量培养基所需的各种药品。

2. 溶化　烧杯中先加入所需水量的 2/3 左右（根据实验需要可用自来水或蒸馏水）用玻璃棒慢慢搅动，加热溶解。

3. 调 pH　培养基溶解并冷却至室温后用 pH 试纸测定培养基的 pH。培养基偏酸或偏碱时，可用 1mol/L NaOH 或 1mol/L HCl 溶液进行调节。调节 pH 时，应逐滴加入 NaOH 或 HCl 溶液，防止局部过酸或过碱，破坏培养基中成分。边加边搅拌，并不时用 pH 试纸测试，直至达到所需 pH 为止。如果培养基配方为自然 pH 时，不用酸碱调节。

4. 定容　调节 pH 后倒入一量筒中，加水至所需体积。

5. 过滤　用滤纸或多层纱布过滤培养基。一般无特殊要求时，此步可省去。

6. 分装　将配制好的培养基根据实验要求分装于锥形瓶或试管中。分装量一般锥形瓶不超过其容积的一半，试管以试管高度的 1/4 左右为宜。分装时，注意不要使培养基黏附管口或瓶口，以免浸湿棉塞引起杂菌污染。

7. 包扎、灭菌　将分装好的培养基塞上棉塞，在瓶口包牛皮纸或双层报纸，用棉绳捆扎。注明培养基的名称、配制时间等并及时放入高压灭菌锅中 121℃ 20 分钟灭菌。

（二）固体斜面培养基的配制

1. 称量至过滤步骤　按照液体培养基的配制方法 1~5 步骤操作。

2. 加琼脂溶化　称取 1.5%~2.0% 的琼脂粉加入配制好的液体培养基中，加热溶化至沸腾。加热中要注意控制火力，防止培养基溢出，同时不断用玻璃棒搅动，防止培养基烧焦，最后补充所失水分。

3. 分装 将配制好的固体培养基分装于试管中。分装量为试管高度的 1/5 ~ 1/4 为宜。分装时，注意不要使培养基黏附管口，以免浸湿棉塞引起杂菌污染。应快速操作，以防培养基凝固。

4. 包扎、灭菌 将分装好的培养基塞上棉塞，在瓶口包牛皮纸或双层报纸，用棉绳捆扎。注明培养基的名称、配制时间等并及时放入高压灭菌锅中 121℃ 20 分钟灭菌。

5. 摆斜面 高温高压灭菌完成后，当温度降至55℃左右，趁热将培养基试管放于玻璃棒或移液管上，调整斜度使其培养基斜面不超过试管长度的 1/2。待斜面凝固后使用。

（三）固体平板培养基的配制

1. 称量至过滤步骤 按照液体培养基的配制方法 1~5 步骤操作。

2. 加琼脂溶化 称取 1.5% ~2.0% 的琼脂粉加入配制好的液体培养基中，加热溶化至沸腾。加热中要注意控制火力，防止培养基溢出，同时不断用玻璃棒搅动，防止培养基烧焦，最后补充所失水分。

3. 分装 将配制好的固体培养基分装于锥形瓶中。分装量为锥形瓶容积的 1/3 ~ 1/2 为宜。分装时，注意不要使培养基黏附瓶口，以免浸湿棉塞引起杂菌污染。应快速操作，以防培养基凝固。

4. 包扎、灭菌 将分装好的培养基塞上棉塞，在瓶口包牛皮纸或双层报纸，用棉绳捆扎。注明培养基的名称、配制时间等并及时放入高压灭菌锅中 121℃ 20 分钟灭菌。

5. 倒平板 高温高压灭菌完成后，当温度降至55℃左右，进入无菌室倒平板。

（四）半固体培养基的配制

同固体培养基的配制方法，但琼脂粉的添加量减为 0.3% ~0.6%。

五、注意事项

（1）培养基成分的称取。培养基的各种成分必须精确称取并应注意防止错乱。最好一次完成，不应中断。可将配方置于旁侧，每称完一种成分即在配方上做出记号，并将所需称取的药品一次取齐，置于左侧，每种称取完毕后，即移放于右侧。完全称取完毕后，还应进行一次检查。

（2）称量药品的药匙不应混用，以防污染药品，称完药品后应及时盖紧瓶盖。

（3）待培养基溶解冷却后再调节 pH。

（4）加热溶化过程中，应不断搅拌，加热过程中所蒸发的水分应补足。

（5）所用器皿应洁净，勿用铜质和铁质器皿。

（6）分装培养基时，注意不得使培养基在瓶口或管壁上端沾染，以免引起杂菌污染。

（7）培养基的灭菌时间和温度需按照各种培养基的规定进行，以保证杀菌效果和不损失培养基的必要成分，培养基灭菌后，必须放在37℃恒温箱培养24小时，无菌生长方可使用。

（8）灭菌后制作斜面与平板的培养基温度不宜太高，一般在60℃左右，否则培养基表面冷凝水过多，影响微生物的培养和分离。

任务七　灭菌与消毒技术 微课6

PPT

一、实验原理

灭菌是用物理或化学的方法来杀死或除去物品上或环境中的所有微生物。消毒是用物理或化学的方法杀死物体上绝大部分微生物（主要是病原微生物和有害微生物）。消毒实际上是部分灭菌。

高压蒸汽灭菌是将待灭菌的物品放在一个密闭的加压灭菌锅内，通过加热使灭菌锅隔套间的水沸腾而产生蒸汽。待水蒸气急剧地将锅内的冷空气从排气阀中驱尽，然后关闭排气阀，继续加热，此时由于蒸汽不能溢出，增加了灭菌锅内的压力，从而使沸点升高，得到高于100℃的温度，导致菌体蛋白质凝固变性而达到灭菌的目的。适用于一般培养基、玻璃器皿、无菌水、金属用具的灭菌。一般培养基在121.3℃灭菌15～30分钟即可。时间的长短可根据灭菌物品种类和数量的不同而有所变化，以达到彻底灭菌。这种灭菌方法适用于培养基、工作服、橡皮物品等的灭菌。

干热灭菌是利用高温使微生物细胞内的蛋白质凝固变性而达到灭菌的目的。细胞内的蛋白质凝固性与其本身的含水量有关，在菌体受热时，当环境和细胞内含水量越大，则蛋白质凝固就越快，反之含水量越小，凝固越慢。因此，与湿热灭菌相比，干热灭菌所需温度高（160～170℃），时间长（1～2小时）。但干热灭菌温度不能超过180℃，否则包器皿的纸或棉塞就会烤焦，甚至引起燃烧，因而一般塑料制品不能用于干热灭菌。

化学药品消毒灭菌法是应用能杀死微生物的化学制剂进行消毒灭菌的方法。实验室桌面、用具以及洗手用的溶液均常用化学药品进行消毒灭菌。

二、实验器具

高压蒸汽灭菌锅、电热烘箱。

三、实验操作

（一）高压蒸汽灭菌

1. 检查水位 使用前在锅内加入适量的蒸馏水，加水不能太少，以防灭菌锅干烧引起炸裂；但也不宜过多，过多会引起灭菌物品积水。

2. 装锅 将灭菌物品放入锅内，不应装得太满，要求有空隙，以利蒸汽流通。盖好锅盖后，旋紧四周的固定螺旋，打开排气阀。

3. 设定程序 设定高压蒸汽灭菌锅的温度为121℃，时间为15～30分钟。

4. 加热排冷空气 加热后待锅内沸腾并有大量蒸汽从排气孔排出时，维持2分钟左右，以排尽冷空气。

5. 升温、保压 当压力升至0.1MPa，温度达到121℃时，控制热源，保持压力，维持30分钟后，切断热源。

6. 降温、降压 当压力表降至"0"处，温度降至80℃以下时，打开排气阀，旋开固定螺旋，开盖，取出灭菌物品。

7. 无菌检验 从灭菌物品中，取出2管含培养基的试管，放入37℃恒温培养箱中培养24小时，检验有无杂菌生长。

8. 保养 灭菌完毕取出物品后，将锅内余水倒出，以保持锅内干燥，并盖好锅盖。

（二）干热灭菌

1. 火焰灼烧灭菌 火焰灼烧灭菌适用于接种环、接种针和金属用具如镊子等，无菌操作时的试管口和瓶口也在火焰上作短暂灼烧灭菌。

2. 热空气灭菌

（1）装入待灭菌物品 将包好的待灭菌物品（培养皿、试管、吸管等）放入电烘箱内，关好箱门。

（2）设定温度 通过数显板设定温度为 160~170℃，之后开始升温。

（3）恒温 当温度升到 160~170℃时，持续温度 1~2 小时。

（4）降温 切断电源、自然降温。

（5）开箱取物 待电烘箱内温度降到 60℃以下后，打开箱门，取出灭菌物品。

（三）化学药品消毒

常用的有 2%甲酚皂溶液（来苏尔）、0.25%苯扎溴铵、1%升汞、3%~5%的甲醛溶液、75%乙醇溶液等。

四、注意事项

（1）干热灭菌时灭菌物品不能堆得太满、太紧，以免影响温度均匀上升。

（2）电烘箱内温度未降到 60℃以下，切勿自行打开箱门，以免骤然降温导致玻璃器皿炸裂。

（3）高温高压蒸汽灭菌锅使用前务必检查水位。

（4）高温高压蒸汽灭菌锅使用过程中，密切关注压力表的压力变化。

任务八 食品微生物生理生化反应

PPT

所有存在于活细胞中的生物化学反应称之为代谢。代谢过程主要是酶促反应过程。许多细菌产生胞外酶，这些酶从细胞中释放出来，以催化细胞外的化学反应。各种细菌由于具有不同的酶系统，致使它们能利用不同的底物，或虽然可以利用相同的底物，却产生不同的代谢产物，因此可以利用各种生理生化反应来鉴别细菌。生理生化特征是描述微生物分类特征的重要指标，是微生物分类的重要依据。

目前已有一些简单的试剂盒、自动化鉴定系统应用于微生物鉴定中，常用的包括 API 试剂盒、Biolog 系统。

一、糖类发酵试验

（一）实验原理

根据细菌分解利用糖能力的差异表现出是否产酸产气作为鉴定菌种的依据。是否产酸，可在糖发酵培养基中加入指示剂，经培养后根据指示剂的颜色变化来判断。是否产气，可在发酵培养基中放入倒置杜氏小管观察。

（二）实验试剂

葡萄糖发酵培养液、乳糖发酵培养液。

（三）实验器具

试管、锥形瓶、微量移液器、接种环、培养皿、培养箱。

（四）实验操作

（1）以无菌操作分别接种少量菌苔至葡萄糖和乳糖发酵培养基试管中。置 37℃恒温箱中培养，培养 24~48 小时，观察结果。

（2）与对照管比较，若接种培养液保持原有颜色，其反应结果为阴性，表明该菌不能利用该种糖，记录用"－"表示；如培养液呈黄色，反应结果为阳性，表明该菌能分解该种糖产酸，记录用"＋"表示。培养液中的杜氏小管内有气泡为阳性反应，表明该菌分解糖能产酸并产气，记录用"＋"表示；

如杜氏小管内没有气泡为阴性反应，记录用"－"表示。

二、甲基红试验

（一）实验原理

某些细菌能分解葡萄糖产生丙酮酸，并进一步分解丙酮酸产生甲酸、乙酸、乳酸等使 pH 下降至 4.5 以下，加入甲基红试剂后呈红色，为阳性。若分解葡萄糖产酸量少，或产生的酸进一步分解为其他非酸性物质，则 pH 在 6.0 以上，加入甲基红试剂后呈黄色，为阴性。该试验也称为 M. R 试验。

（二）菌种与试剂

1. 菌种 待检测菌种。

2. 试剂 葡萄糖蛋白胨水溶液、甲基红指示剂。

（三）实验器具

接种环、培养皿、试管、微量移液器、Eppendorf 管、枪头、培养箱。

（四）实验操作

（1）以无菌操作将待测菌菌液按 1% 的接种量接种于葡萄糖蛋白胨水溶液中，37℃培养 24～48 小时。

（2）取培养液 1ml，加入甲基红指示剂 1～2 滴。

（3）立即观察结果，阳性呈鲜红色；阴性为橘黄色（如果为阴性菌株，则可以适当延长培养时间）。

三、乙酰甲基甲醇试验

（一）实验原理

某些细菌在葡萄糖蛋白胨水培养液中能分解葡萄糖产生丙酮酸，丙酮酸缩合，脱羧成乙酰甲基甲醇，后者在强碱环境下，被空气中的氧气氧化为二乙酰，二乙酰与蛋白胨中的胍基生成红色化合物，称 V－P（＋）反应。

（二）菌种与试剂

1. 菌种 待检测菌种。

2. 试剂 葡萄糖蛋白胨水溶液、贝立脱试剂。

（三）实验器具

接种环、培养皿、试管、微量移液器、Eppendorf 管、枪头、培养箱。

（四）实验操作

（1）将待测菌接种于葡萄糖蛋白胨水溶液中，37℃培养 24～48 小时。

（2）在 1ml 培养液中先加入贝立脱试剂甲液 0.6ml，再加乙液 0.2ml，轻轻摇动，静置 10～15 分钟。

（3）观察结果，阳性菌呈现红色。若无红色出现，则静置于室温或 37℃恒温箱，如果 2 小时内仍不呈现红色，则判定为阴性。

四、七叶苷水解试验

（一）实验原理

七叶苷可以被细菌分解为葡萄糖和七叶素，七叶素与培养基中的 Fe^{2+} 反应，形成黑色化合物，使培养基变黑。

（二）培养基

七叶苷培养基。

（三）实验器具

平板、接种环、微量移液器、Eppendorf管、枪头。

（四）实验操作

（1）将待检菌接种于七叶苷培养基上，30～35℃培养。

（2）分别于1、2、3、7、14天后观察。

（3）观察结果。细菌沿划线生长并使周边培养基变为褐色至黑色为阳性，否则为阴性。

五、过氧化氢酶试验

（一）实验原理

具有过氧化氢酶的细菌，能催化过氧化氢（H_2O_2）生成水和分子氧，从而产生气泡，也称触酶试验。

（二）菌种与试剂

1. 菌种 待检测菌种。

2. 试剂 3%过氧化氢。

（三）实验器具

接种环、滴管。

（四）实验操作

直接滴加3%过氧化氢于不含血液的细菌培养物中，立即观察，有大量气泡产生者为阳性，不产生气泡者为阴性。

六、淀粉酶试验

（一）实验原理

某些细菌可以产生分解淀粉的酶，把淀粉水解为麦芽糖或葡萄糖。淀粉水解后，遇碘不再变蓝色。

（二）培养基与试剂

1. 培养基 基础培养基中添加2g/L可溶性淀粉。

2. 试剂 碘液。

（三）实验器具

接种环、试管、移液管、锥形瓶、培养皿。

（四）实验操作

将18～24小时的纯培养物，点接于淀粉琼脂平板（一个平板可分区接种）或直接移种于淀粉肉汤中，于（36±1）℃培养24～48小时，或于20℃培养5天。然后将碘试剂直接滴浸于培养表面，若为液体培养物，则加数滴碘试剂于试管中。立即观察结果，阳性反应（淀粉被分解）菌落或培养物周围出现无色透明圈或肉汤颜色无变化。阴性反应则无透明圈或肉汤呈深蓝色。

七、靛基质试验

（一）实验原理

有些细菌含有色氨酸酶，能分解蛋白胨中的色氨酸生成吲哚。吲哚本身没有颜色，不能直接看见，但当加入吲哚试剂（对二甲基氨基苯甲醛试剂）时，该试剂与吲哚作用，形成红色的玫瑰吲哚，所以也叫吲哚试验。

（二）培养基与试剂

1. 培养基　蛋白胨水培养基。

2. 试剂　吲哚试剂、乙醚。

（三）实验器具

试管、微量移液器、培养箱。

（四）实验操作

（1）以无菌操作分别接种少量待测菌到蛋白胨水培养基中，置37℃恒温箱中培养24～48小时。

（2）在培养液中加入乙醚1～2ml，经充分振荡使吲哚萃取至乙醚中，静置片刻后乙醚层浮于培养液的上面，此时沿管壁缓慢加入5～10滴吲哚试剂（加入吲哚试剂后切勿摇动试管，以防破坏乙醚层影响结果观察）。

（3）如有吲哚存在，乙醚层呈现玫瑰红色，此为吲哚试验阳性反应，否则为阴性反应。

八、硫化氢试验

（一）实验原理

有些细菌能分解含硫的有机物，如胱氨酸、半胱氨酸、甲硫氨酸等产生硫化氢，硫化氢遇到培养基中的铅盐或铁盐等，就形成黑色的硫化铅或硫化铁沉淀物。

（二）培养基

硫化氢试验培养基（固体斜面）。

（三）实验器具

试管、锥形瓶、微量移液器、接种针、培养皿、培养箱。

（四）实验操作

（1）以无菌操作用接种针挑取少量待测菌到试管做穿刺接种，置37℃恒温箱中培养24～48小时。

（2）观察结果，培养基出现黑色沉淀物为阳性，否则为阴性。

九、枸橼酸盐试验

（一）实验原理

有些细菌能够利用枸橼酸钠作为碳源，如产气肠杆菌；而另一些细菌则不能利用枸橼酸盐，如大肠埃希菌。细菌在分解枸橼酸盐后，产生碱性化合物，使培养基的pH升高，当培养基中加入1%溴麝香草酚蓝指示剂时，就会由绿色变为深蓝色（溴麝香草酚蓝的指示范围：pH小于6.0时呈黄色，pH在6.0～7.6时为绿色，pH大于7.6时呈蓝色）。

（二）培养基

枸橼酸盐培养基（固体斜面）。

（三）实验器具

试管、锥形瓶、微量移液器、接种环、培养皿、培养箱。

（四）实验操作

（1）以无菌操作接种少量菌苔到相应枸橼酸盐培养基试管斜面上做"之"字形划线，置37℃恒温箱中培养24~48小时。

（2）观察结果，培养基变深蓝色为阳性，否则为阴性。

十、血浆凝固酶试验

（一）实验原理

有些细菌能产生血浆凝固酶，可以使人和动物血浆中的纤维蛋白原转化成纤维蛋白，从而使血浆凝固。

（二）实验试剂

血浆、生理盐水。

（三）实验器具

接种环、载玻片、滴管、试管、培养箱。

（四）实验操作

（1）玻片法　取洁净载玻片一张，加生理盐水2小滴于载玻片两端，用接种环挑取待检菌落和对照菌均匀涂于盐水中，制成浓菌液，加兔或人血浆一滴于菌液中，观察结果。

（2）试管法　于3支试管中分别加入1:4稀释的血浆0.5ml，1支管加入待检菌肉汤培养物0.5ml，另2支分别加阴、阳性对照菌肉汤培养物0.5ml，35℃培养3~4小时后观察结果。

十一、β－半乳糖苷酶试验

（一）实验原理

乳糖发酵过程中需要乳糖通透酶和β－半乳糖苷酶才能快速分解。有些细菌只有β－半乳糖苷酶，因而只能迟缓发酵乳糖，所有乳糖快速发酵和迟缓发酵的细菌均可快速水解邻硝基酚－β－D－半乳糖苷（ONPG）而生成黄色的邻硝基酚。用于枸橼酸菌属（*Citrobacter*）、亚利桑那菌属（*Arizona*）与沙门菌属（*Salmonella*）的鉴别。

（二）实验试剂

生理盐水、甲苯、ONPG溶液。

（三）实验器具

接种环、滴管、试管、培养箱、水浴锅。

（四）实验操作

取新鲜细菌一环，加入到0.25ml的无菌生理盐水中，加一滴甲苯充分振动，37℃5分钟，再加入无色ONPG溶液0.25ml，置37℃水浴，悬液变黄则为阳性。否则为阴性。

练习题

答案解析

一、单选题

1. 使用显微镜对细菌的形态结构进行观察时，（ ） 最为常用。

    A. 4 倍镜   B. 10 倍镜

    C. 40 倍镜   D. 油镜

2. 亚甲蓝染液的氧化型呈（ ），还原型呈（ ）。

    A. 蓝色，无色   B. 无色，蓝色

    C. 蓝色，红色   D. 红色，蓝色

二、多选题

1. 带菌载玻片及盖玻片，使用后不得放在桌子上，立即分别放入（ ） 进行消毒。

    A. 3% ~5% 甲酚皂   B. 5% 苯酚

    C. 2% 盐酸   D. 0.25% 苯扎溴铵

2. 平板划线接种说法正确的是（ ）。

    A. 右手拿接种环，在火焰上将环端灼烧灭菌，然后将金属棒部分转动通过火焰 3 次

    B. 在火焰上方打开菌种试管或者培养皿

    C. 灼烧后的接种环应稍稍冷却

    D. 挑取菌体，迅速接种到平板上

三、简答题

1. 影响显微镜性能的因素有哪些？用油镜观察时应注意哪些问题？在载玻片和镜头之间滴加什么油？起什么作用？

2. 培养基配制中应注意哪些问题？如何检查培养基灭菌是否彻底？

3. 影响革兰染色的因素有哪些？最关键环节是什么？

4. 什么是无菌操作？无菌操作过程，可否将试管、棉塞等直接放在桌面上，为什么？

5. 干热灭菌和高温高压蒸汽灭菌哪个效果更好？

书网融合……

本章小结   微课1   微课2   微课3   微课4

微课5   微课6   题库

食品卫生指示菌检验技术

学习目标

知识目标

1. 掌握 微生物采样方案；熟练使用各种微生物检验仪器和设备；菌落总数、大肠菌群、霉菌和酵母菌检测方法与流程；食品卫生指示菌检验技术及结果分析方法。

2. 熟悉 食品微生物检验基本原则和要求；微生物采样方案；大肠菌群、霉菌和酵母菌在食品安全检测中的意义；常见食品卫生指示菌及生物学特性；食品中大肠菌群的快速测定技术。

3. 了解 相关的法律法规；了解质量管理和质量控制方法。

技能目标

1. 会办理食品微生物检验相关的事务，能按要求编制和审核检验报告。

2. 能处理根据不同类型的食品样本选择合适的食品微生物检验方法和流程；能处理微生物检验过程中出现的样本污染，设备故障等异常情况；能准确解读食品微生物检验结果，并根据实际情况提出相应的建议和措施；能处理本部门和其他部门或机构的协调沟通合作事宜。

3. 能够熟练运用食品微生物检验的相关技术和方法，精准操作实验设备，合理运用质量控制措施，准确解读报告与结果。

素质目标

养成严谨求实的科学态度，确保实验数据的准确性和可靠性。遵守实验室的规章制度，严格执行实验操作流程，避免任何可能影响实验结果的因素。培养爱岗敬业的职业道德，保持互助合作的团队精神，增强食品安全意识，具备可持续发展的能力。

情境导入

情境： 在山东济南举办的"2024（第三届）食育发展大会"上，国家食品安全风险评估中心营养专家徐娇，现场与大家分享《饮食在教育结构中的转变及国内食育发展现状分析》。她指出，食育，不仅仅是食物与营养的简单传授，它是一场回归生活本质的教育革命。她提出，通过建立和完善食育政策、法制标准，塑造支持性环境，提炼科学知识，探索策略方法，加强人才队伍建设，构建完整体系，并不断试点实践、总结经验，最终实现食育的全面推广与持续改进。专家徐娇的分享，为我们勾勒出了一幅健康中国食育事业的宏伟蓝图。

讨论 1. 食育教育中提到的法治标准有哪些标准是食品卫生标准方面的呢？

2. 常见食品卫生指示菌标准有哪些呢？

食品在加工、包装、贮存、运输和销售等各个环节中，都有可能受到微生物污染，因此，评价是否被微生物污染或被微生物污染的程度，就要对食品卫生指示菌进行检验测定。通常采用的食品卫生指示菌检验指标为菌落总数、大肠菌群、霉菌和酵母菌，以及致病菌。每种指标都有一种或几种检验方法，应根据不同的食品、不同的检验目的来选择。主要介绍的是常规的检验方法，主要参考现行的食品安全国家标准。

任务一　食品微生物检验基本原则和要求

（参考 GB 4789.1—2016《食品安全国家标准 食品微生物学检验 总则》）

一、实验室基本要求

（一）检验人员要求

1. 检验人员应具有相应的微生物专业教育或培训经历，具备相应的资质，能够理解并正确实施检验。

2. 检验人员应掌握实验室生物安全操作和消毒知识。

3. 检验人员应在检验过程中保持个人整洁与卫生，防止人为污染样品。

4. 检验人员应在检验过程中遵守相关安全措施的规定，确保自身安全。

5. 检验人员有颜色视觉障碍者不能从事涉及辨色的实验。

（二）环境与设施要求

1. 实验室环境不应影响检验结果的准确性。

2. 实验区域应与办公区域明显分开。以其开展的工作内容加以分工，设立专用房间，洗涤室、培养室、消毒间、无菌室应分开，无菌室应设有套间或缓冲间。

3. 实验室工作面积和总体布局应能满足从事检验工作的需要。实验室布局宜采用单方向工作流程，避免交叉污染。房间的大小还应根据从实验人员的进入数量上加以考虑。

4. 实验室内环境的温度、湿度、洁净度及照度、噪声等应符合工作要求。房屋内墙面及地面等应该采用易于清洁的材料，保持房间清洁，实验室应备有自动或脚踩式洗手池和固定的消毒设施。

5. 食品样品检验应在洁净区域进行。洁净区域应有明显标示，洁净区域可以是超净工作台或洁净实验室。应制定合理、完善的卫生管理制度。采用湿式保洁，定期对操作环境进行消毒，对废弃物应投入指定的容器内，经无害化处理后方可排放，以防某些病原微生物传播。

6. 病原微生物分离鉴定工作应在二级（biosafery level 2，BSL-2）或以上生物安全实验室进行。

（三）实验设备要求

1. 实验设备应满足检验工作的需要。常用设备见表3-1。

2. 实验设备应放置于适宜的环境条件下，便于维护、清洁、消毒与校准，并保持整洁与良好的工作状态。

3. 实验设备应定期进行检查和（或）检定（加贴标识）、维护和保养，以确保工作性能和操作安全。

4. 实验设备应有日常监控记录或使用记录。

（四）检验用品要求

1. 检验用品应满足微生物检验工作的需求。常用检验用品主要有接种环（针）、酒精灯、镊子、剪刀、药匙、消毒棉球、硅胶（棉）塞、吸管、吸球管、平板、锥形瓶、微孔板、广口瓶、量筒、玻璃棒及 L 形玻璃棒、pH 试纸、记号笔、均质袋等。

2. 检验用品在使用前应保持清洁和（或）无菌。常用的灭菌方法包括湿热法、干热法、化学法等。

3. 需要灭菌的检验用品应放置在特定容器内或用合适的材料（如专用包装纸、铝箔纸等）包裹或加塞，应保证灭菌效果。

4. 检验用品的贮存环境应保持干燥和清洁。已灭菌与未灭菌的用品应分开存放并明确标识。

5. 灭菌检验用品应记录灭菌的温度与持续时间及有效使用期限。

6. 可选择适用于微生物检验的一次性用品来替代反复使用的物品与材料（如培养皿、吸管、吸头、试管和接种环等）。

表 3 - 1　微生物实验室常规检验用品和设备

设备分类	设备名称
称量设备	天平等
消毒灭菌设备	干烤/干燥设备、高压灭菌、过滤除菌、紫外线等装置
培养基制备设备	pH 计等
样品处理设备	均质器（剪切式或拍打式均质器）、离心机等
稀释设备	移液器等
培养设备	恒温培养箱、恒温水浴等
镜检计数设备	显微镜、放大镜、游标卡尺等
冷藏冷冻设备	冰箱、冷冻柜等
生物安全设备	生物安全柜

（五）培养基和试剂

1. 培养基　其制备和质量要求按照相应的规定（GB 4789.28—2024《食品安全国家标准 食品微生物学检验 培养基和试剂的质量要求》）执行。

2. 试剂　检验试剂的质量及配制应适用于相关检验，对检验结果有重要影响的关键试剂（如血清、抗生素等）应进行适用性验证。

（六）菌株

1. 实验室应保存能满足实验需要的标准菌株。

2. 应使用微生物菌种保藏专门机构或专业权威机构保存的、可溯源的标准菌株。

3. 标准菌株的保存、传代按照相应的规定（GB 4789.28—2013）执行。

4. 对实验室分离菌株（野生菌株），经过鉴定后，可作为实验室内部质量控制的菌株。

二、样品的采集

食品检验中，样品的采集是极为重要的一个环节，因为食品卫生指示菌检验是根据一小部分样品的检验结果对整批食品做出判断。因此，用于分析检验的样品的代表性至关重要，这就要求检验人员掌握正确的采样方法，而且取样过程中应注意无菌操作，避免操作引起的污染，同时在样品的保存和运输过程中应注意保持样品的原有状态。样品可分为大样、中样、小样 3 种。大样为一整批；中样是从样品各部分取的混合样，一般为 200g；小样又称为检样，一般为 25g，用于检验。

（一）取样前的准备工作

1. 无菌取样工具及容器的准备　要避免取样过程中的污染，无菌取样器械工具是至关重要的。取样前可建立一个无菌取样的分析清单，收集准备好取样工具和容器、包装袋等，取样工具包括匙、尖嘴钳、无菌棉拭子、量筒和烧杯等，工具的类型一般由取样产品来决定。

盛样品的容器应预选标识，如样品号、取样日期、取样人等，这样可使取样更为方便。附加样品号一般在样品采集中被正式确定，因此不用预先标明。取样温度、地点等也应标示。所有取样设施和容器的灭菌日期在面前和包装上应标明，一些设施器具可在当地实验室灭菌处理或购买。

2. 其他准备工作

（1）盒子或制冷皿　贮存、运输样品时，如果样品不需冷冻，用盒子装即可；但如果样品需要冷却，一个标准的制冷皿或保温箱是必需的，一般制冷皿会随带一个塑料袋，样品可以放进袋子里，制冷剂如干冰等可以放置在袋外，干冰袋不能泄露，避免样品被污染。

（2）灭菌手套　灭菌手套在采样中并非必须启用，如果一个产品在样品收集过程中必须被接触，那么最好让工厂生产线的工人来做（加工处理产品的工人），将样品放入收集容器中，既然工人在生产过程中处理接触产品，那么就不能认为他们对产品有附加的污染。当用手套时必须用一种避免污染的方式戴上，手套的大小必须适合工作的需要。

（3）人员的工具设施如工作服、发网或消毒处理过的清洁鞋靴必须有助于证明采集者没有污染到食品产品或样品。

（二）采样原则

1. 样品的采集应遵循随机性、代表性的原则。每批样品应随机抽取一定数量，固体或半固体的样品应从表层、中层和底层、中间和四周等不同部位取样。

2. 采样过程遵循无菌操作程序，防止一切可能的外来污染。注意一件用具只能用于一个样品，防止交叉污染。

3. 根据检验目的、食品特点、批量、检验方法、微生物的危害程度等确定采样方案。

4. 样品在保存和运输的过程中，应采取必要的措施防止样品中原有微生物的数量发生变化，保持样品的原有状态。

（三）采样方案

要保证样品的代表性，首先要有一套科学的抽样方案，其次使用正确的抽样技术，并在样品的保存和运输过程中保持样品的原有状态。

一般来说，进出口贸易合同对食品抽样量有明确规定的，按合同规定抽样；进出口贸易合同没有具体抽样规定的，可根据检验目的、产品及被抽样品的形式和分析方法的形式确定抽样方案。目前常用的抽样方案为国际食品微生物学法规委员会（The International Commission on Microbiological Specification for Foods，ICMSF）推荐的抽样方案和随机抽样方案，也可以参照同一产品的品质检验抽样数量抽样，或按单位包装件数 N 的开平方值抽样。无论采取何种方法抽样，每批货物的抽样数量不得少于 5 件。对于需要检验沙门菌的食品，抽样数量应适当增加，最低不少于 8 件。

1. 抽样方案

（1）采样设想　用于分析所抽样品的数量、大小和性质对结果会产生很大影响。在某些情况下用于分析的样品可能代表所抽"一批"（lot）样品的真实情况，这适合于可充分混合的液体，如牛乳、饮料和水。

在"多批"（lots 或 batchers）食品的情况下就不能如此抽样，因为"一批"容易包含在微生物的质量上差异很大的多个单元。因此在选择抽样方案之前，必须考虑诸多因素，包括检验目的、产品及被抽样品的性质、分析方法。

采样方案是根据以下两点来确定的，并规定其不同采样数：①各种卫生指示菌本身对人的危害程度各有不同，因此不同的卫生指示菌检验指标的重要性不同，可分为一般、中等和严重三种。②食品经不同条件处理后，其危害度发生变化。降低危害度，如食用前要经过加热处理；危害度未变，如冷冻食品或干燥食品；增加危害度，食品保存在不良环境中使微生物易于繁殖。不同食品的取样方案是依据微生物的危害度、食品的特性及处理条件三者综合在一起确定的。

（2）采样方案　采样方案分为二级和三级采样方案。二级采样方案设有 n、c 和 m 值，三级采样方案设有 n、c、m 和 M 值。采样方案中，涉及四个代号：n 表示同一批次产品应采集的样品件数；c 表示最大可允许超出 m 值的样品数；m 表示微生物指标可接受水平限量值（三级采样方案）或最高安全限量值（二级采样方案）；M 表示微生物指标的最高安全限量值。

1）二级采样方案：自然界中材料的分布曲线一般是正态分布，以其一点作为食品微生物的限量值，只设合格判定标准 m 值，超过 m 值的，则为不合格品。按照二级采样方案设定的，在 n 个样品中，允许有 ≤c 个样品，其相应微生物指标检验值大于 m 值。以生食海产品鱼为例，$n = 5$、$c = 0$、$m = 100CFU/g$、$n = 5$ 即抽样 5 个，$c = 0$ 即意味着在该批检样中，未见到有超过 m 值的检样，此批货物为合格品。

2）三级采样方案：设有微生物标准 m 及 M 值两个限量。在 $m \sim M$ 值的范围内，即为附件条件合格，超过 M 值者，则为不合格。按照三级采样方案设定的指标，在 n 个样品中，允许全部样品中相应微生物指标检验值小于或等于 m 值；允许有 ≤c 个样品其相应微生物指标检验值在 m 值和 M 值之间；不允许有样品其相应微生物指标检验值大于 M 值。例如：冷冻生虾的细菌数标准 $n = 5$、$c = 3$、$m = 10CFU/g$、$M = 100CFU/g$，其意义是从一批产品中，取 5 个检样，经检验，允许 ≤3 个样品的细菌数是在 m 值和 M 值之间，如果有 3 个以上检样的细菌数是在 m 值和 M 值之间或 1 个检样品细菌数超过 M 值，则判定该批产品为不合格产品。

在中等或严重危害的情况下使用二级采样方案，对健康危害低的则建议使用三级抽样方案。具体使用方法见表 3 – 2。

表 3 – 2　按微生物指标的重要性和食品危害度分类后确定的采样方案

采样方案	重要性	指标菌	食品危害度		
			降低危害度（轻）	危害度不变（中）	增加危害度（重）
二级	中等	沙门菌 副溶血性弧菌 致病性大肠埃希菌	$n = 5$ $c = 0$	$n = 10$ $c = 0$	$n = 20$ $c = 0$
	严重	肉毒梭菌 伤寒沙门菌 副伤寒沙门菌	$n = 15$ $c = 0$	$n = 30$ $c = 0$	$n = 60$ $c = 0$
三级	一般	菌落总数 大肠菌群 大肠埃希菌 葡萄球菌	$n = 5$ $c = 3$	$n = 5$ $c = 2$	$n = 5$ $c = 1$
	中等	金黄色葡萄球菌 蜡样芽孢杆菌 产气荚膜梭菌	$n = 5$ $c = 2$	$n = 5$ $c = 1$	$n = 5$ $c = 1$

2. 执行标准　各类食品的采样方案按食品安全相关标准的规定执行。

3. 食源性食品安全事故中食品样品的采集

（1）由批量生产加工的食品污染导致的食品安全事故，食品样品的采集和判定原则按"1."和"2."执行。重点采集同批次食品样品。

（2）由餐饮单位或家庭烹调加工的食品导致的食品安全事故，重点采集现场剩余食品样品，以满足食品安全事故病因判定和病原确证的要求。

（四）各类食品的采样方法

采样应遵循无菌操作程序，采样工作和容器应无菌、干燥、防漏，形状及大小适宜。采样全过程中，应采取必要的措施防止食品中固有微生物的数量和生长能力发生变化。按照采集对象特点不同，常见的采样方法如下。

1. 预包装食品

（1）应采集相同批次、独立包装、适量件数的食品样品，每件样品的采样量应满足微生物指标检验的要求。

（2）独立包装小于等于1000g的固态食品或小于等于1000ml的液态食品，取相同批次的包装。

（3）独立包装大于1000ml的液态食品，应在采样前摇动或用无菌棒搅拌液体，使其达到均质后采集适量样品，放入同一个无菌采样容器内作为一件食品样品；大于1000g的固态食品，应用无菌采样器从同一包装的不同部位分别采取适量样品，放入同一个无菌采样容器内作为一件食品样品。

（4）半固体食品，则用无菌勺子从几个不同部位挖取样品，放入无菌容器中。如是冷冻食品，大包装小块冷冻食品按小块个体采集；大块冷冻食品可用无菌刀从不同部位削取，也可用无菌钻头钻取。在将样品送达实验室前，要始终保持样品处于冷冻状态。样品一旦溶化，不可使其再冻，保持冷却即可。

2. 散装食品或现场制作食品　用无菌采样工具从 n 个不同部位现场采集样品，放入 n 个无菌采样容器内作为 n 件食品样品。每件样品的采样量应满足微生物指标检验单位的要求。

（五）采集样品的标记、贮存和运输

1. 采集样品的标记　应对采集的样品进行及时准确地记录和标记，内容包括采样人、采样地点、时间、样品名称、来源、批号、数量、保存条件等信息。所有盛样容器必须有和样品一致的标记。在标记上应标明产品标志与号码和食品顺序号以及其他需要说明的情况。标记应牢固，具防水性，字迹不会被擦掉或脱色。当样品需要托运或由非专职采样人员运送时，必须封识样品容器。

2. 采集样品的贮存和运输

（1）采样后，应尽快将样品送往实验室检验。在运输过程中应保持样品完整。如不能及时运送，在接近原有贮存温度条件下贮存样品，或采取必要措施防止样品中微生物数量的变化。

（2）一般情况下，冷冻样品应存放在 -20℃冰箱或冷冻库内；易腐食品存放在4℃冰箱或冷藏库内；其他食品可放在常温或冷暗处。

（3）运送冷冻和易腐食品，应在包装容器内加适量的冷却剂或冷冻剂，保证运输途中样品不升温或不溶化。必要时可于途中补加冷却剂或冷冻剂。

（4）盛样品的容器应消毒处理，但不得用消毒剂处理容器。不能在样品中加入任何防腐剂。

（5）样品采集后，最好由专人立即送检。如不能由专人送样时，也可托运，但要确保安全。托运前必须将样品包装好，应能防破损、防冻结、防易腐和冷冻样品升温或溶化。在包装上应注明"防碎""易腐""冷藏"等字样，做好样品运送记录，写明运送条件、日期、到达地点及其他需要说明的情况，并由运送人签字。中毒样品或致病菌样品必须专人、专车运送。

三、样品的检验

实验室应按照要求尽快检验样品，一般最好不超过3小时。若不能及时检验，应采取必要的措施保持样品的原有状态，防止样品中目标微生物因客观条件的干扰而发生变化。并且检验时采取正确的样品处理方法，以保证检验结果的正确可靠。

（一）样品处理方法

1. 样品的接收 实验室接到送检样品后应认真核对登记，确保样品的相关信息完整并符合检验要求。实验室应按要求尽快检验。若不能及时检验，应采取必要的措施，防止样品中原有微生物因客观条件的干扰而发生变化。

2. 样品的处理 各类食品样品处理应按相关食品安全标准检验方法的规定执行。

（1）瓶装液体样品的处理 如液态乳制品、饮料等，先摇匀，然后表面消毒，用无菌工具开罐，吸样（＞2.5cm深度）。含有二氧化碳的样品可倒入500ml磨口瓶内，口勿盖紧，覆盖一灭菌纱布，轻轻摇荡，待气体全部逸出后，取样25ml检验。

如果是pH＜4.5的酸性饮料，用灭菌的10%Na_2CO_3调至中性。

（2）盒装或软塑料包装液体样品的处理 如液态乳制品、饮料和水等。将其开口处用75%乙醇棉擦拭消毒，用灭菌剪子剪开包装，覆盖上灭菌纱布或浸有消毒液的纱布，在剪开部分直接吸取样品25ml或倾倒入另一灭菌容器中再取样25ml检验。

（3）半固体或黏性液体样品的处理 如炼乳、稀奶油等。清洁瓶或罐的表面，再用点燃的乙醇棉球消毒瓶或罐口周围，然后用灭菌的开罐器打开瓶或罐，称取样品25g放入预热至45℃的装有225ml稀释液的锥形瓶中，振荡均匀，从检样溶化到接种完毕的时间应不超过5分钟。

（4）固体样品的处理 如水产品、肉类等。

1）捣碎均质法：将中样（≥100g）的样品剪碎，混匀，从中取25g放入225ml稀释液的无菌均质杯中，以8000~10000r/min均质1~2分钟。

2）剪碎振荡法：将中样（≥100g）的样品剪碎，混匀，从中取25g进一步剪碎，放入225ml稀释液的瓶中，加入玻璃珠，用力快速振摇50次，振幅要大于40cm。

3）研磨法：将中样（≥100g）的样品剪碎，混匀，从中取25g放入无菌乳钵中充分研磨，放入225ml稀释液的瓶中摇匀。

4）整粒振荡法：有完整自然保护膜的颗粒状样品，取25g于225ml稀释液的瓶中，加入玻璃珠振摇50次，振幅要大于40cm。

5）拍击式均质法：将一定量的样品和稀释液存放入无菌均质袋中，用拍击式均质器均质，拍击式均质器有一个长方形金属盒，其旁安有金属叶板，可打击均质袋，金属板由恒速马达带动，前后移动而撞碎样品。

（二）检验方法选择

1. 应选择现行有效的食品安全相关标准的规定进行检验。每种指标都有一种或几种检验方法，应根据不同食品、不同检验目的来选择适当的检验方法。除了国家标准外，国内还有行业标准（如出口食品微生物检验方法），国外亦有国际标准，如FAO标准、WTO标准等，以及每个食品进口国的标准，如美国食品药品管理局（Food and Drug Administration，FDA）标准、美国分析化学家协会（Association of Official Analytical Chemists，AOAC）标准、日本厚生省标准等。

2. 食品微生物检验方法标准中对同一检验项目有两个及两个以上定性检验方法时，应以常规培养方法为基准方法。

3. 食品微生物检验方法标准中对同一检验项目有两个及两个以上定量检验方法时，应以常规培养方法为基准方法。

四、生物安全与质量控制

（一）实验室生物安全要求

应符合 GB 19489—2008 的规定。实验室的生物安全条件和状态不低于容许水平，可避免实验室人员、来访人员、社区及环境受到不可接受的损害，符合相关法规、标准等对实验室生物安全责任的要求。

1. 实验室风险评估及风险控制 实验室应建立并维持风险评估和风险控制程序，以持续进行危险识别、风险评估和实施必要的控制措施。实验室风险评估和风险控制活动的负责程度决定于实验室所存在危险的特性，适用时，实验室不一定需要复杂的风险评估和风险控制活动。

风险评估报告应是实验室采取风险控制措施、建立安全管理体系和制定安全操作规程的依据。风险评估所依据的数据及拟采取的风险控制措施、安全操作规程等应以国家主管部门和世界卫生组织、世界动物卫生组织、国际标准化组织等机构或行业权威机构发布的指南、标准等为依据；任何新技术在使用前应经过充分验证，适用时，应得到相关主管部门的批准。风险评估报告应得到实验室所在机构生物安全主管部门的批准。对未列入国家相关主管部门发布的病原微生物名录的生物因子的风险评估报告，适用时，应得到相关主管部门的批准。

2. 实验室生物安全防护水平分级 根据对所操作生物因子采取的防护措施，将实验室生物安全防护水平（bio-safety，BSL）分为一级（BSL-1）、二级（BSL-2）、三级（BSL-3）和四级（BSL-4）。一级防护水平最低，四级防护水平最高。

（1）生物安全防护水平为一级的实验室 该实验室适用于操作已知的所有特性都已清楚并且已证明不会导致健康成人疾病的微生物，所操作微生物对实验人员和环境的潜在危害小。实验室不需要和建筑中的正常行走区隔离。研究通过标准微生物学操作在公开的实验台面上进行。不需要有特殊需求的安全保护措施，但可以通过适当的风险评估来确定。实验人员需要经过由科研人员指导的专业实验程序培训。

（2）生物安全防护水平为二级的实验室 该实验室是建立在生物安全防护水平一级的实验室之上，适用于对人和环境有中度潜在危险的微生物，但一般情况下所操作微生物对人、动物或者环境不构成严重危害，传播风险有限，实验室感染很少引起严重疾病，并且具备有效治疗和预防措施。与生物安全防护水平一级实验室的区别在于：实验人员均需接受过病原因子操作方面的特殊培训，并由有资格的科研人员指导；进行实验时限制进入实验室；所有可能产生传染性气溶胶或飞溅物的实验均应在生物安全柜中或其他物理防护设备中进行。

（3）生物安全防护水平为三级的实验室 该实验室适用于能够引起人类或者动物严重疾病，比较容易直接或者间接在人与人、动物与人、动物与动物间传播的微生物。实验人员应在处理致病性和可能使人致死的微生物方面受过专业培训，并由对该微生物操作有经验的且有资格的科研人员指导。该等级的二级屏障包括对进出实验室和通风条件进行控制，使实验室释放的传染性气溶胶最小化。

（4）生物安全防护水平为四级的实验室 该实验室适用于操作能够引起人类或者动物非常严重疾病的微生物，以及我国尚未发现或者已经宣布消灭的微生物。所操作微生物之间具有接近或相同抗原关系，必须在生物安全防护水平四级实验室操作，直到获得足够的数据，以确认在该等级继续操作或重新指定等级为止。实验室工作人员必须经过对处理高度危险生物因子进行专业的培训。实验室工作人员必须了解标准和特殊做法中一级防护和二级防护的功能。所有实验室工作人员和主管必须有能力处理需要四级防护的生物因子及其程序。实验室的进出由实验室主管根据机构条例进行控制。

生物安全防护水平四级实验室有两种类型：一种是所有操作微生物的实验必须在三级生物安全柜中

进行的安全柜实验室；一种是人员必须穿正压防护服的防护服实验室。另外，以动物生物安全防护水平（animal bio - safety level，ABSL）表示包括从事动物活体操作的实验室的生物安全防护水平，包括 ABSL - 1、ABSL - 2、ABSL - 3 和 ABSL - 4。各级实验室的设施和设备均应符合 GB 19489—2008 的规定。

3. 实验室设计原则及基本要求

（1）实验室选址、设计和建造应符合国家和地方环境保护和建设主管部门等的规定和要求。

（2）实验室的防火和安全通道设置应符合国家的消防规定和要求，同时应考虑生物安全的特殊要求，必要时，应事先征询消防主管部门的建议。

（3）实验室的安全保卫应符合国家相关部门对该类设施的安全管理规定和要求。

（4）实验室的建筑材料和设备等应符合国家相关部门对该类产品生产、销售和使用的规定和要求。

（5）实验室的设计应保证对生物、化学、辐射和物理等危险源的防护水平控制在经过评估的可接受程度，为关联的办公区和邻近的公共空间提供安全的工作环境，及防止危害环境。

（6）实验室的走廊和通道应不妨碍人员和物品通过。

（7）应设计紧急撤离路线，紧急出口应有明显的标志。

（8）房间的门根据需要安装门锁。门锁应便于内部快速打开。

（9）需要时（如操作危险材料时），房间的入口处应有警示和进入限制。

（10）应评估生物材料、样本、药品、化学品和机密资料等被误用、被偷盗和被不正当使用的风险，并采取相应的物理防范措施。

（11）应有专门设计以确保贮存、转运、收集、处理和处置危险物料的安全。

（12）实验室内温度、湿度、照度、噪声和洁净度等室内环境参数应符合工作要求和卫生等相关要求。

（13）实验室设计还应考虑节能、环保及舒适性要求，应符合职业卫生要求和人机工效学要求。

（14）实验室应有防止节肢动物和啮齿动物进入的措施。

（15）动物实验室的生物安全防护设施还应考虑对动物呼吸、排泄、毛发、抓咬、挣扎、逃逸、动物实验（如染毒、医学检查、取样、解剖、检验等）、动物饲养、动物尸体及排泄物的处置等过程产生的潜在生物危险的防护。

（16）应根据动物的种类、身体大小、生活习性、实验目的等选择具有适当防护水平的、适用于动物的饲养设施、实验设施、消毒灭菌设施和清洗设施等。

（17）不得循环使用动物实验室排出的空气。

（18）动物实验室的设计，如空间、进出通道、解剖室、笼具等应考虑动物实验及动物福利的要求。

（19）适用时，动物实验室还应符合国家动物实验饲养设施标准的要求。

（二）质量控制

1. 人员要求　实验室人员分为管理人员、技术人员和技术支持人员等。相应岗位的人员应具备相应的技术能力、相应的技术能力证明（证书及证件）。微生物实验室应有相应技术能力的人负责室内技术工作，并设立质量监督员，实验室应定期对实验人员进行技术考核和人员比对。

2. 菌株、试剂的质量控制　实验室应定期对实验用菌株、试剂等设置阳性对照、阴性对照和空白对照。对做生化反应的各类试剂，在配好后均应进行各项必要的鉴定。用已知阴、阳性菌株进行对照试验。对于其他如氧化酶、触酶、染液等也同样需要经鉴定后用于试验。

3. 培养基的质量控制　食品微生物学检验用的培养基严格按照 GB 4789. 28—2024 规定的方法操作。干燥培养基干粉含有活性物质、遇热易分解的物质应该仔细查看存放条件，多数也须放在 2 ~ 8℃条件保存。制成的培养基平板应立即使用或存放于暗处或（5 ± 3）℃冰箱的密封袋中，以防止培养基成分的改变。有的培养基则以存放于 10～15℃条件为宜，如含有高浓度胆盐的培养基。配制好的培养基（尤其是糖发酵管）不宜久放，因为培养基吸收空气中的二氧化碳，会使培养基变酸，从而影响细菌的生长。培养基中的抑制剂及指示剂一定要精准称量，抑制剂要注意合理配伍。在培养基平板底部或侧边做好标记，标记的内容包括名称、制备日期和（或）有效期，也可使用适宜的培养基编码系统进行标记。将倒好的平板放在密封的袋子中冷藏保存可延长贮存期限。为了避免冷凝水的产生，平板应冷却后再装入袋中。贮存前不要对培养基表面进行干燥处理。对于采用表面接种形式培养的固体培养基，应先对琼脂表面进行干燥，打开平板盖，将平板倒扣于烘箱或培养箱中（温度设为 25～50℃），或放在有对流的无菌净化台中，直到培养基表面的水滴消失为止。注意不要过度干燥，商品化的平板琼脂培养基应按照厂商提供的说明使用。

4. 培养箱、水浴锅和冰箱等的温度控制　培养箱应根据培养物性质及温度要求分别设置（以用途和温度分），培养箱的温差要求，一般显示值与实测值相差不大于 ±1℃，箱体内各点温度（内部的温度均匀性）以及温度波动同样不大于 ±1℃。温度监控方法：可将工作温度计置甘油中，放入待测箱体内，观察工作温度计的温度。最好每天监控记录 1～2 次。

5. 高压灭菌锅的温度控制　高压灭菌锅由专人按作业指导书操作，并做好每一次的作业记录。高压灭菌锅日常工作记录应包含以下信息：高压灭菌的材料、开始时间、压力、温度、取出时间、高压灭菌胶带的颜色变化。

高压灭菌锅使用时，内置物品不能太多，单位体积内的内容物（每瓶内的培养基）不能太多，同时应注意内容物不同的耐受温度，总的暴露时间最好不要超过 45 分钟。高压灭菌锅温度波动范围：（110±2）℃、（115±2）℃和（121±2）℃。

高压灭菌锅校准周期一般在半年。用生物指示菌法（常用）、化学变色纸片及高压灭菌锅温度计等方法进行检测。生物指示菌法是一种高压灭菌锅的效果显示法。

6. 干燥灭菌箱温度控制　干燥灭菌箱日常工作记录中应包括以下信息：开始的时间、到达灭菌温度时的时间、取出的时间（或关闭时间）。干燥灭菌箱的温度用参考温度计进行温度测试。干燥灭菌箱温度要求与精确度：（160±5）℃或（180±5）℃。前者为灭菌 2 小时，后者为灭菌 30 分钟。干燥灭菌箱校准时间一般为 1 年。

7. 超净工作台的控制　水平流超净工作台工作区域要求洁净度为 100 级。空气沉降 30 分钟，每皿中细菌数 <1CFU。垂直流超净工作台要求每皿中细菌数 <0.49CFU。超净工作台运行检查频次：1 次/月。主要是进行细菌沉降监测。超净工作台高效过滤膜一般为 1 年更换 1 次，并同时进行粒子与细菌沉降检测。

8. 紫外线灯的控制　紫外线灯的检测方法采用仪器测试法和生物测试法。前者是通过专用仪器检测紫外灯管发射的紫外光强度。国家消毒技术规范中表明在距离照射 1cm 处，要求其强度为 90。生物测试法采用一定的菌培养物，经一定比例稀释，菌量控制在 200～250CFU/0.5ml，涂布平板在紫外灯光下照射 2 分钟，同时设置普通光源的对照组，然后置 37℃培养 48 小时，计算其杀灭率，要求杀灭率达 99%。

9. 显微镜的控制　显微镜应制定作业指导书，日常维护记录及自校记录。应置于无振动、避免灰尘、防潮灯要求的环境中。

10. 其他微生物检测专用仪器的控制　实验室应对重要的检验设备（特别是自动化检验仪器）设置仪器比对。细菌鉴定仪、酶标仪等设备，工作中常用阳性对照检测其中功能的正常性。仪器的检定校准则按有关仪器的检定校准证书或按单位起草的作业指导书进行。

11. 蒸馏水的质量控制　蒸馏水定点供应，并做好相应的质量控制。记录检测结果，欧洲标准为微生物检验用蒸馏水的特定电导率 <0.5mS/m；细菌数 <50CFU/ml。日常用的标准为 <0.5mS/m，未见有细菌指标。检测频率：1 次/月。蒸馏水器应按照设备说明，定期清洁离子交换器和更换离子交换材料。

12. 诊断血清的质量控制　购入的沙门菌属、志贺菌属、致病性大肠埃希菌等的诊断血清必须立即记录其购入日期、观察透明度、色彩有无变化和是否有沉淀物，然后置 4℃冰箱保存，每月用标准菌株进行一次测定。

使用前应注意检查诊断血清的批号、有效期。如发现浑浊或有絮状沉淀物时，很可能是污染所致，不能再继续使用。使用前应以阳性及阴性菌株进行检测，观察其效价及特异性。

13. 标准菌株的来源和保存

（1）标准菌株的来源和要求　标准菌株必须是来源于国际社会认可专门机构的菌株，其形态、染色反应、生理生化及血清学特性典型而稳定，实验结果重复性好，极少发生变异。

（2）标准菌株的保存方法

1）冷冻干燥法：最理想的保存方法。不改变菌种性状，保存时间长。

2）冷冻保存法：此法较简单，将细菌混悬于脱纤维羊血或脱脂牛乳中，置液氮或 -20℃冰箱保存。但细菌经多次转种，性状可能发生变异。

3）培养基保存法：最简易方便的方法，适用于大多数实验室。普通琼脂斜面保存法：适于一般细菌的保存，置 4℃冰箱可保存 1 个月；血琼脂斜面保存法：适于链球菌，可半月转种一次。半固体穿刺法：穿刺于培养基中并加液体石蜡，置 4℃冰箱可保存 3~6 个月，适用于肠杆菌科细菌。

五、记录与报告

1. 记录　检验过程中应即时、客观地记录观察到的现象、结果和数据等信息。

2. 报告　实验室应按照检验方法中规定的要求，准确客观地报告检验结果。

六、检验后样品的处理

检验结果报告后，被检样品方能处理，检出致病菌的样品要经过无害化处理，检验结果报告后，剩余样品和同批产品不进行微生物项目的复检。

> **知识链接**
>
> ### 关于采样方案，你了解吗？
>
> 根据检验目的、食品特点、批量、检验方法、微生物危害程度等，考虑到菌落总数、大肠菌群和致病菌在食品中分布的不均匀性及其危害程度、食品的加工工艺等，GB 29921—2021《食品安全国家标准 预包装食品中致病菌限量》、GB 4789.1—2016《食品安全国家标准 食品微生物学检验 总则》（以下简称为 GB 4789.1）和近几年新发布的食品产品标准基本采用了国际上广泛认可的 n、c、m、M 分级采样方案。
>
> 采样方案分为二级和三级采样方案。二级采样方案设有 n、c 和 m 值，三级采样方案设有 n、c、m 和 M 值。按照二级采样方案设定的指标，在 n 个样品中允许有 ≤c 个样品其相应微生物指标检验值大于 m 值。按照三级采样方案设定的指标，在 n 个样品中允许全部样品中相应微生物指标检验值小于或等于 m 值。允许有 ≤c 个样品其相应微生物指标检验值在 m 值和 M 值之间；不

允许有样品相应微生物指标检验值大于 M 值。各类食品的采样方案一般按照食品安全相关标准的规定执行。其采样方案见图 3-1 和图 3-2。其中：

n 为同一批次产品应采集的样品件数；c 为最大可允许超出 m 值的样品数；m 为微生物指标可接受水平限量值（三级采样方案）或最高安全限量值（二级采样方案）；M 为微生物指标的最高安全限量值。

图 3-1 二级采样法采样方案判定方法

图 3-2 三级采样方案判定方法

任务二 菌落总数检验技术

（参考 GB 4789.2—2022《食品安全国家标准 食品微生物学检验 菌落总数测定》）

一、生物学概述

细菌菌落指细菌在固体培养基上繁殖所形成的肉眼可见的菌块。如果接种菌的密度十分稀薄，且规定一定的培养条件，由于菌的种类不同，它所形成的菌落的形状、大小、高低、位置、表面的粗细、边缘的形状、色调、透明度，以及菌块的质地软硬、黏稠度和特殊培养基的着色等，也各不相同。因此，菌落是菌种鉴别上的一个重要特征。细菌数量的表示方法由于所采用的计数方法不同而有两种，即菌落总数和细菌总数。

1. 菌落总数 是指食品检样经过处理，在一定条件下培养后所得1g或1ml检样中形成的细菌菌落总数，以CFU/g（或ml）来表示。除了对样品测定外，有时也对食品表面、食品接触面、食品加工用器具等测定，这时检样表面所带细菌形成的菌落总数，以CFU/cm²来表示。

按国家标准方法规定，即在需氧情况下，(36 ± 1)℃培养(48 ± 2)小时，能在平板计数琼脂上生长发育的细菌菌落总数，所以厌氧或微需氧菌、有特殊营养要求的以及非嗜中温的细菌，由于现有条件不能满足其生理需求，故难以繁殖生长。菌落总数并不表示实际中的所有细菌总数，也不能区分其中细菌的种类，只包括一群在普通营养琼脂中生长发育、嗜中温的需氧和兼性厌氧的细菌菌落总数，所以有时被称为杂菌数、需氧菌数等。

菌落总数主要作为判别食品被污染程度的标志，也可以应用这一方法观察细菌在食品中繁殖的动态，以便对被检样品进行卫生学评价时提供依据。食品中细菌菌落总数越多，则食品含有致病菌的可能性越大，食品质量越差；菌落总数越小，则食品含有致病菌的可能性越小。须配合大肠菌群和致病菌的检验，才能对食品做出较全面的评价。

2. 细菌总数 指一定数量或面积的食品样品，经过适当的处理后，在显微镜下对细菌进行直接计数。其中包括各种活菌数和尚未消失的死菌数。细菌总数也称细菌直接显微镜数。通常以1g或1ml样品中的细菌总数来表示。

二、设备和材料

食品检样、阳性对照样品。恒温培养箱：(36 ± 1)℃、(30 ± 1)℃；冰箱：$2\sim5$℃；恒温水浴箱：(46 ± 1)℃；天平：感量为0.1g；均质器；振荡器。无菌吸管：1ml（具0.01ml刻度）、10ml（具0.1ml刻度）或微量移液器及吸头；无菌锥形瓶：容量250ml、500ml；无菌培养皿：直径90mm；pH计或pH比色管或精密pH试纸；放大镜和（或）菌落计数器。

三、培养基和试剂

平板计数琼脂培养基；磷酸盐缓冲液、无菌生理盐水。

四、检验程序

菌落总数的检验流程见图3-3。

五、操作步骤

（一）取样、稀释和培养

1. 取样 以无菌操作取检样25g或25ml，放于225ml无菌生理盐水或磷酸盐缓冲液的灭菌玻璃瓶内（瓶内预置适量的玻璃珠），或灭菌乳钵内，经充分振荡或研磨制成1:10的均匀稀释液。

固体和半固体检样在加入稀释液后，最好置无菌均质器中以$8000\sim10000$r/min的速度处理$1\sim2$分钟，制成1:10的均匀稀释液。

对于物体表面的取样则采用自制不锈钢采样板（5cm×5cm），用乙醇棉球擦拭后在酒精灯上灼烧灭菌，冷却后放到被取样的位置，压紧采样板，用灭菌的生理盐水棉球擦拭中间的25cm²放入225ml无菌生理盐水中，振荡摇匀，制得1:10的样液。

2. 稀释 用1ml灭菌吸管吸取1:10稀释液1ml沿管壁徐徐注入含有9ml无菌生理盐水或磷酸盐缓冲液的试管内，振摇试管或反复吹打混合均匀，制成1:10的稀释液，另取1ml灭菌吸管，按上项操作

图 3-3 菌落总数的检验程序

顺序，制 10 倍递增稀释液，如此每递增稀释一次即换用 1 支 1ml 吸管。

3. 样品稀释度选择 根据标准要求或对污染情况的估计，选择 2~3 个适宜稀释度，分别在制作 10 倍递增稀释的同时，以吸取该稀释度的吸管移取 1ml 稀释液于灭菌平板中，每个稀释度做两个平板。同时分别取 1ml 稀释液（不含样品）加入两个灭菌平板内作空白对照。

样品稀释度选择方法：如果已知污染程度，就按照污染程度来选择稀释度，当对某一个样品的污染程度不清楚的时候，往往要根据它的限量标准来选择适宜的稀释度，最好能够使三个稀释度中的中间稀释度的平板菌落数落在 30~300CFU。具体选择方法如下。

如某样品的限量标准为 10000CFU/g，根据平板菌落数的多少，当样品处在限量标准时稀释 100 倍，可以选择 10^{-1}、10^{-2}、10^{-3} 三个稀释度，这样当样品中的菌落数超出限量标准 10 倍或者低于限量标准 10 倍时都可以有相对准确的数值，从而使样品满足检验结果的要求。

4. 稀释液和培养基混合 稀释液移入平板后，将凉至 46℃平板计数琼脂培养基注入平板 15~20ml，并转动平板，混合均匀。

5. 培养 待琼脂凝固后，翻转平板，置（36±1）℃恒温培养箱内培养（48±2）小时，水产品（30±1）℃温箱内培养（72±3）小时。如样品中可能含有在琼脂培养基表面弥漫生长的菌落时，可在凝固后的琼脂表面覆盖一薄层琼脂培养基（约 4ml），凝固后培养。

（二）菌落计数方法

作平板菌落计数时，可用肉眼观察，必要时用放大镜检查，以防遗漏。在记下各平板的菌落总数后，求出同稀释度的各平板平均菌落数。到达规定培养时间，应立即计数。如果不能立即计数，应将平板放置于 0~4℃，但不要超过 24 小时。

（1）平板菌落数的选择。选取菌落数在30~300CFU的平板作为菌落总数测定标准。每一个稀释度应采用两个平板菌落的平均数，大于300CFU的可记为多不可计。

（2）其中一个平板有较大片状菌落生长时，则不宜采用，而应以无片状菌落生长的平板作为该稀释度的菌落数；若片状菌落不到平板的一半，而其余一半中菌落分布又很均匀，则可以计算半个平板后乘以2，以代表一个平板的菌落数。

（3）当平板上有链状菌落生长时，如呈链状生长的菌落之间无任何明显界限，则应作为一个菌落计，如存在有几条不同来源的链，则每条链均应按一个菌落计算，不要把链上生长的每一个菌落分开计数。

（三）菌落总数的计算

1. 若只有一个稀释度平板上的菌落数在适宜计数范围内，计算两个平板菌落数的平均值，再将平均值乘以相应稀释倍数，作为每1g（ml）中菌落总数结果。

2. 若有两个连续稀释度的平板菌落数在适宜计数范围内时，按如下公式计算：

$$N = \frac{\sum C}{(n_1 + 0.1 n_2) \ d} \tag{3-1}$$

式中，N为样品中菌落数；$\sum C$为平板（含适宜范围菌落数的平板）菌落数之和；n_1为第一个适宜稀释度平板数；n_2为第二个适宜稀释度平板数；d为稀释因子（第一稀释度）。

3. 若所有稀释度的平板菌落数均>300CFU，则取最高稀释度的平均菌落数乘以稀释倍数计算。如10^{-1}、10^{-2}、10^{-3}三个稀释度的平板菌落数分别为850CFU和900CFU，640CFU和680CFU，320CFU和340CFU，均大于300CFU，则选择10^{-3}的稀释度的平板进行计算，即该样品的菌落总数为（320+340）/（2×10^{-3}）=3.3×10^5。

4. 若所有稀释度平板菌落数均<30CFU，则以最低稀释度的平均菌落数乘稀释倍数计算。

5. 若所有稀释度平板均无菌落生长，则应按<1乘以最低稀释倍数计算。

6. 若所有稀释度均不在30~300CFU，有的>300CFU，有的又<30CFU，则应以最接近300CFU或30CFU的平均菌落数乘以稀释倍数计算。当出现这种情况时，应注意将不同稀释度的平板中的菌落数统一到同一个稀释度中进行比较，如10^{-1}、10^{-2}稀释度的平板菌落数分别为330CFU和340CFU，24CFU和22CFU，则应将它们统一到10^{-1}的稀释度比较，即此时10^{-1}稀释度的平板中的菌落平均数335CFU和300CFU比较，而10^{-2}稀释度中平板的菌落平均数乘以10倍后即230CFU和300CFU比较，然后再对两种比较结果来分析，即10^{-1}相差35，而10^{-2}相差70，应选择10^{-1}的稀释度平板中的菌落数作为结果。

六、结果与报告

（1）菌落数在1~100时，按四舍五入报告2位有效数字。

（2）菌落数≥100CFU时，第3位数字按四舍五入计算，取前2位有效数字，为了缩短数字后面的零数，也可以10的指数表示，按四舍五入报告2位有效数字。

（3）若所有平板上为蔓延菌落而无法计数，则报告菌落蔓延。

（4）若空白对照上有菌落生长，则此次检测结果无效。

（5）称重取样以CFU/g为单位报告，体积取样以CFU/ml为单位报告。

（6）将实验测出的样品数据以表格的方式报告。

（7）对样品菌落总数作出是否符合卫生要求的结论。

任务三　大肠菌群检验技术 @微课1

（参考GB 4789.3—2016《食品安全国家标准 食品微生物学检验 大肠菌群计数》）

PPT

一、生物学概述

（一）大肠菌群及范围

大肠菌群（coliforms）是指在一定培养条件（37℃、24 小时）下能发酵乳糖、产酸产气的需氧和兼性厌氧革兰阴性无芽孢杆菌的总称。它不是细菌学上的分类命名，而是卫生细菌领域的用语；不代表某一个或某一属细菌，主要由肠杆菌科的四个属，即大肠埃希菌属（*Escherichia*）、枸橼酸杆菌属（*Citrobacter*）、产气克雷伯菌属（*Klebsiella*）和肠杆菌属（*Enterobacter*）的一些细菌构成，这些细菌的生化特性分类如表3-3所示。

表 3-3　大肠菌群生化特性分类表

大肠菌群	靛基质	甲基红	V-P	枸橼酸	H_2S	明胶	动力	44.5℃乳糖
大肠埃希菌 I （*Escherichia coli*）	+	+	-	-	-	-	+/-	+
大肠埃希菌 II （*E. coli*）	-	+	-	-	-	-	+/-	-
大肠埃希菌 III （*E. coli*）	+	+	-	-	-	-	+/-	-
费劳地枸橼酸杆菌 I （*Citrobacter ferlaud*）	-	+	-	+	+/-	-	+/-	-
费劳地枸橼酸杆菌 II （*C. ferlaud*）	+	+	-	+	+/-	-	+/-	-
产气克雷伯菌 I （*Klebsiellaaerogenes*）	-	-	+	+	-	-	-	-
产气克雷伯菌 II （*K. aerogenes*）	+	-	+	+	-	-	-	-
阴沟肠杆菌 （*Enterobactercloacae*）	+	-	+	+	-	-	+/-	-

注：+，表示阳性；-，表示阴性；+/-，表示多数阳性，少数阴性。

由表3-3可以看出，大肠菌群中大肠埃希菌 I 型和 III 型的特点是，对靛基质、甲基红、V-P 和枸橼酸盐利用四个生化反应分别为"++--"，通常称为典型大肠埃希菌，而其他类大肠埃希菌则被称为非典型大肠埃希菌。

（二）粪便污染的指标细菌

早在 1892 年，沙尔丁格（Schardinger）首先提出大肠埃希菌作为水源中病原菌污染指标菌的意见，因为大肠埃希菌是存在于人和动物肠道内的常见细菌。1893 年，塞乌博耳德斯密斯（Theobold Smith）指出，大肠埃希菌因普遍存在于肠道内，若在肠道以外的环境中发现，就可以认为这是由于人或动物的粪便污染造成的；从此，就开始应用大肠埃希菌作为水源中粪便污染的指标菌。据研究发现，成人每1g粪便中的大肠菌群的含量为 $10^8 \sim 10^9$ 个。若水中或食品中发现有大肠菌群，即可证实已被粪便污染，有粪便污染也就有可能有肠道病原菌存在。根据这个理由，就可以认为这种含有大肠菌群的水或食品供食用是不安全的。所以目前为评定食品的卫生质量而进行检验时，也都采用大肠菌群或大肠埃希菌作为粪便污染的指标细菌。

作为理想的粪便污染的指标菌应具备以下几个特性，才能起到比较正确的指标作用：①存在于肠道内特有的细菌，才能显示出指标的特异性；②在肠道内占有极高的数量，即使被高度稀释后，也能被检出；③在肠道以外的环境中，其抵抗力大于肠道致病菌或相似，进入水中不再繁殖；④检验方法简便，易于检出和计数。

在食品卫生微生物检验中，可作为粪便污染指标菌依据的上述条件，粪便中数量最多的是大肠菌群，而且大肠菌群随粪便排出体外后，其存活时间与肠道主要致病菌大致相似，在检验方法上，也以大肠菌群的检验计数简便易行。因此，我国选用大肠菌群作为粪便污染指标菌是比较适宜的。

当然，大肠菌群作为粪便污染指标菌也有一些不足之处。例如，饮用水中含有较少量大肠菌群的情况下，有时仍能引起肠道传染病的流行等。

（三）大肠菌群的测定意义

大肠菌群分布较广，在恒温动物粪便和自然界广泛存在。调查研究表明，大肠菌群细菌多存在于恒温动物粪便、人类经常活动的场所以及有粪便污染的地方，人、畜粪便对外界环境的污染是大肠菌群在自然界存在的主要原因。粪便中多以典型大肠埃希菌为主，而外界环境中则以大肠菌群其他型比较多。大肠菌群是作为粪便污染指标菌提出来的，主要是以该菌群的检出情况来表示食品中有否粪便污染。大肠菌群数的高低，表明了粪便污染的程度，也反映了对人体健康危害性的大小。粪便是人类肠道排泄物，其中有健康人粪便，也有肠道患者或带菌者的粪便，所以粪便内除一般正常细菌外，同时也会有一些肠道致病菌存在（如沙门菌、志贺菌等），因而食品中有粪便污染，则可以推测该食品中存在着肠道致病菌污染的可能性，潜伏着食物中毒和流行病的威胁，必须看作对人体健康具有潜在的危险性。

二、设备和材料

恒温培养箱：（36±1）℃；冰箱：2~5℃；恒温水浴箱：（46±1）℃；天平：感量0.1g；均质器；振荡器；菌落计数器；微生物实验室常规灭菌及培养设备。无菌吸管：1ml（具0.01ml刻度）、10ml（具0.1ml刻度）或微量移液器及吸头；无菌锥形瓶：容量500ml；无菌培养皿：直径90mm；pH计或pH比色管或精密pH试纸。

三、培养基和试剂

月桂基硫酸盐胰蛋白胨（LST）肉汤、煌绿乳糖胆盐（BGLB）肉汤、结晶紫中性红胆盐琼脂（VR-BA）；无菌磷酸盐缓冲液、无菌生理盐水、1mol/L NaOH溶液、1mol/L HCl溶液。

四、大肠菌群计数方法

食品中大肠菌群计数的方法包括大肠菌群MPN计数法和大肠菌群平板计数法。其中，第一法适用于大肠菌群含量较低的食品中大肠菌群的计数；第二法适用于大肠菌群含量较高的食品中大肠菌群的计数。

（一）大肠菌群MPN计数法

大肠菌群MPN计数法是基于泊松分布的一种间接计数方法。样品经过处理与稀释后用月桂基硫酸盐胰蛋白胨（LST）肉汤进行初发酵，是为了证实样品或稀释液中是否存在符合大肠菌群的定义，即"在37℃分解乳糖产酸产气"，而在培养基中加入的月桂基硫酸盐能抑制革兰阳性菌（但有些芽孢菌、肠球菌能生长），有利于大肠菌群的生长和挑选。初发酵后观察LST肉汤管是否产气。初发酵产气管，不能肯定就是大肠菌群，经过复发酵实验后，有时可能成为阴性。有数据表明，食品中大肠菌群检验步骤的符合率，初发酵与证实实验相差较大。因此，在实际检测工作中证实实验是必须的。而复发酵时煌绿乳糖胆盐（BGLB）肉汤培养基中煌绿和胆盐能抑制产芽孢细菌。此法食品中大肠菌群数系以每1g（ml）检样中大肠菌群最可能数（the most possible number，MPN）表示，再乘以100，即可得到100g（ml）检样中大肠菌群的MPN。从规定的反应呈阳性管数的出现率，用概率论来推算样品中大肠菌群数最近似的数值。MPN检索表只给了三个稀释度，如改用不同稀释度，则表内数字应相应降低或增加10倍。该法适用于目前食品卫生标准中大肠菌群限量用MPN/100g（ml）表示的情况。

1. 检验程序　大肠菌群MPN计数法检验程序见图3-4。实验中要注意减少误差，称样应准确，稀释时应充分稀释均匀不产生气泡，取样加样时应准确，使用移液器和一次性吸头可减少误差。

图3-4 大肠菌群 MPN 计数法检验程序

2. 操作步骤

（1）样品的稀释

1）固体和半固体样品：称取 25g 样品，放入盛有 225ml 磷酸盐缓冲液或生理盐水的无菌均质杯内，8000～10000r/min 均质 1～2 分钟，或放入盛有 225ml 磷酸盐缓冲液或生理盐水的无菌均质袋中，用拍击式均质器拍打 1～2 分钟，制成 1∶10 的样品匀液。

2）液体样品：以无菌吸管吸取 25ml 样品置盛有 225ml 磷酸盐缓冲液或生理盐水的无菌锥形瓶（瓶内预置适当数量的无菌玻璃珠）或其他无菌容器中充分振摇或置于机械振荡器中振摇，充分混匀，制成 1∶10 的样品匀液。

3）样品匀液的 pH 应在 6.5～7.5 之间，必要时分别用 1mol/L NaOH 或 1mol/L HCl 调节。

4）用 1ml 无菌吸管或微量移液器吸取 1∶10 样品匀液 1ml，沿管壁缓缓注入 9ml 磷酸盐缓冲液或生理盐水的无菌试管中（注意吸管或吸头尖端不要触及稀释液面），振摇试管或换用 1 支 1ml 无菌吸管反复吹打，使其混合均匀，制成 1∶100 的样品匀液。

5）根据对样品污染状况的估计，按上述操作，依次制成十倍递增系列稀释样品匀液。每递增稀释 1 次，换用 1 支 1ml 无菌吸管或吸头。从制备样品匀液至样品接种完毕，全过程不得超过 15 分钟。

（2）初发酵试验 每个样品选择 3 个适宜的连续稀释度的样品匀液（液体样品可以选择原液），每个稀释度接种 3 管 LST 肉汤，每管接种 1ml（如接种量超过 1ml，则用双料 LST 肉汤），（36±1）℃培养

（24±2）小时，观察倒管内是否有气泡产生，（24±2）小时产气者进行复发酵试验（证实试验），如未产气则继续培养至（48±2）小时，产气者进行复发酵试验。未产气者为大肠菌群阴性。

（3）复发酵试验（证实试验） 用接种环从产气的 LST 肉汤管中分别取培养物 1 环，移种于 BGLB 肉汤管中，（36±1）℃培养（48±2）小时观察产气情况。产气者，计为大肠菌群阳性管。

3. 大肠菌群最可能数（MPN）的结果与报告 对检样用 MPN 计数法进行大肠菌群测定的原始记录，结果填入表 3-4 中，并根据产品标准判定该检样大肠菌群的安全情况。

根据复发酵试验确证的大肠菌群 BGLB 阳性管数，检索 MPN 表（附录一），报告每 1g（ml）样品中大肠菌群的 MPN 值。

表 3-4 大肠菌群最可能数法测定的原始记录和结果表

加样品量									
试管编号	1	2	3	4	5	6	7	8	9
初发酵实验									
复发酵实验									
各管大肠菌群判定									
检索表/［MPN/g（ml）］									
MPN/100g（ml）									

注：初发酵实验和复发酵实验结果表示：产气用"＋"，不产气用"－"表示。

（二）大肠菌群平板计数法

大肠菌群平板计数法是根据检样的污染程度，做不同倍数稀释，选择其中 2~3 个适宜的稀释度，与 VRBA 培养基混合，待琼脂凝固后，再加入少量 VRBA 培养基覆盖平板表层（以防止细菌蔓延生长），在一定培养条件下，计数平板上出现的大肠菌群和可疑菌落，再对其中 10 个可疑菌落用 BGLB 肉汤管进行证实实验后报告，称重取样以 CFU/g 为单位报告，体积取样以 CFU/ml 为单位报告。VRBA 培养基中，蛋白胨和酵母膏提供碳、氮源和微量元素；乳糖是可发酵糖类，氯化钠可维持均衡的渗透压；胆盐或 3 号胆盐和结晶紫能抑制革兰阳性菌，特别抑制革兰阳性杆菌和粪链球菌，通过抑制杂菌生长，而有利于大肠菌群的生长；中性红为 pH 指示剂，培养后如平板上出现能发酵乳糖产生紫红色菌落时，说明样品稀释液中存在符合大肠菌群的定义微生物，即"在37℃分解乳糖产酸产气"，因为还有少数其他微生物也有这样的特性，所以这样的菌落只能称为可疑菌落，还需要用 BGLB 肉汤管实验进一步证实。

1. 检验程序 大肠菌群平板计数法检验程序见图 3-5。

2. 操作步骤

（1）样品的稀释 将样品按无菌操作进行 10 倍的稀释。方法同大肠菌群 MPN 计数法。

（2）平板计数

1）选取 2~3 个适宜的连续稀释度，每个稀释度接种 2 个无菌平板，每皿 1ml。同时取 1ml 生理盐水加入无菌平板作空白对照。

2）及时将 15~20ml 融化并恒温至 46℃的 VRBA 倾注于每个平板中。小心旋转平板，将培养基与样液充分混匀，待琼脂凝固后，再加 3~4ml VRBA 覆盖平板表层。翻转平板，置于（36±1）℃培养 18~24 小时。

3. 大肠菌群平板计数的结果与报告

（1）平板菌落数的选择 选取菌落数在 15~150CFU 的平板，分别计数平板上出现的典型和可疑大肠菌群菌落（如菌落直径较典型菌落小）。典型菌落为紫红色，菌落周围有红色的胆盐沉淀环，菌落直

```
         ┌─────────────────────────────┐
         │          检样                │
         │ 25g（ml）样品+225ml稀释液，均质  │
         └─────────────────────────────┘
                      │
         ┌─────────────────────────────┐
         │       10倍系列稀释             │
         └─────────────────────────────┘
                      │
         ┌──────────────────────────────────────┐
         │ 选择2～3个适宜稀释度的样品匀液，倾注VRBA平板 │
         └──────────────────────────────────────┘
              （36±1）℃  │  （18~24）h
         ┌─────────────────────────────┐
         │       计数典型和可疑菌落         │
         └─────────────────────────────┘
                      │
         ┌─────────────────────────────┐
         │         BGLB肉汤              │
         └─────────────────────────────┘
              （36±1）℃  │  （24~48）h
         ┌─────────────────────────────┐
         │         报告结果              │
         └─────────────────────────────┘
```

图 3 - 5　大肠菌群平板计数法检验程序

径为 0.5mm 或更大，最低稀释度平板低于 15CFU 的记录具体菌落数。

（2）证实试验　从 VRBA 平板上挑取 10 个不同类型的典型和可疑菌落，少于 10 个菌落的挑取全部典型和可疑菌落。分别移种于 BGLB 肉汤管内，（36±1）℃培养 24～48 小时，观察产气情况。凡 BGLB 肉汤管产气，即可报告为大肠菌群阳性。

（3）大肠菌群平板计数的报告　对检样用平板计数法进行大肠菌群测定的原始记录和报告填入表 3 - 5 中。按照公式 3 - 2 计算结果，经最后证实为大肠菌群阳性的试管比例乘以"（3）"中计数的平板菌落数，再乘以稀释倍数，即为每 1g（ml）样品中大肠菌群数。例：10^{-4} 样品稀释液 1ml，在 VRBA 平板上有 100 个典型和可疑菌落，挑取其中 10 个接种 BGLB 肉汤管，证实有 6 个阳性管，则该样品的大肠菌群数为：（100×6/10）×10^4/g（ml）=6.0×10^5CFU/g（ml）。若所有稀释度（包括液体样品原液）平板均无菌落生长，则以小于 1 乘以最低稀释倍数计算。

$$N = \frac{\Sigma C}{nd} \cdot \frac{c_P}{c_T} \tag{3-2}$$

式中，N 为样品中大肠菌群数；ΣC 为平板（含适宜范围菌落数的平板）上典型和可疑菌落数之和；c_T 为平板上挑取的大肠菌群菌落数；c_P 为证实为阳性的大肠菌群菌落数；n 为适宜稀释度平板个数；d 为稀释因子。

表 3 - 5　大肠菌群平板计数法测定的原始记录和结果表

皿次	原液	10^{-1}	10^{-2}	10^{-3}	空白
1					
2					
平均					
计数稀释度			计数菌数		
证实实验结果					
结果报告／［CFU/g（ml）］					

知识链接

大肠菌群、粪大肠菌群和大肠埃希氏菌检验方法对比

1. 定义

（1）大肠菌群（colifoms）　一群在36℃培养48小时可发酵乳糖产酸产气、需氧或兼性厌氧的革兰阴性无芽孢杆菌。该菌主要来源自人畜粪便，作为粪便污染指标评价食品的卫生状况，推断食品中肠道致病菌污染的可能。

（2）粪大肠菌群（fecal colifoms）　也称耐热大肠菌群。指大肠菌群中能在44.5℃生长、发酵乳糖产生气体的一群细菌。

（3）大肠埃希菌（Escherichia coli）　是人和温血动物肠道内普遍存在的细菌，是粪便中的主要菌种。一般生活在人大肠中并不致病，但它侵入人体一些部位时，可引起感染。主要有：O抗原、K抗原、H抗原。

（4）致泻性大肠埃希菌　能侵入肠黏膜上皮细胞，引起食物中毒的大肠埃希菌。主要有产毒性、致病性、肠出血性、侵袭性、黏附性大肠埃希菌。

2. 检验方法标准

（1）GB 4789.3—2016《食品安全国家标准 食品微生物学检验 大肠菌群计数》

（2）GB 4789.38—2012《食品安全国家标准 食品微生物学检验 大肠埃希氏菌计数》

（3）GB 4789.39—2013《食品安全国家标准 食品微生物学检验 粪大肠菌群计数》

（4）GB 4789.6—2016《食品安全国家标准 食品微生物学检验 致泻大肠埃希氏菌检验》

（5）GB 4789.36—2016《食品安全国家标准 食品微生物学检验 大肠埃希氏菌 O157：H7/NM 检验》

任务四　霉菌和酵母菌计数技术 微课2

PPT

（参考 GB 4789.15—2016《食品安全国家标准 食品微生物学检验 霉菌和酵母计数》）

一、生物学概述

霉菌和酵母菌都是真菌，广泛分布于外界环境中，与人们日常生活联系十分密切。它们在食品上可以作为正常菌相一部分，或者作为空气传播性污染物，在消毒不适当的设备上也可被发现。各类食品特别是植物性食品或原料由于遭到霉菌和酵母菌的侵染，常常会发生霉坏变质，造成经济损失。有些霉菌［黄曲霉（A. flavus）、灰绿曲霉（A. glaucus）、纯绿青霉（Penicillium viridicatum）等］能在食品谷物上生长并产生真菌毒素。其中，黄曲霉毒素有明显的致癌作用，严重危害消费者的身体健康。常见的霉菌有毛霉菌（Mucor）、根霉菌（Rhizopus）、曲霉（Aspergillus）、青霉（Penicillium）等9类。现今发现对粮食造成污染的霉菌有150多种，检测粮食中的霉菌，对于指导粮食储备、保护人类和动物饮食安全意义重大。酵母菌在酿造、食品、医药工业等方面占有重要地位。酵母菌有1000多种，与食品有关的酵母菌主要有假丝酵母、啤酒酵母、面包酵母等。致病性的酵母菌含量过高会引起深部真菌感染。因此，对食品中霉菌和酵母菌数量的监测是十分必要的。

霉菌和酵母菌总数是指食品检样经过处理，在一定条件下（如培养基、培养温度和培养时间、pH、

需氧性质等）培养后，所得 1g 或 1ml 检样中所含的霉菌和酵母菌菌落数。霉菌和酵母菌总数主要作为判定食品被霉菌和酵母菌污染程度的标志，以便对被检样品进行安全学评价时提供依据。也可以应用这一方法观察霉菌和酵母菌在食品中繁殖的动态，以便对被检样品贮藏安全性评价时提供依据。

（一）霉菌

霉菌（moulds）是形成分枝菌丝的真菌统称。其特点是菌丝体较发达，无较大子实体。

霉菌体的基本构成单位称为菌丝，呈长管状，宽度 2~10μm，可不断自前端生长并分枝。无隔或有隔，具 1 至多个细胞核。在固体基质上生长时，部分菌丝深入基质吸收养料，称为基质菌丝或营养菌丝；向空中伸展的称气生菌丝，可进一步发育为繁殖菌丝，产生孢子。大量菌丝交织成绒毛状、絮状或网状等，称为菌丝体。菌丝体常呈白色、褐色、灰色，或呈鲜艳的颜色［菌落为白色毛状的是毛霉（*Mucor*），绿色的为青霉（*Penicillium*），黄色的为黄曲霉（*A. flavus*）］，有的可产生色素使基质着色。

霉菌的菌落是由分枝状菌丝组成，因菌丝较粗长，呈绒毛状，絮状，蜘蛛状。成熟的霉菌菌落多少有各种颜色的孢子形成，随种而异。

（二）酵母菌

酵母菌（*Saccharomyce*）是一个俗称，是一群比细菌大得多的单细胞真核微生物，在自然界中主要分布在含糖较高的偏酸性环境中。

酵母菌是单细胞个体，形态依种类不同而多种多样，常见有球状、椭球形、卵球状、柠檬状、香肠状等。酵母菌细胞比细菌细胞要大，一般为（5~30）μm×（1~5）μm。

酵母菌的菌落形态同细菌菌落相似，一般呈圆形、光滑、湿润、易挑起，但由于酵母菌细胞不能运动，往往更大、更厚，多数不透明。

二、设备和材料

培养箱：（28±1）℃；拍打式均质器及均质袋；电子天平：感量 0.1g；旋涡混合器；恒温水浴箱：（46±1）℃；显微镜：10~100 倍；测微器：具标准刻度的玻片；微生物实验室常规灭菌及培养设备。无菌锥形瓶：容量 500ml；无菌吸管：1ml（具 0.01ml 刻度）、10ml（具 0.1ml 刻度）；无菌试管：18mm×180mm；无菌平板：直径 90mm；微量移液器及枪头：1.0ml；折光仪；郝氏计测玻片：具有标准计测室特制玻片；盖玻片。

三、培养基和试剂

马铃薯葡萄糖琼脂、孟加拉红琼脂（倾注平板前，用少量乙醇溶解氯霉素加入培养基中）。无菌磷酸盐缓冲液、无菌生理盐水。

四、霉菌和酵母菌的计数方法

食品中霉菌和酵母菌的计数方法主要包括霉菌和酵母菌平板计数法和霉菌直接镜检计数法。其中，第一法霉菌和酵母平板计数法主要适用于各类食品中霉菌和酵母菌计数，第二法适用于番茄酱罐头、番茄汁中霉菌计数。

（一）霉菌和酵母菌平板计数法（第一法）

1. 检验程序 霉菌和酵母菌平板计数法检验程序见图 3-6。

```
┌─────────────┐
│    检样     │
└─────────────┘
       │
       ▼
┌─────────────────────────────────┐
│ 25g（ml）样品+225ml稀释液，均质  │
└─────────────────────────────────┘
       │
       ▼
┌─────────────┐
│ 10倍系列稀释 │
└─────────────┘
       │
       ▼
┌──────────────────────────────────────────┐
│ 选择2～3个适宜稀释度的样品匀液，每个平皿加入1ml，│
│         每个稀释度做两个平行              │
└──────────────────────────────────────────┘
       │
       ▼
┌────────────────────────────────────────┐
│ 每皿加入20～25ml马铃薯葡萄糖琼脂或孟加拉红琼脂 │
└────────────────────────────────────────┘
       │  (28±1)℃  5天
       ▼
┌─────────────┐
│   菌落计数   │
└─────────────┘
       │
       ▼
┌─────────────┐
│    报告     │
└─────────────┘
```

图 3 – 6　霉菌和酵母菌平板计数法检验程序

2. 操作步骤

（1）样品的稀释

1）固体和半固体样品：称取 25g 样品至盛有 225ml 无菌稀释液（蒸馏水或生理盐水或磷酸盐缓冲液），充分振摇，或用拍打式均质器拍打 1～2 分钟，制成 1∶10 的样品匀液。

2）液体样品：以无菌吸管吸取 25ml 样品至盛有 225ml 无菌稀释液（蒸馏水或生理盐水或磷酸盐缓冲液）的适宜容器内（可在瓶内预置适当数量的无菌玻璃珠）或无菌均质袋中，充分振摇，或用拍打式均质器拍打 1～2 分钟，制成 1∶10 的样品匀液。

3）取 1ml 1∶10 样品匀液注入含有 9ml 无菌稀释液的试管中，另换一支 1ml 无菌吸管反复吹吸，或在旋涡混合器上混匀，此液为 1∶100 样品匀液。

4）按 3）操作，制备 10 倍递增系列稀释样品匀液。每递增稀释一次，换用 1 支 1ml 无菌吸管。

（2）培养

1）根据对样品污染状况的估计，选择 2～3 个适宜稀释度的样品匀液（液体样品可包括原液），在进行 10 倍递增稀释的同时，每个稀释度分别吸取 1ml 样品匀液于 2 个无菌平板内。同时分别取 1ml 样品稀释液加入 2 个无菌平板作空白对照。

2）及时将 20～25ml 冷却至 46℃的马铃薯葡萄糖琼脂或孟加拉红琼脂［可放置于（46±1）℃恒温水浴箱中保温］倾注平板，并转动平板使其混合均匀，置水平台面待培养基完全凝固。

3）琼脂凝固后，正置平板，置（28±1）℃培养箱中培养，观察并记录培养至第 5 天结果。

（3）菌落计数

1）用肉眼观察，必要时可用放大镜或低倍镜，记录各稀释倍数和相应的霉菌和酵母菌数。以 CFU 表示。

2）选取菌落数在 10～150CFU 的平板，根据菌落形态分别计数霉菌和酵母菌。霉菌蔓延生长覆盖整个平板的可记录为菌落蔓延。

3. 结果与报告

（1）结果分析

1）如果只有一个稀释度平板上的平均菌落在适宜计数范围内（10～150CFU），则按公式3-3计算同一稀释度的两个平板菌落数的平均值，再将平均值乘以相应的稀释倍数。

$$N = \frac{\Sigma C}{nd} \tag{3-3}$$

式中，N 为样品中菌落数；ΣC 为平板（含适宜范围菌落数的平板）菌落数之和；n 为适宜稀释度平板个数；d 为稀释因子（第一稀释度）。

2）若有两个连续稀释度的平板菌落数在适宜计数范围内时，按公式3-4计算：

$$N = \frac{\Sigma C}{(n_1 + 0.1 \times n_2)d} \tag{3-4}$$

式中，N 为样品中菌落数；ΣC 为平板（含适宜范围菌落数的平板）菌落数之和；n_1 为第一稀释度（低稀释倍数）平板个数；n_2 为第二稀释度（高稀释倍数）平板个数；d 为稀释因子（第一稀释度）。

3）若所有平板上菌落数均大于150CFU，则对稀释度最高的平板进行计数，其他平板可记录为多不可计，结果按平均菌落数乘以最高稀释倍数计算。

4）若所有平板上菌落数均小于10CFU，则应按稀释度最低的平均菌落数乘以稀释倍数计算。

5）若所有稀释度（包括液体样品原液）平板均无菌落生长，则以小于1乘以最低稀释倍数计算。

6）若所有稀释度的平板菌落数均不在10～150CFU，其中一部分小于10CFU或大于150CFU时，则以最接近10CFU或150CFU的平均菌落数乘以稀释倍数计算。

（2）报告

1）将检样的霉菌和酵母菌计数的原始记录和结果填入表3-6中，并根据产品标准评价检样霉菌和酵母菌总数的安全状况。

2）菌落数按"四舍五入"原则修约。菌落数在10以内时，采用1位有效数字报告；菌落数在10～100CFU时，采用2位有效数字报告。

3）菌落数大于等于100CFU时，第3位数字采用"四舍五入"原则修约后，取前2位数字，后面用0代替位数来表示结果；也可用10的指数形式来表示，此时也按"四舍五入"原则修约，采用2位有效数字。

4）若空白对照平板上有菌落出现，则此次检测结果无效。

5）称重取样以CFU/g为单位报告，体积取样以CFU/ml为单位报告，报告或分别报告霉菌和（或）酵母菌数。

表3-6 霉菌和酵母菌技术的原始记录和结果表

皿次	原液	10^{-1}	10^{-2}	10^{-3}	空白
1					
2					
平均值					
计数稀释度			计数菌数		
结果报告/〔CFU/g（ml）〕					

（二）霉菌直接镜检计数法（第二法）

1. 检验程序 霉菌直接镜检计数法检验程序见图3-7。

图3-7 霉菌直接镜检计数法检验程序

2. 操作步骤

（1）检样的制备 取适量检样，加蒸馏水稀释至折光指数为 1.3447～1.3460（即浓度为 7.9%～8.8%），备用。

（2）显微镜标准视野的校正 将显微镜按放大率 90～125 倍调节标准视野，使其直径为 1.382mm。

（3）涂片 洗净郝氏计测玻片，将制好的标准液，用玻璃棒均匀摊布于计测室，加盖玻片，以备观察。

（4）观测 将制好的载玻片置于显微镜标准视野下进行观测。一般每一检样每人观察 50 个视野。同一检样应由两人进行观察。

3. 结果与报告

（1）观察与计算 在标准视野下，发现有霉菌菌丝其长度超过标准视野（1.383mm）的 1/6 或三根菌丝总长度超过标准视野的 1/6（即测微器的一格）时即记录为阳性（＋），否则记录为阴性（－）。

（2）报告 报告每 100 个视野中全部阳性视野为霉菌的视野百分数（视野%）。

练 习 题

答案解析

1. 请简述食品微生物检验工作对于实验室的要求。

2. 请简述标准菌株的保存方法。

3. 请简述质量控制包含哪些方面？

4. 简述不同食品的取样方案是依据什么确定的？二级采样方案和三级采样方案的区别及其适用情况。

5. 不同物理状态的样品如何正确取样？

6. 菌落总数和细菌总数有何区别？

7. 如何正确选择稀释度？

8. 菌落计数时应注意哪些问题？菌落总数结果如何正确报告？

9. 什么是大肠菌群？说明食品中测定大肠菌群的意义。大肠菌群具有哪些生物学特性？为什么食品中大肠菌群的检验要经过复发酵试验才能证实？

10. 说明霉菌、酵母菌数的测定与菌落总数的测定有什么不同和相同之处？

书网融合……

| 本章小结 | 微课1 | 微课2 | 题库 |

食品中常见病原微生物检验技术

学习目标

知识目标

1. **掌握** 常见致病菌食品安全国家标准检验的方法。
2. **熟悉** 常见致病菌的生物学特性。
3. **了解** 常见致病菌引起食源性疾病的原因及其毒力因子。

技能目标

1. 会使用常见致病菌检验过程中相关仪器和设备；常见致病菌生化试验的操作方法和结果判定。
2. 能规范处理常见致病菌检验过程中检样；所用培养基和试剂的制备方法。
3. 能运用常见致病菌食品安全国家标准检验的方法，进行食品中相关致病菌的检测。

素质目标

1. 通过学习检验技术，增强对食品安全重要性的认识，培养对公众健康的责任感。
2. 通过实践操作，提高专业技能和实验操作的规范性。
3. 了解和遵守相关食品安全法规，强化法律意识。

情境导入

"伤寒玛丽"的"真凶"

情境：玛丽·梅伦，1869 年生于爱尔兰，后移民美国。她因出色的烹饪技能成为厨师，却因携带伤寒病菌而成为历史上著名的无症状传播者。玛丽在多个家庭和医院工作期间，多次引发伤寒疫情，尽管她自己从未出现症状。1907 年，研究员乔治·索珀确认她为带菌者，但玛丽拒绝合作。经过法律斗争，她被隔离三年。释放后，她改名继续厨师工作，再次引发疫情。最终，玛丽被判处终身隔离，直至1938 年因肺炎去世，享年69 岁。

讨论　1. 什么是沙门菌？

2. 哪些人群感染沙门菌的风险高？

3. 什么食物或物品可以引起人类感染沙门菌？

4. 如何检测食品中的沙门菌？

任务一　沙门菌检验技术

（参考 GB 4789.4—2024《食品安全国家标准 食品微生物学检验 沙门氏菌检验》）

PPT

一、生物学概述

沙门菌属是一大群寄生于人类和动物肠道，血清学上相关的需氧、无芽孢、革兰阴性杆菌，其生化反应和抗原构造相似，周身鞭毛，能运动，不发酵侧金盏花醇、乳糖及蔗糖，不液化明胶，不产生靛基质，不分解尿素，能有规律地发酵葡萄糖并产酸产气。

沙门菌属种类繁多，少数对人致病，其他对动物致病，偶尔可传染给人。沙门菌主要引起人类伤寒、副伤寒等食源性疾病或败血症。在世界各地的食源性疾病中，沙门菌引起的食源性疾病常占首位。

食品中沙门菌的检验方法有五个基本步骤：前增菌→选择性增菌→选择性平板分离→生化试验、鉴定到属→血清学分型鉴定。

目前检验食品中的沙门菌是以统计学取样方案为基础，25g食品样本为标准分析单位。

二、设备和材料

沙门菌（对照菌株）。冻肉、蛋制品、乳制品等。天平（称取检样用）、均质器或乳钵、显微镜、广口瓶、锥形瓶、吸管、平板、试管、金属匙或玻璃棒、接种棒、试管架。

三、培养基和试剂

缓冲蛋白胨水（BPW）、四硫磺酸钠煌绿（TTB）增菌液、氯化镁孔雀绿大豆胨（RVS）增菌液、亚硫酸铋（BS）琼脂、HE琼脂、木糖赖氨酸脱氧胆盐（XLD）琼脂、三糖铁（TSI）琼脂、营养琼脂（NA）、半固体琼脂、尿素培养基、赖氨酸脱羧酶试验培养基、丙二酸钠培养基、氰化钾（KCN）培养基、ONPG培养基等。蛋白胨水、缓冲葡萄糖蛋白胨水、沙门菌A～F多价诊断血清、生化鉴定试剂盒（吲哚试剂、V－P试剂、甲基红试剂、氧化酶试剂、革兰染液等）。

四、检验程序

沙门菌检验程序见图4－1。

五、操作步骤

1. 预增菌 无菌操作取25g（ml）样品，置于盛有225ml BPW的无菌均质杯中，以8000～10000r/min均质1～2分钟，或置于盛有225ml BPW的无菌均质袋内，用拍打式均质器拍打1～2分钟。对于液态样品，也可置于盛有225ml BPW的无菌锥形瓶或其他合适容器中振荡混匀。如需调节pH时，用1mol/L NaOH或HCl调pH值至6.8±0.2。无菌操作将样品转至500ml锥形瓶或其他合适容器内（如均质杯本身具有无孔盖或使用均质袋时，可不转移样品），置于（36±1）℃培养8～18小时。

对于乳粉，无菌操作称取25g样品，缓缓倾倒在广口瓶或均质袋内225ml BPW的液体表面，勿调节pH，也暂不混匀，室温静置（60±5）分钟后再混匀，置于（36±1）℃培养16～18小时。

冷冻样品如需解冻，取样前在40～45℃的水浴中解冻不超过15分钟，或在2～8℃冰箱缓慢化冻不超过18小时。

2. 选择性增菌 轻轻摇动预增菌的培养物，移取0.1ml转种于10ml RVS中，混匀后于（42±1）℃培养18～24小时。同时，另取1ml转种于10ml TTB中后混匀，低背景菌的样品（如深加工的预包装食品等）置于（36±1）℃培养18～24小时，高背景菌的样品（如生鲜禽肉等）置于（42±1）℃培养18～

图4-1 沙门菌检验程序

24 小时。

如有需要，可将预增菌的培养物在 2~8℃ 冰箱保存不超过 72 小时，再进行选择性增菌。

3. 分离 振荡混匀选择性增菌的培养物后，用直径 3mm 的接种环取每种选择性增菌的培养物各一环，分别划线接种于一个 BS 琼脂平板和一个 XLD 琼脂平板（也可使用 HE 琼脂平板、沙门菌显色培养基平板或其他合适的分离琼脂平板），于（36±1）℃分别培养 40~48 小时（BS 琼脂平板）或 18~24 小时（XLD 琼脂平板、HE 琼脂平板、沙门菌显色培养基平板），观察各个平板上生长的菌落，是否符合表 4-1 的菌落特征。

如有需要，可将选择性增菌的培养物在 2~8℃ 冰箱保存不超过 72 小时，再进行分离。

表 4-1 不同分离琼脂平板上沙门菌的菌落特征

分离琼脂平板	菌落特征
BS 琼脂	菌落为黑色有金属光泽、棕褐色或灰色，菌落周围培养基可呈黑色或棕色；有些菌株形成灰绿色的菌落，周围培养基不变色
XLD 琼脂	菌落呈粉红色，带或不带黑色中心，有些菌株可呈现大的带光泽的黑色中心，或呈现全部黑色的菌落；有些菌株为黄色菌落，带或不带黑色中心
HE 琼脂	蓝绿色或蓝色，多数菌落中心黑色或几乎全黑色；有些菌株为黄色，中心黑色或几乎全黑色
沙门菌显色培养基	符合相应产品说明书的描述

4. 生化试验 🄴微课

（1）挑取 4 个以上典型或可疑菌落进行生化试验，这些菌落宜分别来自不同选择性增菌液的不同分离琼脂；也可先选其中一个典型或可疑菌落进行试验，若鉴定为非沙门菌，再取余下菌落进行鉴定。将典型或可疑菌落接种三糖铁琼脂，先在斜面划线，再于底层穿刺；同时接种赖氨酸脱羧酶试验培养基和营养琼脂（或其他合适的非选择性固体培养基）平板，于（36±1）℃培养 18~24 小时。三糖铁和赖氨酸脱羧酶试验的结果及初步判断见表 4-2。将已挑菌落的分离琼脂平板于 2~8℃保存，以备必要时复查。

表 4-2 三糖铁和赖氨酸脱羧酶试验结果及初步判断

三糖铁				赖氨酸脱羧酶	初步判断
斜面	底层	产气	硫化氢		
K	A	+ (-)	+ (-)	+	疑似沙门菌
K	A	+ (-)	+ (-)	-	疑似沙门菌
A	A	+ (-)	+ (-)	+	疑似沙门菌
A	A	+/-	+/-	-	非沙门菌
K	K	+/-	+/-	+/-	非沙门菌

注：K. 产碱；A. 产酸；+. 阳性；-. 阴性；+ (-). 多数阳性，少数阴性；+/-. 阳性或阴性。

沙门菌可发酵葡萄糖，不发酵乳糖和蔗糖，底层产酸，由于葡萄糖量少，发酵完后利用蛋白胨产碱，且量大于酸，中和后变为碱性，若沙门菌试验为 K/A 模式，判定为可疑。

如果赖氨酸脱羧酶实验为阳性，而三糖铁为 A/A 模式，即利用了赖氨酸产碱，但量不够，在底层、斜面产酸量较大，说明利用了乳糖或者蔗糖，部分沙门菌具有这样的性质，判定为可疑。

如果赖氨酸脱羧酶实验为阴性，而三糖铁为 A/A 模式，说明底层、斜面产酸，没有一种沙门菌具有这样的性质，故判定为非沙门菌。

如果为 K/K 模式，说明斜面、底层产碱，没有发酵葡萄糖，而沙门菌可以发酵葡萄糖的，所以无论赖氨酸脱羧酶试验结果如何，均为非沙门菌。

初步判断为非沙门菌者，直接报告结果。对疑似沙门菌者，从营养琼脂平板上挑取其纯培养物接种蛋白胨水（供做靛基质试验）、尿素琼脂（pH 7.2）、氰化钾（KCN）培养基，也可在接种三糖铁琼脂和赖氨酸脱羧酶试验培养基的同时，接种以上 3 种生化试验培养基，于（36±1）℃培养 18~24 小时，按表 4-3 判定结果。

表 4-3 生化试验结果鉴别表（一）

序号	硫化氢	靛基质	尿素（pH 7.2）	氰化钾	赖氨酸脱酸酶
A1	+	-	-	-	+
A2	+	+	-	-	+
A3	-	-	-	-	+/-

注：+. 阳性；-. 阴性；+/-. 阳性或阴性。

符合表 4-3 中 A1 者，为沙门菌典型的生化反应，进行血清学鉴定后报告结果。尿素、氰化钾和赖氨酸脱羧酶中如有 1 项不符合 A1，按表 4-4 进行结果判断；尿素、氰化钾和赖氨酸脱羧酶中如有 2 项不符合 A1，判断为非沙门菌并报告结果。

表 4-4　生化试验结果鉴别表（二）

尿素（pH 7.2）	氰化钾	赖氨酸脱羧酶	判断结果
-	-	-	甲型副伤寒沙门菌（要求血清学鉴定结果）
-	+	+	沙门菌Ⅳ或Ⅴ（符合该亚种生化特性并要求血清学鉴定结果）
+	-	+	沙门菌个别变体（要求血清学鉴定结果）

注：+. 阳性；-. 阴性。

生化试验结果符合表 4-3 中 A2 者，补做甘露醇和山梨醇试验，沙门菌（靛基质阳性变体）的甘露醇和山梨醇试验结果均为阳性，其结果报告还需进行血清学鉴定。

生化试验结果符合表 4-3 中 A3 者，补做 ONPG 试验。沙门菌的 ONPG 试验结果为阴性，且赖氨酸脱羧酶试验结果为阳性，但甲型副伤寒沙门菌的赖氨酸脱羧酶试验结果为阴性。生化试验结果符合沙门菌者，进行血清学鉴定。

5. 血清学鉴定

（1）培养物自凝性检查　一般采用琼脂含量为 1.2% ~ 1.5% 的纯培养物进行玻片凝集试验。首先进行自凝性检查，在洁净的玻片上滴加一滴生理盐水，取适量待测菌培养物与之混合，成为均一性的浑浊悬液，将玻片轻轻摇动 30 ~ 60 秒，在黑色背景下观察反应（必要时用放大镜观察），若出现可见的菌体凝集，即认为有自凝性，反之无自凝性。

（2）多价菌体抗原（O）鉴定　在玻片上划出两个约 1cm×2cm 的区域，挑取待测菌培养物，各放约一环于玻片上的每一区域上部，在其中一个区域下部加一滴多价菌体（O）血清，在另一区域下部加入一滴生理盐水，作为对照。再用无菌的接种环或针将两个区域内的待测菌培养物分别与血清和生理盐水研成乳状液。将玻片倾斜摇动混合 1 分钟，并对着黑暗背景进行观察，与对照相比，出现可见的菌体凝集者为阳性反应。O 血清不凝集时，将菌株接种在琼脂含量较高（如 2% ~ 3%）的培养基上培养后再鉴定，如果是由于 Vi 抗原的存在而阻止了 O 血清的凝集反应时，可挑取待测菌培养物在 1ml 生理盐水中制成浓菌液，在沸水中水浴 20 ~ 30 分钟，冷却后再进行鉴定。

（3）多价鞭毛抗原（H）鉴定　按（2）的操作，将多价菌体（O）血清换成多价鞭毛（H）血清，进行多价鞭毛抗原（H）鉴定。H 抗原发育不良时，将菌株接种在半固体琼脂平板的中央，待菌落蔓延生长时，在其边缘部分取菌鉴定；或将菌株接种在装有半固体琼脂的小玻管培养 1 ~ 2 代，自远端取菌再进行鉴定。

六、结果与报告

综合以上生化试验和血清学鉴定的结果，报告 25g（ml）样品中检出或未检出沙门菌。

任务二　志贺菌检验技术

PPT

（参考 GB 4789.5—2012《食品安全国家标准 食品微生物学检验 志贺氏菌检验》）

一、生物学概述

（一）简介

志贺菌因日本志贺洁在1898年首次分离得到而命名，是人类重要的肠道致病菌之一。食物源性的痢疾暴发患者主要是食用了污染志贺菌的食品或水所致。志贺菌属主要有菌体抗原（O抗原）而无鞭毛抗原（H抗原），个别菌型及新分离菌株有K抗原。K抗原在分类上无意义，但可阻止O抗原与O抗体的结合。O抗原是分类的依据，分为群特异抗原和型特异抗原，借此将志贺菌属分为4群（种）48个血清型（包括亚型）。A群：又称痢疾志贺菌（*Sh. dysenteriae*），B群：又称福氏志贺菌（*Sh. flexneri*），C群：又称鲍氏志贺菌（*Sh. boydii*），D群：又称宋内志贺菌（*Sh. sonnei*）。从生物化学特性看，除A群外，B、C、D群志贺菌均能发酵甘露醇；除D群外，A、B、C群志贺菌均无鸟氨酸脱羧酶。根据流行病学调查，我国主要以福氏志贺菌为主，但近年来，志贺菌1型的细菌性痢疾已发展为世界性流行趋势，我国至少在10个省、区发生了不同规模流行。

（二）培养特性

志贺菌为需氧或兼性厌氧，但厌氧时生长不很旺盛；对营养要求不高，在普通琼脂培养基上易于生长；在10～40℃范围内可生长，最适生长温度为37℃左右。最适生长pH值为7.2；在HE、EMB、SS等固体培养基上，培养18～24小时后，形成圆形、突起、透明，直径2～3mm、表面光滑、湿润、边缘整齐，不发酵乳糖的菌落。

（三）形态与染色

志贺菌革兰染色阴性，两侧平行、末端钝圆的短杆菌，与其他肠道杆菌相似，无荚膜，无鞭毛，不形成芽孢。

（四）生化特性

志贺菌的氧化酶试验阴性，一般不发酵乳糖、蔗糖和棉子糖，发酵葡萄糖产酸不产气，无动力。发酵甘露醇，TSI反应为K/A型，甲基红和硝酸盐还原反应为阳性，V-P、枸橼酸盐、硫化氢、尿酶反应均为阴性。

（五）鉴定要点

1. 在鉴定平板上为无色透明或半透明菌落，TSI反应为K/A型，无动力，不产硫化氢，V-P、枸橼酸盐、硫化氢、尿酶反应均为阴性。

2. 符合"1."项下所有特征者，用4种多价血清进行鉴定，若血清凝集，则采用单价血清进行诊断。

3. 注意四种志贺菌生化反应的区别，见表4-5。

表4-5 志贺菌属四个群的生化特征

种和群	β-半乳糖苷酶	靛基质	甘露醇	棉子糖	甘油	葡萄糖铵	西蒙枸橼酸盐	黏液酸盐
A群：痢疾志贺菌	-	-/+	-	-	(+)			
B群：福氏志贺菌	-	(+)	+	+	-			-
C群：鲍氏志贺菌	-	-/+	+	-	(+)			-
D群：宋内志贺菌	+	-	+	+	d	-	-	d
大肠埃希菌	+	+/-	+	+	d	-	d	+
A-D菌	+	+	+	d	d	+	d	d

注：+. 阳性；-. 阴性；-/+. 多数阴性；+/-. 多数阳性；（+）. 迟缓阳性；d. 有不同生化型。

（六）志贺菌检测标准

志贺菌引起的细菌性痢疾是最常见的肠道传染病，夏、秋两季患者最多。传染源主要为患者和带菌者，通过污染了志贺菌的食物、饮水等经口感染。1984年我国就制定了国家标准，采用传统培养及生化反应和血清来鉴定的方法。随着生物技术的发展，建立了志贺菌的聚合酶链式反应－变性高效液相色谱技术（multiplex polymerase chain reaction－denaturing high－performance liquid chromatography，MPCR－DHPLC）法及环介导等温扩增技术（loop－mediated isothermal amplification，LAMP）检测方法，并分别与2005年和2011年写入进出口标准。目前在用的标准如下。

（1）GB 4789.5—2012《食品安全国家标准 食品微生物学检验 志贺氏菌检验》。

（2）GB/T 8381.2—2005《饲料中志贺氏菌的检测方法》。

（3）SN/T 2565—2010《食品中志贺氏菌分群检测 MPCR－DHPLC 法》。

（4）SN/T 2754.3—2011《出口食品中致病菌环介导恒温扩增（LAMP）检测方法 第3部分：志贺氏菌》。

（七）相关产品或卫生限量标准

目前，我国大部分食品卫生及产品标准规定了志贺菌限量为不得检出，包括：食糖、调味品、馒头、糕点、饮料、湿米粉、熟肉制品、月饼、发酵酒类、水、水产品、干货蜜饯类、油炸小食品等产品，而乳制品食品安全国家标准、速冻面米制品中食品安全国家标准（GB 19925，GB 29921）中未对志贺菌进行限量值的规定。

二、设备和材料

冰箱：2~5℃；恒温培养箱：（36±1）℃；均质器：8000~10000r/min；乳钵或拍打式均质器；天平：感量0.1g；试管：15mm×150mm、18mm×180mm；吸管：1ml、10ml；培养皿：90mm；锥形瓶：500ml、250ml。

三、培养基和试剂

志贺菌增菌肉汤－新生霉素、麦康凯（MAC）琼脂、木糖赖氨酸脱氧胆酸盐（XLD）琼脂、志贺菌显色培养基、三糖铁（TSI）琼脂、营养琼脂斜面、半固体琼脂、葡萄糖铵培养基、尿素琼脂、β－半乳糖苷酶培养基、氨基酸脱羧酶试验培养基、糖发酵管、西蒙枸橼酸盐培养基、黏液酸盐培养基、蛋白胨水、靛基质试剂、志贺菌属诊断血清、生化鉴定试剂盒。

四、检验程序

志贺菌检验流程图见图4-2。

五、操作步骤

（一）增菌

以无菌操作取检样25g（ml），加入装有225ml灭菌志贺菌增菌肉汤的均质杯，用旋转刀片式均质器以8000~10000r/min均质；或加入装有225ml志贺菌增菌肉汤的均质袋中，用拍打式均质器连续均质1~2分钟，液体样品振荡混匀即可。于（41.5±1）℃，厌氧培养16~20小时。

```
                    检样
      25g（或25ml）样品+志贺菌增菌肉汤225ml液

                    （41.5±1）℃，
                    16~20h厌氧培养

        XLD              MAC或志贺菌显色培养基

                    （36±1）℃，20~48h

               挑取可疑菌落

               TSI，半固体，
               营养琼脂斜面

      血清学分型              生化鉴定

            志贺菌属分群及分型结果

                  报告
```

图 4 - 2　志贺菌检验程序

（二）分离

取增菌后的志贺增菌液分别划线接种于 XLD 琼脂平板和 MAC 琼脂平板（或志贺菌显色培养基平板）上，于（36±1）℃培养 20～24 小时，观察各个平板上生长的菌落形态。宋内志贺菌的单个菌落直径大于其他志贺菌。若出现的菌落不典型或菌落较小不易观察，则继续培养至 48 小时再进行观察。志贺菌在不同选择性琼脂平板上的菌落特征见表 4－6。

表 4－6　志贺菌在不同选择性琼脂平板上的菌落特征

选择性琼脂平板	志贺菌的菌落特征
MAC 琼脂	无色至浅粉红色，半透明、光滑、湿润、圆形、边缘整齐或不齐
XLD 琼脂	粉红色至无色，半透明、光滑、湿润、圆形、边缘整齐或不齐
志贺菌显色培养基	按照显色培养基的说明进行判定

（三）初步生化试验

1. 自选择性琼脂平板上分别挑取 2 个以上典型或可疑菌落，分别接种 TSI、半固体和营养琼脂斜面各一管，置（36±1）℃培养 20～24 小时，分别观察结果。

2. 凡是三糖铁琼脂（TSI）中斜面产碱、底层产酸（发酵葡萄糖，不发酵乳糖、蔗糖）、不产气（福氏志贺菌 6 型可产生少量气体）、不产硫化氢、半固体管中无动力的菌株，挑取"1."项下已培养的营养琼脂斜面上生长的菌苔，进行生化试验和血清学分型。

（四）生化试验及附加生化试验

1. 生化试验　用上述已培养的营养琼脂斜面上生长的菌苔，进行生化试验，即 β－半乳糖苷酶、尿素、赖氨酸脱羧酶、鸟氨酸脱羧酶以及水杨苷和七叶苷的分解试验。除宋内志贺菌、鲍氏志贺菌 13 型的鸟氨酸阳性；宋内志贺菌和痢疾志贺菌 1 型，鲍氏志贺菌 13 型的 β－半乳糖苷酶为阳性以外，其余生化试验志贺菌属的培养物均为阴性结果。另外由于福氏志贺菌6型的生化特性和痢疾志贺菌或鲍氏志贺菌相似，必要时还需加做靛基质、甘露醇、棉子糖、甘油试验，也可做革兰染色检查和氧化酶试验，应为氧化酶阴性的革兰阴性杆菌。生化反应不符合的菌株，即使能与某种志贺菌分型血清发生凝集，仍不得判定为志贺菌属。志贺菌属生化特性见表4-7。

表4-7 志贺氏菌属四个群的生化特征

生化反应	A群：痢疾志贺菌	B群：福氏志贺菌	C群：鲍氏志贺菌	D群：宋内志贺菌
β-半乳糖苷酶	- a	-	- a	+
尿素	-	-	-	-
赖氨酸脱羧酶	-	-	-	-
鸟氨酸脱羧酶	-	-	- b	+
水杨苷	-	-	-	-
七叶苷	-	-	-	-
靛基质	-/+	(+)	-/+	-
甘露醇	-	+ c	+	+
棉子糖	-	+	-	+
甘油	(+)	-	(+)	d

注：+表示阳性；-表示阴性；-/+表示多数阴性；+/-表示多数阳性；(+)表示迟缓阳性；d表示有不同生化型。
a 痢疾志贺1型和鲍氏13型为阳性。
b 鲍氏13型为鸟氨酸阳性。
c 福氏4型和6型常见甘露醇阴性变种。

2. 附加生化实验 由于某些不活泼的大肠埃希菌（anaerogenic *E. coli*）、A-D（碱性-异型）菌的部分生化特征与志贺菌相似，并能与某种志贺菌分型血清发生凝集；因此前面生化实验符合志贺菌属生化特性的培养物还需另加葡萄糖铵、西蒙枸橼酸盐、黏液酸盐试验（36℃培养24~48小时）。志贺菌属和不活泼大肠埃希菌、A-D菌的生化特性区别见表4-8。

表4-8 志贺氏菌属和不活泼大肠埃希氏菌、A-D菌的生化特性区别

生化反应	A群：痢疾志贺菌	B群：福氏志贺菌	C群：鲍氏志贺菌	D群：宋内志贺菌	大肠埃希菌	A-D菌
葡萄糖铵	-	-	-	-	+	+
西蒙枸橼酸盐	-	-	-	-	d	d
黏液酸盐	-	-	-	d	+	d

注：1. +表示阳性；-表示阴性；d表示有不同生化型。
2. 在葡萄糖铵、西蒙枸橼酸盐、黏液酸盐试验三项反应中志贺菌一般为阴性，而不活泼的大肠埃希菌、A-D（碱性-异型）菌至少有一项反应为阳性。

3. 其他鉴定方法 如选择生化鉴定试剂盒或全自动微生物生化鉴定系统，可根据上述"五（三）2."项下的初步判断结果，用上述"五（三）1."项下已培养的营养琼脂斜面上生长的菌苔，使用生化鉴定试剂盒或全自动微生物生化鉴定系统进行鉴定。

六、结果与报告

综合以上生化和血清学试验结果，若生化试验和血清学鉴定均符合志贺菌的特性，可报告25g（ml）样品中检出志贺菌，否则报告25g（ml）样品中未检出志贺菌。

七、试验中难点和注意事项

1. 志贺菌的 GN 增菌液培养时间不宜过长。
2. 注意观察志贺菌在选择性培养基上生长特性，区别一般肠道菌的菌落形态。
3. 利用生化试验中三糖铁和葡萄糖半固体的反应可排除志贺菌的可能性。
4. 注意志贺菌生化特性和大肠埃希菌的区别。
5. 志贺菌血清学鉴定。

任务三　金黄色葡萄球菌检验技术

PPT

（参考 GB 4789.10—2016《食品安全国家标准 食品微生物学检验 金黄色葡萄球菌检验》）

一、生物学概述

葡萄球菌广泛分布于自然界中，在土壤、空气、水、物品及人和动物的皮肤、与外界相通的腔道中都有存在。葡萄球菌多为条件致病菌，大多数是非致病菌，少数有致病性，能引起人和动物各种化脓性疾病和葡萄球菌病。食品受到葡萄球菌的污染，在适宜条件下能产生肠毒素，引起食源性疾病。

（一）简介

1. 形态及染色　典型的金黄色葡萄球菌为球型，直径 0.8μm 左右，显微镜下排列成葡萄串状。金黄色葡萄球菌无芽孢、无鞭毛、无菌毛，大多数无荚膜，革兰染色阳性。其衰老、死亡或被白细胞吞噬后，以及耐药的某些菌株可被染成革兰阴性。

2. 培养特性　金黄色葡萄球菌营养要求不高，在普通培养基上生长良好，需氧或兼性厌氧，最适生长温度 37℃，最适生长 pH 7.4。有高度的耐盐性，可在 10%~15% NaCl 肉汤中生长。

在血琼脂平板上形成的菌落较大，大多数致病菌株菌落周围形成明显的全透明溶血环（β 溶血），也有不发生溶血者。凡溶血性菌株大多具有致病性。

在 Baird-Parker 平板上生长时，因将亚碲酸钾还原成碲酸钾使菌落呈灰黑色；因产生脂酶使菌落周围有一浑浊带，而在其外层因产生蛋白水解酶有一透明带。

3. 生化特性　分解葡萄糖、麦芽糖、乳糖、蔗糖，产酸不产气。致病菌株能液化明胶，在厌氧条件下分解甘露醇，产酸。不产生靛基质、甲基红反应阳性，V-P 反应弱阳性。许多菌株可分解精氨酸，水解尿素，还原硝酸盐，液化明胶。

4. 分类与分型　根据生化反应和产生色素不同，可分为金黄色葡萄球菌、表皮葡萄球菌和腐生葡萄球菌三种。其中金黄色葡萄球菌多为致病菌，表皮葡萄球菌偶尔致病，腐生葡萄球菌一般不致病。

5. 抗原结构　葡萄球菌抗原构造复杂，已发现的在 30 种以上，但其化学组成及生物学活性被了解的仅少数几种。

（二）流行病学

金黄色葡萄球菌肠毒素是个世界性卫生问题，在美国由金黄色葡萄球菌肠毒素引起的食源性疾病占整个细菌性食源性疾病的 33%，加拿大则更多，占 45%，我国每年发生的金黄色葡萄球菌食源性疾病事件也非常多。

金黄色葡萄球菌的流行病学特点：季节分布，多见于春夏季；引起食源性疾病的食品种类多，如奶、肉、蛋、鱼及其制品。此外，剩饭、油煎蛋、糯米糕及凉粉等引起的食源性疾病事件也有报道。上呼吸道感染患者鼻腔带菌率高达 83%，所以人畜化脓性感染部位常成为污染源或传染源。

金黄色葡萄球菌往往通过以下途径污染食品：感染金黄色葡萄球菌的食品加工人员、炊事员或销售人员，造成食品污染；食品在加工前本身带菌，或在加工过程中受到了污染，产生了肠毒素，引起食物中毒；熟食制品包装不严，运输过程受到污染；奶牛患化脓性乳腺炎或禽畜局部化脓时，对肉体其他部位的污染。

肠毒素形成条件：存放温度在 37℃ 内，温度越高，产毒时间越短；存放地点通风不良氧分压低易形成肠毒素；食物含蛋白质丰富，水分多，同时含一定量淀粉，则肠毒素易生成。

（三）致病性

金黄色葡萄球菌是人类化脓感染中最常见的病原菌，可引起局部化脓感染，也可引起肺炎、伪膜性肠炎、心包炎等，甚至败血症、脓毒症等全身感染。

金黄色葡萄球菌的致病力强弱主要取决于其产生的毒素和侵袭性酶。

1. 溶血毒素　外毒素，分 α、β、γ、δ 四种，能损伤血小板，破坏溶酶体，引起肌体局部缺血和坏死。

2. 杀白细胞素　可破坏人的白细胞和巨噬细胞。

3. 血浆凝固酶　能使含有枸橼酸钠或肝素抗凝剂的兔或人血发生凝固。大多致病性葡萄球菌能产生此酶，是鉴别葡萄球菌有无致病性的重要指标。当金黄色葡萄球菌侵入人体时，该酶使血液或血浆中的纤维蛋白沉积于菌体表面或凝固，阻碍吞噬细胞的吞噬作用。

4. 脱氧核糖核酸酶　金黄色葡萄球菌产生的脱氧核糖核酸酶能耐受高温，可用来作为依据鉴定金黄色葡萄球菌。

5. 肠毒素　金黄色葡萄球菌能产生数种引起急性胃肠炎的蛋白质性肠毒素，目前已知的有 A、B、C、D、E、F 五种血清型。肠毒素耐热，100℃ 煮沸 30 分钟而不被完全破坏。它引起的食源性疾病典型症状是呕吐和腹泻。此外，金黄色葡萄球菌还产生溶表皮素、明胶酶、蛋白酶、脂肪酶、肽酶等。

（四）预防

1. 防止金黄色葡萄球菌污染食品

（1）防止带菌人群对各种食物的污染　定期对生产加工人员进行健康检查，患局部化脓性感染（如疖疮、手指化脓等）、上呼吸道感染（如鼻窦炎、化脓性肺炎、口腔疾病等）的人员应暂时停止其工作或调换岗位。

（2）防止金黄色葡萄球菌对奶及其制品的污染　如牛奶厂应定期检查奶牛的乳房，患化脓性乳腺炎的奶牛不能挤用；奶挤出后，应迅速冷至 −10℃ 以下，以防毒素生成、细菌繁殖。奶制品要以消毒牛奶为原料，注意低温保存。

（3）肉制品加工厂　患局部化脓感染的禽、畜尸体应除去病变部位，经高温或其他适当方式处理后进行加工生产。

2. 防止金黄色葡萄球菌肠毒素的生成　应在低温和通风良好的条件下贮藏食物，以防肠毒素形成；在气温高的春夏季，食物置冷藏或通风阴凉地方也不应超过 6 小时，并且食用前应彻底加热。

二、设备和材料

恒温培养箱：(36±1)℃；冰箱：2~5℃；恒温水浴箱：36~56℃；天平：感量 0.1g；均质器；振荡器。无菌吸管：1ml（具 0.01ml 刻度）、10ml（具 0.1ml 刻度）或微量移液器及吸头；无菌锥形瓶：容量 100ml、500ml；无菌培养皿：直径 90mm；涂布棒；pH 计或 pH 比色管或精密 pH 试纸。

三、培养基和试剂

7.5%氯化钠肉汤、血琼脂平板、Baird–Parker琼脂平板、脑心浸出液肉汤（BHI）、兔血浆、稀释液：磷酸盐缓冲液、营养琼脂小斜面、革兰染液、无菌生理盐水。

四、金黄色葡萄球菌的定性检验

（一）基本原理

肉汤中培养时，菌体可生成血浆凝固酶并释放于培养基中，此酶类似凝血酶原物质，不直接作用到血浆纤维蛋白原上，而是被血浆中的致活剂激活后，变成耐热的凝血酶样物质，此物质可使血浆中的液态纤维蛋白原变成纤维蛋白，血浆因而成凝固状态。

金黄色葡萄球菌可产生多种毒素和酶，是鉴定致病性金黄色葡萄球菌的重要指标。①在血平板上生成金黄色色素使菌落呈现金黄色；②由于产生溶血素使菌落周围形成大而透明的溶血圈，使血琼脂平板菌落周围出现溶血环，在试管中出现溶血反应；③金黄色葡萄球菌能产生凝固酶，使血浆凝固；④在B–P平板上生长时，因将亚碲酸钾还原成碲酸钾使菌落呈灰黑色；⑤因产生脂酶使菌落周围有一浑浊带，而在其外层因产生蛋白水解酶有一透明带。

（二）检验程序

金黄色葡萄球菌检验程序如图4–3所示。

```
检样：25g(ml)+225ml灭菌生理盐水液
        （36±1）℃，18~24h
血平板，Baird–Parker平板
  （36±1）℃   血平板18~24h
             Baird–Parker平板：24~48h
涂片染色   观察溶血   BHI肉汤和营养琼脂斜面
                     血浆凝固酶试验
             报告
```

图4–3 金黄色葡萄球菌检验程序

（三）操作步骤

1. 样品处理 称取25g样品至盛有225ml 7.5%氯化钠肉汤的无菌均质杯内，8000~10000r/min均质1~2分钟，或放入盛有225ml 7.5%氯化钠肉汤的无菌均质袋中，用拍打式均质器拍打1~2分钟。若样品为液态，吸取25ml样品至盛有225ml 7.5%氯化钠肉汤的无菌锥形瓶（瓶内可预置适当数量的无菌玻璃珠）中，振荡混匀。

2. 增菌和分离培养 将上述样品匀液于（36±1）℃培养18~24小时。金黄色葡萄球菌在7.5%氯化钠肉汤中呈浑浊生长，污染严重时在10%氯化钠胰酪胨大豆肉汤内呈浑浊生长。

将上述培养物，分别划线接种到 Baird – Parker 平板和血平板，血平板（36 ± 1）℃培养 18 ~ 24 小时。Baird – Parker 平板（36 ± 1）℃培养 18 ~ 24 小时或 45 ~ 48 小时。

金黄色葡萄球菌在 Baird – Parker 平板上，菌落直径为 2 ~ 3mm，颜色呈灰色到黑色，边缘为淡色，周围为一浑浊带，在其外层有一透明圈。用接种针接触菌落有似奶油至树胶样的硬度，偶然会遇到非脂肪溶解的类似菌落；但无浑浊带及透明圈。长期保存的冷冻或干燥食品中所分离的菌落比典型菌落所产生的黑色较淡些，外观可能粗糙并干燥。在血平板上，形成菌落较大，圆形、光滑凸起、湿润、金黄色（有时为白色），菌落周围可见完全透明溶血圈。挑取上述菌落进行革兰染色镜检及血浆凝固酶试验。

3. 鉴定

（1）革兰染色镜检　金黄色葡萄球菌为革兰阳性球菌，排列呈葡萄球状，无芽孢，无荚膜，直径为 0.5 ~ 1μm。

（2）血浆凝固酶试验　挑取 Baird – Parker 平板或血平板上可疑菌落 1 个或以上，分别接种到 5ml BHI 和营养琼脂小斜面，（36 ± 1）℃培养 18 ~ 24 小时。

取新鲜配制兔血浆 0.5ml，放入小试管中，再加入 BHI 培养物 0.2 ~ 0.3ml，振荡摇匀，置（36 ± 1）℃温箱或水浴箱内，每半小时观察一次，观察 6 小时，如呈现凝固（即将试管倾斜或倒置时，呈现凝块）或凝固体积大于原体积的一半，被判定为阳性结果。同时以血浆凝固酶试验阳性和阴性葡萄球菌菌株的肉汤培养物作为对照。也可用商品化的试剂，按说明书操作，进行血浆凝固酶试验。

结果如可疑，挑取营养琼脂小斜面的菌落到 5ml BHI，（36 ± 1）℃培养 18 ~ 48 小时，重复试验。

4. 结果与报告

（1）结果判定　在血平板、Baird – Parker 平板的菌落特征、镜检结果符合金黄色葡萄球菌的特征，及血浆酶试验阳性的，可判为金黄色葡萄球菌阳性。

（2）结果报告　在 25g（ml）样品中检出或未检出金黄色葡萄球菌。

五、金黄色葡萄球菌平板计数法检验

（一）检验程序

金黄色葡萄球菌平板计数法检验程序如图 4 – 4 所示。

```
┌──────────────────────────────────────┐
│  检样：25g(ml)样品+225ml稀释液，均质      │
└──────────────────────────────────────┘
                  ↓
        ┌──────────────────┐
        │    10倍系列稀释     │
        └──────────────────┘
                  ↓
   ┌──────────────────────────────┐
   │ 选择2~3个连续的适宜稀释度的样品匀液，│
   │      接种Baird-Parker平板        │
   └──────────────────────────────┘
                  ↓ （36±1）℃ 24~48h
        ┌──────────────────┐
        │ 计数及鉴定试验及分型结果 │
        └──────────────────┘
                  ↓
             ┌────────┐
             │   报告   │
             └────────┘
```

图 4 – 4　金黄色葡萄球菌平板计数法检验程序

（二）操作步骤

1. 样品的稀释

（1）固体和半固体样品　称取 25g 样品置盛有 225ml 磷酸盐缓冲液或生理盐水的无菌均质杯内，

8000～10000r/min 均质 1～2 分钟，或置盛有 225ml 稀释液的无菌均质袋中，用拍打式均质器拍打 1～2 分钟，制成 1：10 的样品匀液。

（2）**液体样品**　以无菌吸管吸取 25ml 样品置盛有 225ml 磷酸盐缓冲液或生理盐水的无菌锥形瓶（瓶内预置适当数量的无菌玻璃珠）中，充分混匀，制成 1：10 的样品匀液。

用 1ml 无菌吸管或微量移液器吸取 1：10 样品匀液 1ml，沿管壁缓慢注于盛有 9ml 稀释液的无菌试管中（注意吸管或吸头尖端不要触及稀释液面），振摇试管或换用 1 支 1ml 无菌吸管反复吹打使其混合均匀，制成 1：100 的样品匀液。

制备 10 倍系列稀释样品匀液。每递增稀释一次，换用 1 次 1ml 无菌吸管或吸头。

2. 样品的接种　根据对样品污染状况的估计，选择 2～3 个适宜稀释度的样品匀液（液体样品可包括原液），在进行 10 倍递增稀释时，每个稀释度分别吸取 1ml 样品匀液以 0.3ml、0.3ml、0.4ml 接种量分别加入三块 Baird - Parker 平板，然后用无菌 L 棒涂布整个平板，注意不要触及平板边缘。使用前，如 Baird - Parker 平板表面有水珠，可放在 25～50℃的培养箱里干燥，直到平板表面的水珠消失。

3. 培养　在通常情况下，涂布后将平板静置 10 分钟，如样液不易吸收，可将平板放在培养箱（36 ±1)℃培养 1 小时；等样品匀液吸收后翻转平板，倒置于培养箱，(36 ±1)℃培养，45～48 小时。

4. 典型菌落计数和确认

（1）金黄色葡萄球菌在 Baird - Parker 平板上呈圆形，表面光滑、凸起、湿润、菌落直径为 2～3mm，颜色呈灰黑色至黑色，有光泽，常有浅色（非白色）的边缘，周围绕以不透明圈（沉淀），其外常有一清晰带。当用接种针触及菌落时具有黄油样黏稠感。有时可见到不分解脂肪的菌株，除没有不透明圈和清晰带外，其他外观基本相同。从长期贮存的冷冻或脱水食品中分离的菌落，其黑色常较典型菌落浅些，且外观可能较粗糙，质地较干燥。

（2）选择有典型的金黄色葡萄球菌菌落的平板，且同一稀释度 3 个平板所有菌落数合计在 20～200CFU 的平板，计数典型菌落数。

（3）从典型菌落中至少选 5 个可疑菌落（小于 5 个全选）进行鉴定试验。分别做染色镜检，血浆凝固酶试验；同时划线接种到血平板（36 ±1)℃培养 18～24 小时后观察菌落形态，金黄色葡萄球菌菌落较大，圆形、光滑凸起、湿润、金黄色（有时为白色），菌落周围可见完全透明溶血圈。

（三）结果计算

若只有一个稀释度平板的典型菌落数在 20～200CFU，计数该稀释度平板上的典型菌计算落，按式（4 -1）计算。

若最低稀释度平板的典型菌落数小于 20CFU，计数该稀释度平板上的典型菌落，按式（4 -1）计算。

若某一稀释度平板的典型菌落数大于 200CFU，但下一稀释度平板上没有典型菌落，计数该稀释度平板上的典型菌落，按式（4 -1）计算。

若某一稀释度平板的典型菌落数大于 200CFU，而下一稀释度平板上虽有典型菌落但不在 20～200CFU 范围内，应计数该稀释度平板上的典型菌落，按式（4 -1）计算。若 2 个连续稀释度的平板典型菌落数均在 20～200CFU，按式（4 -2）计算。

$$T = AB/Cd \qquad (4-1)$$

式中，T 为样品中金黄色葡萄球菌菌落数；A 为某一稀释度典型菌落的总数；B 为某一稀释度血浆凝固酶阳性的菌落数；C 为某一稀释度用于血浆凝固酶试验的菌落数；d 为稀释因子。

$$T = (A_1 B_1 / C_1 + A_2 B_2 / C_2) / 1.1d \qquad (4-2)$$

式中，T 为样品中金黄色葡萄球菌菌落数；A_1 为第一稀释度（低稀释倍数）典型菌落的总数；A_2 为第二稀释度（高稀释倍数）典型菌落的总数；B_1 为第一稀释度（低稀释倍数）血浆凝固酶阳性的菌落数；B_2 为第二稀释度（高稀释倍数）血浆凝固酶阳性的菌落数；C_1 为第一稀释度（低稀释倍数）用于血浆凝固酶试验的菌落数；C_2 为第二稀释度（高稀释倍数）用于血浆凝固酶试验的菌落数；1.1 为计算系数；d 为稀释因子（第一稀释度）。

（四）结果与报告

根据 Baird - Parker 平板上金黄色葡萄球菌的典型菌落数，按上述公式计算，报告每 1g（ml）样品中金黄色葡萄球菌数，以 CFU/g（ml）表示；如 T 值为 0，则以小于 1 乘以最低稀释倍数报告。

任务四 肉毒梭菌及肉毒毒素检验技术

PPT

（参考 GB 4789. 12—2016《食品安全国家标准 食品微生物学检验 肉毒梭菌及肉毒毒素检验》）

一、生物学概述

肉毒梭菌是革兰阳性粗短杆菌，有鞭毛、无荚膜。产生芽孢，芽孢为卵圆形，位于菌体的次极端或中央，芽孢大于菌体的横径，所以产生芽孢的细菌呈现梭状。适宜的生长温度为35℃左右，严格厌氧。在中性或弱碱性的基质中生长良好，其繁殖体对热的抵抗力与其他不产生芽孢的细菌相似，易于杀灭。但其芽孢耐热，一般煮沸需经 1～6 小时，或121℃高压蒸汽 4～10 分钟才能杀死。它是引起食物中毒病原菌中对热抵抗力最强的细菌之一，所以罐头的杀菌效果一般以肉毒梭菌为指示细菌。

肉毒梭菌产生的肉毒毒素本质是蛋白质，为神经毒素，共产生六种毒素：A、B、C、D、E、F，其中的 A、B、E、F 与人类的食物中毒有关。肉毒毒素毒性剧烈，少量毒素即可产生症状甚至致死，对人的致死量为 0.1μg。毒素摄入后经肠道吸收进入血液循环，输送到外围神经，毒素与神经有强的亲和力，阻止乙酰胆碱的释放，导致肌肉麻痹和神经功能不全。

肉毒梭菌食源性疾病是由摄入含有肉毒毒素污染的食物而引起的。潜伏期可短至数小时，通常 24 小时以内发生食源性疾病症状，也有两三天后才发病的。先有一般不典型的乏力、头痛等症状，接着出现斜视、眼睑下垂等眼肌麻痹症状。再是吞咽和咀嚼困难、口干、口齿不清等咽部肌肉麻痹症状。进而膈肌麻痹、呼吸困难，直至呼吸停止导致死亡。死亡率较高，可达30%～50%，存活患者恢复十分缓慢，从几个月到几年不等。

引起中毒的食品因地区和饮食习惯不同而异。国内主要是植物性食品，多见于家庭自制发酵食品如豆酱、面酱、臭豆腐，其次为肉类、罐头、酱菜、鱼制品、蜂蜜等。新疆是我国肉毒梭菌所致食源性疾病较多的地区，引起肉毒梭菌食源性疾病的食品有 30 多种，常见的有臭豆腐、豆酱、豆豉和谷类食品。在青海主要是越冬保藏的肉制品加热不够所致。

通过热处理减少食品中肉毒梭菌繁殖体和芽孢数量是最有效预防方法，采用高压蒸汽灭菌方法制造罐头可以获得"商业无菌"的食品，其他加热处理包括巴氏消毒法对繁殖体是有效的措施。由于这种毒素有不耐热的性质，高温处理（90℃、15 分钟或煮沸 5 分钟）可以破坏可疑食物中的毒素，使食品处于在理论上的安全状态，当然对可疑有肉毒毒素存在的食品不得食用。将亚硝酸盐和食盐加进低酸性食品也是有效的控制措施，在腌制肉品时使用亚硝酸盐有非常好的效果。但在肉品腌制过程中起作用的不单单是亚硝酸盐，许多因素以及它们和亚硝酸盐的相互反应抑制了肉毒梭菌生长和毒素的产生。冷藏和冻藏是控制肉毒梭菌生长和毒素产生的重要措施。低 pH、产酸处理以及降低水分活性可以抑制一些食品中肉毒梭菌的生长。

二、设备和材料

小鼠：15~20g，每一批次试验应使用同一品系的 KM 或 ICR 小鼠。

冰箱：2~5℃、−20℃；天平：感量 0.1g；均质器或无菌乳钵；离心机：3000、14000r/min；厌氧培养装置；恒温培养箱：（35±1）℃、（28±1）℃；恒温水浴箱：（37±1）℃、（60±1）℃、（80±1）℃；显微镜：10~100 倍；PCR 仪；电泳仪或毛细管电泳仪；凝胶成像系统或紫外检测仪；核酸蛋白分析仪或紫外分光光度计。

无菌手术剪、镊子、试剂勺；可调微量移液器：0.2~2μl、2~20μl、20~200μl、100~1000μl；无菌吸管：1.0ml、10.0ml、25.0ml；无菌锥形瓶：100ml；培养皿：直径 90mm；离心管：50ml、1.5ml；PCR 反应管；无菌注射器：1.0ml。

三、培养基和试剂

庖肉培养基；胰蛋白酶胰蛋白胨葡萄糖酵母膏肉汤（TPGYT）；卵黄琼脂培养基。

革兰染液；10%胰蛋白酶溶液；明胶磷酸盐缓冲液；磷酸盐缓冲液（PBS）；1mol/L 氢氧化钠溶液；1mol/L 盐酸溶液；肉毒毒素诊断血清；无水乙醇和 95%乙醇；10mg/ml 溶菌酶溶液；10mg/ml 蛋白酶 K 溶液；3mol/L 乙酸钠溶液（pH 5.2）；TE 缓冲液；引物：根据表 4−9 中序列合成，临用时用超纯水配制引物浓度为 10μmol/L；10×PCR 缓冲液；25mmol/L MgCl$_2$；dNTPs：dATP、dTTP、dCTP、dGTP；Taq 酶；琼脂糖：电泳级；溴化乙锭或 Goldview；5×TBE 缓冲液；6×加样缓冲液；DNA 分子量标准。

四、检验程序

肉毒梭菌及肉毒毒素检验程序见图 4−5。

五、操作步骤

（一）样品制备

1. 样品保存 待检样品应放置 2~5℃冰箱冷藏。

2. 固态与半固态食品 固体或游离液体很少的半固态食品，以无菌操作称取样品 25g，放入无菌均质袋或无菌乳钵，块状食品以无菌操作切碎，含水量较高的固态食品加入 25ml 明胶磷酸盐缓冲液，乳粉、牛肉干等含水量低的食品加入 50ml 明胶磷酸盐缓冲液，浸泡 30 分钟，用拍打式均质器拍打 2 分钟或用无菌研杵研磨制备样品匀液，收集备用。

3. 液态食品 液态食品摇匀，以无菌操作量取 25ml 检验。

4. 剩余样品处理 取样后的剩余样品放 2~5℃冰箱冷藏，直至检验结果报告发出后，按感染性废弃物要求进行无害化处理，检出阳性的样品应采用压力蒸汽灭菌方式进行无害化处理。

（二）肉毒毒素检测

1. 毒素液制备 取样品匀液约 40ml 或均匀液体样品 25ml 放入离心管，3000r/min 离心 10~20 分钟，收集上清液分为两份放入无菌试管中，一份直接用于毒素检测，一份用于胰酶处理后进行毒素检测。液体样品保留底部沉淀及液体约 12ml，重悬，制备沉淀悬浮液备用。胰酶处理：用 1mol/L 氢氧化钠或 1mol/L 盐酸调节上清液 pH 值至 6.2，按 9 份上清液加 1 份 10%胰酶（酶活力 1:250）水溶液，混匀，37℃孵育 60 分钟，期间间或轻轻摇动反应液。

图4-5 肉毒梭菌及肉毒毒素检验程序

2. 检出试验 用5号针头注射器分别取离心上清液和胰酶处理上清液腹腔注射小鼠3只，每只0.5ml，观察和记录小鼠48小时内的中毒表现。典型肉毒毒素中毒症状多在24小时内出现，通常在6小时内发病和死亡，其主要表现为竖毛、四肢瘫软，呼吸困难，呈现风箱式呼吸、腰腹部凹陷、宛如蜂腰，多因呼吸衰竭而死亡，可初步判定为肉毒毒素所致。若小鼠在24小时后发病或死亡，应仔细观察小鼠症状，必要时浓缩上清液重复试验，以排除肉毒毒素中毒。若小鼠出现猝死（30分钟内）导致症状不明显时，应将毒素上清液进行适当稀释，重复试验（毒素检测动物试验应遵循GB 15193.2《食品安全国家标准 食品毒理学实验室操作规范》的规定）。

3. 确证试验 上清液或（和）胰酶处理上清液的毒素试验阳性者，取相应试验液3份，每份0.5ml，其中第一份加等量多型混合肉毒毒素诊断血清，混匀，37℃孵育30分钟；第二份加等量明胶磷酸盐缓冲液，混匀后煮沸10分钟；第三份加等量明胶磷酸盐缓冲液，混匀。将三份混合液分别腹腔注射小鼠各两只，每只0.5ml，观察96小时内小鼠的中毒和死亡情况。结果判定：若注射第一份和第二份混合液的小鼠未死亡，而第三份混合液小鼠发病死亡，并出现肉毒毒素中毒的特有症状，则判定检测样品中检出肉毒毒素。

4. 毒力测定（选做项目） 取确证试验阳性的试验液，用明胶磷酸盐缓冲液稀释制备一定倍数稀释液，如10倍、50倍、100倍、500倍等，分别腹腔注射小鼠各两只，每只0.5ml，观察和记录小鼠发病与死亡情况至96小时，计算最低致死剂量（MLD/ml或MLD/g），评估样品中肉毒毒素毒力，MLD等于小鼠全部死亡的最高稀释倍数乘以样品试验液稀释倍数。例如，样品稀释2倍制备的上清液，再稀释100倍试验液使小鼠全部死亡，而500倍稀释液组存活，则该样品毒力为200MLD/g。

5. 定型试验（选做项目） 根据毒力测定结果，用明胶磷酸盐缓冲液将上清液稀释至10~

1000MLD/ml 作为定型试验液，分别与各单型肉毒毒素诊断血清等量混合（国产诊断血清一般为冻干血清，用 1ml 生理盐水溶解），37℃孵育 30 分钟，分别腹腔注射小鼠两只，每只 0.5ml，观察和记录小鼠发病与死亡情况至 96 小时。同时，用明胶磷酸盐缓冲液代替诊断血清，与试验液等量混合作为小鼠试验对照（未经胰酶激活处理的样品上清液的毒素检出试验或确证试验为阳性者，则毒力测定和定型试验可省略胰酶激活处理试验）。

结果判定：某一单型诊断血清组动物未发病且正常存活，而对照组和其他单型诊断血清组动物发病死亡，则判定样品中所含肉毒毒素为该型肉毒毒素。

（三）肉毒梭菌检验

1. 增菌培养与检出试验

（1）取出庖肉培养基 4 支和 TPGY 肉汤管 2 支，隔水煮沸 10～15 分钟，排除溶解氧，迅速冷却，切勿摇动，在 TPGY 肉汤管中缓慢加入胰酶液至液体石蜡液面下肉汤中，每支 1ml，制备成 TPGYT。

（2）吸取样品匀液或毒素制备过程中的离心沉淀悬浮液 2ml 接种至庖肉培养基中，每份样品接种 4 支，2 支直接放置（35±1）℃厌氧培养至 5 天，另 2 支放 80℃保温 10 分钟，再放置（35±1）℃厌氧培养至 5 天；同样方法接种 2 支 TPGYT 肉汤管，（28±1）℃厌氧培养至 5 天。

接种时，用无菌吸管轻轻吸取样品匀液或离心沉淀悬浮液，将吸管口小心插入肉汤管底部，缓缓放出样液至肉汤中，切勿搅动或吹气。

（3）检查记录增菌培养物的浊度、产气、肉渣颗粒消化情况，并注意气味。肉毒梭菌培养物为产气、肉汤浑浊（庖肉培养基中 A 型和 B 型肉毒梭菌肉汤变黑）、消化或不消化肉粒、有异臭味。

（4）取增菌培养物进行革兰染色镜检，观察菌体形态，注意是否有芽孢、芽孢的相对比例、芽孢在细胞内的位置。

（5）若增菌培养物 5 天无菌生长，应延长培养至 10 天，观察生长情况。

（6）取增菌培养物阳性管的上清液，按"（二）"方法进行毒素检出和确证试验，必要时进行定型试验，阳性结果可证明样品中有肉毒梭菌存在。

注：TPGYT 增菌液的毒素试验无需添加胰酶处理。

2. 分离与纯化培养

（1）增菌液前处理，吸取 1ml 增菌液至无菌螺旋帽试管中，加入等体积过滤除菌的无水乙醇，混匀，在室温下放置 1 小时。

（2）取增菌培养物和经乙醇处理的增菌液分别划线接种至卵黄琼脂平板，（35±1）℃厌氧培养 48 小时。

（3）观察平板培养物菌落形态，肉毒梭菌菌落隆起或扁平、光滑或粗糙，易成蔓延生长，边缘不规则，在菌落周围形成乳色沉淀晕圈（E 型较宽，A 型和 B 型较窄），在斜视光下观察，菌落表面呈现珍珠样虹彩，这种光泽区可随蔓延生长扩散到不规则边缘区外的晕圈。

（4）菌株纯化培养，在分离培养平板上选择 5 个肉毒梭菌可疑菌落，分别接种卵黄琼脂平板，（35±1）℃，厌氧培养 48 小时，按步骤（3）观察菌落形态及其纯度。

3. 鉴定试验

（1）染色镜检　挑取可疑菌落进行涂片、革兰染色和镜检，肉毒梭菌菌体形态为革兰阳性粗大杆菌、芽孢卵圆形、大于菌体、位于次端、菌体呈网球拍状。

（2）毒素基因检测

1）菌株活化：挑取可疑菌落或待鉴定菌株接种 TPGY，（35±1）℃厌氧培养 24 小时。

2）DNA 模板制备：吸取 TPGY 培养液 1.4ml 至无菌离心管中，14000×g 离心 2 分钟，弃上清，加入1.0ml PBS悬浮菌体,14000×g离心2分钟,弃上清,用400μl PBS重悬沉淀,加入10mg/ml溶菌酶溶液100μl,摇匀,37℃水浴15分钟,加入10mg/ml蛋白酶K溶液10μl,摇匀,60℃水浴1小时,再沸水浴10分钟,14000×g离心2分钟,上清液转移至无菌小离心管中,加入3mol/L NaAc溶液50μl和95%乙醇1.0ml,摇匀,-70℃或-20℃放置30分钟,14000×g离心10分钟,弃去上清液,沉淀干燥后溶于200μl TE缓冲液,置于-20℃保存备用。

根据实验室实际情况,也可采用常规水煮沸法或商品化试剂盒制备DNA模板。

3)核酸浓度测定(必要时):取5μl DNA模板溶液,加超纯水稀释至1ml,用核酸蛋白分析仪或紫外分光光度计分别检测260nm和280nm波段的吸光值A260和A280。按式(4-3)计算DNA浓度。当浓度在0.34~340μg/ml或A260/A280比值在1.7~1.9时,适宜于PCR扩增。

$$C = A_{260} \times N \times 50 \qquad\qquad (式4-3)$$

式中,C为DNA浓度,μg/ml;A_{260}为260nm处的吸光值;N为核酸稀释倍数。

4)PCR扩增

①分别采用针对各型肉毒梭菌毒素基因设计的特异性引物(表4-9)进行PCR扩增,包括A型肉毒毒素、B型肉毒毒素、E型肉毒毒素和F型肉毒毒素,每个PCR反应管检测一种型别的肉毒梭菌。

表4-9 肉毒梭菌毒素基因PCR检测的引物序列及其产物

检测肉毒梭菌类型	引物序列	扩增长度(bp)
A型	F5′- GTG ATA CAA CCA GAT GGT AGT TAT AG -3′ R5′- AAA AAA CAA GTC CCA ATT ATT AAC TTT -3′	983
B型	F5′- GAG ATG TTT GTG AAT ATT ATG ATC CAG -3′ R5′- GTT CAT GCA TTA ATA TCA AGG CTG G -3′	492
E型	F5′- CCA GGC GGT TGT CAA GAA TTT TAT -3′ R5′- TCA AAT AAA TCA GGC TCT GCT CCC -3′	410
F型	F5′- GCT TCA TTA AAG AAC GGA AGC AGT GCT -3′ R5′- GTG GCG CCT TTG TAC CTT TTC TAG G -3′	1137

②反应体系配制见表4-10,反应体系中各试剂的量可根据具体情况或不同的反应总体积进行相应调整。

表4-10 肉毒梭菌毒素基因PCR检测的反应体系

试剂	终浓度	加入体积(μl)
10×PCR缓冲液	1×	5.0
25mmol/L MgCl₂	2.5mmol/L	5.0
10mmol/L dNTPs	0.2mmol/L	1.0
10μmol/L 正向引物	0.5μmol/L	2.5
10μmol/L 反向引物	0.5μmol/L	2.5
5U/μl Taq酶	0.05U/μl	0.5
DNA模板	—	1.0
ddH₂O	—	32.5
总体积	—	50.0

③反应程序:预变性95℃ 5分钟;循环参数94℃ 1分钟,60℃ 1分钟,72℃ 1分钟;循环数40;后延伸72℃ 10分钟;4℃保存备用。

④PCR扩增体系应设置阳性对照、阴性对照和空白对照。用含有已知肉毒梭菌菌株或含肉毒毒素基

因的质控品作阳性对照、非肉毒梭菌基因组 DNA 作阴性对照、无菌水作空白对照。

5）凝胶电泳检测 PCR 扩增产物：用 0.5×TBE 缓冲液配制 1.2%～1.5% 的琼脂糖凝胶，凝胶加热融化后冷却至 60℃左右加入溴化乙锭至 0.5μg/ml 或 Goldview 5μl/100ml 制备胶块，取 10μl PCR 扩增产物与 2.0μl 6×加样缓冲液混合，点样，其中一孔加入 DNA 分子量标准。0.5×TBE 电泳缓冲液，10V/cm 恒压电泳，根据溴酚蓝的移动位置确定电泳时间，用紫外检测仪或凝胶成像系统观察和记录结果。PCR 扩增产物也可采用毛细管电泳仪进行检测。

6）结果判定：阴性对照和空白对照均未出现条带，阳性对照出现预期大小的扩增条带（表 4-9），判定本次 PCR 检测成立；待测样品出现预期大小的扩增条带，判定为 PCR 结果阳性，根据表 4-9 判定肉毒梭菌菌株型别，待测样品未出现预期大小的扩增条带，判定 PCR 结果为阴性。

PCR 试验环境条件和过程控制应参照 GB/T 27403《实验室质量控制规范 食品分子生物学检测》规定执行。

（3）菌株产毒试验 将 PCR 阳性菌株或可疑肉毒梭菌菌株接种庖肉培养基或 TPGYT 肉汤（用于 E 型肉毒梭菌），按"增菌培养与检出试验"第（2）步骤的条件厌氧培养 5 天，按"肉毒毒素检测"方法进行毒素检测和（或）定型试验，毒素确证试验阳性者，判定为肉毒梭菌，根据定型试验结果判定肉毒梭菌型别。

根据 PCR 阳性菌株型别，可直接用相应型别的肉毒毒素诊断血清进行确证试验。

六、结果与报告

（一）肉毒毒素检测结果报告

根据"检出试验"和"确证试验"试验结果，报告 25g（ml）样品中检出或未检出肉毒毒素。

根据"定型试验"结果，报告 25g（ml）样品中检出某型肉毒毒素。

（二）肉毒梭菌检验结果报告

根据各项试验结果，报告样品中检出或未检出肉毒梭菌或检出某型肉毒梭菌。

任务五　单核细胞增生李斯特菌检验技术

PPT

（参考 GB 4789.30—2016《食品安全国家标准 食品微生物学检验 单核细胞增生李斯特氏菌检验》）

一、生物学概述

单核细胞增生李斯特菌（*Listeria monocytogenes*，LM）简称单增李斯特菌，归属李斯特菌属。依据《伯杰氏系统细菌学手册》（第九版）李斯特菌属（*Listeria*）有 6 个菌种，分别为单核细胞增生李斯特菌（*L. monocytogenes*）、格氏李斯特菌（*L. grayi*）、斯氏李斯特菌（*L. seeligeri*）、威氏李斯特菌（*L. welshimeri*）、伊氏李斯特菌（*L. ivanovii*）、英诺克李斯特菌（*L. innocua*）。李斯特菌属中，仅有单核细胞增生李斯特菌（*L. monocytogenes*）和伊氏李斯特菌（*L. ivanovii*）（又称绵羊李斯特菌）具有致病性，其余菌种均为非致病菌。单核细胞增生李斯特菌能引起新生儿败血症、脑膜炎以及孕妇流产等疾病，并且具有较高的临床死亡率（20%～70%），被世界卫生组织列为 20 世纪 90 年代食品中 4 大致病菌之一，污染该菌的食品是李斯特菌病患者呈上升趋势的主要感染源，尽管我国鲜有感染单核细胞增生李斯特菌引起暴发性流行的报告，但是单核细胞增生李斯特菌在食品中普遍存在，乳及乳制品、肉类制品、生鲜蔬菜、鲜食水果、冰淇淋以及水产品等中的检出率较高。单核细胞增生李斯特菌是李斯特菌属的代表种，能够引起一种严重的人类疾病——李斯特菌病，感染者往往是通过摄食被侵染的食物而感染的，主要影响老年人、免疫受损者、孕妇和新生儿，病死率高达20%~30%。

单核细胞增生李斯特菌是李斯特菌属的代表种，是李斯特菌属中唯一能引起人类疾病的菌种。单核细胞增生李斯特菌为规则的短杆状，两端钝圆，大小为（0.4~0.5）μm×（0.5~2.0）μm，多单生，偶有排列为V型或短链。G^+，无芽孢，一般不形成生物膜，但是菌体受到自身（营养丰富）和外界环境因素（冷藏、酸处理等生境胁迫）的双重影响时，往往形成生物膜而适应生存环境，从而导致产品的持续污染。该菌为需氧或兼性厌氧菌，生长温度范围1~45℃，最适生长温度30~37℃，4℃或以下温度能缓慢增殖，适宜中性或弱碱性条件下生长。20~25℃培养可产生4根周生鞭毛，有动力，穿刺培养2~5天可见"倒伞状"生长，肉汤培养物在显微镜下可见"翻跟斗"运动。37℃时培养鞭毛减少或缺失，运动性减弱或丧失。

单核细胞增生李斯特菌对营养要求不高，在一般培养基上均能良好的生长，在血清或全血琼脂培养基上生长良好，加入0.2%~1%葡萄糖和2%~3%甘油更利于其生长。单核细胞增生李斯特菌在普通营养琼脂平板上呈现细小，半透明、边缘整齐、微带珠光的露水样菌落，培养3~7天直径可达3~5mm，45°斜射光下，菌落呈特征性蓝绿光泽。在血平板上培养，菌落呈灰白色、圆润，直径为1~1.5mm，呈现β型溶血，溶血环直径达3mm，4℃放置4天后，菌落和溶血环直径均增至5mm，呈典型的奶油滴状。液体培养基培养18~24小时后，呈轻度浑浊，数天后有黏稠的沉淀产生，振荡时呈螺旋状上升，继续培养可形成颗粒状沉淀，但不形成菌环、菌膜。半固体培养基中37℃、24小时穿刺培养，沿着穿刺线呈现云雾状，随后缓慢扩散，在培养基表面下3~5mm处呈伞状。单核细胞增生李斯特菌37℃、24小时培养可以分解葡萄糖、果糖、海藻糖、水杨苷、鼠李糖，产酸不产气；不分解棉子糖、肌醇、菊淀粉、卫茅醇、侧金盏花醇、木糖和甘露醇。MR和V-P试验阳性，不产生靛基质，硫化氢阴性。该菌对氨苄西林、头孢菌素、氯霉素、红霉素等抗生素敏感；较敏感抗生素为金霉素、土霉素、四环素、庆大霉素、卡那霉素、青霉素、链霉素等；而对枯燥菌素、多黏菌素、磺胺等有抵抗力和耐药性。

根据遗传指纹图谱和致病潜力，单增李斯特菌可分为4个不同的谱系，谱系Ⅰ和谱系Ⅱ菌株的来源最常见，而谱系Ⅲ较少见，谱系Ⅳ较罕见。基于菌体抗原（O）和鞭毛抗原（H）的血清学反应，单核细胞增生李斯特菌（L. monocytogenes）的血清型共有13种，O抗原用阿拉伯数字表示，H抗原用英文字母表示。谱系Ⅰ包含6种血清型（1/2b、4b、3b、4e、4d和7），谱系Ⅱ包含4种血清型（1/2a、1/2c、3a和3c），谱系Ⅲ和谱系Ⅳ均包含血清型4b、4a和4c。95%以上的分离菌株属于血清型1/2a、1/2b、1/2c和4b，1/2a和1/2b血清型菌株主要分离于食品，约50%血清型4b菌株来源于临床患者。不同地区的暴发事件中检出的单核细胞增生李斯特菌具有血清型的特异性，北欧地区（包括芬兰和瑞典）导致暴发的菌株以1/2a型为主；而在美国暴发事件中发现的菌株则以谱系Ⅰ型（1/2b型，3b型，3c型，4b型）为主；我国分离到的食源性的单增李斯特菌中，1/2c血清型居多，且不同压力条件下1/2c血清型生物膜形成能力强于其他血清型；菌株的血清型别与患者的身体状况也有密切联系，基础性疾病严重的患者体内的菌株以1/2b型为主，而孕妇体内的菌株则多为4b型。

单核细胞增生李斯特菌能够穿越宿主的3个屏障系统进入机体，引起侵袭性感染，其侵袭性与4个毒力岛（LIPI-1、LIPI-2、LIPI-3和LIPI-4）和压力生存岛1（SSI-1）基因密切相关。LIPI-1含有prfA、plcA、hly、mpl、actA和plcB共6个基因，均是与细胞内生存模式相关的关键毒力基因，prfA和hly已被广泛用作该菌检测的靶基因，应用于各种食品安全检测和评估分离株毒力。LIPI-2含有毒力基

因 *inlA* 到 *inlH*，均与黏附侵袭相关。*LIPI* – 3 来自谱系 I 菌株，包含 8 个基因，分别为 *llsA*、*llsG*、*llsH*、*llsX*、*llsB*、*llsY*、*llsD* 和 *llsp*，主要编码单增李斯特菌溶血素 S（LLS）。此外，单核细胞增生李斯特菌还包括其他 10 个毒力基因。分别为 *dltA*、*dltB*、*dltC*、*dltD*、*fbpA*、*bsh*、*gadA*、*mprF*、*hpt*、*iap*。研究表明，*hlyA*、*inlA* 和 *plcB* 3 个毒力基因的检出情况与单核细胞增生李斯特菌的多位点序列分型（multilocus sequence typing，MLST）聚类有较一致的关系，可为分析菌株毒力强弱提供参考意义。压力生存岛基因包括 *GSSI* – 1 和 *SSI* – 2，*SSI* – 1，*SSI* – 1 主要参与对低 pH 和高渗透压环境的耐受，*SSI* – 2 参与碱性和氧化应激耐受，仅在血清型 1/2a 中存在，*GSSI* – 1 为应激反应基因或抗逆基因。

单核细胞增生李斯特菌广泛存在于自然界中，耐低温，4℃ 的环境中仍可生长繁殖，故是冷藏食品威胁人类健康的主要病原菌之一。单核细胞增生李斯特菌主要污染乳及乳制品、肉类制品、生鲜蔬菜、鲜食水果、冰淇淋以及水产品等，其被膜态菌株能持续污染食品加工设备和设施，进而污染食品导致消费者李斯特菌病的发生。世界卫生组织关于单增李斯特菌引起的食源性疾病报告中指出，4% ~ 8% 水产品，5% ~ 10% 的奶及奶制品，30% 以上的肉制品，15% 以上的禽肉制品均被该菌污染。

二、设备和材料

单核细胞增生李斯特菌 ATCC19111 或 CMCC54004，或其他等效标准菌株；英诺克李斯特菌 ATCC33090，或其他等效标准菌株；伊氏李斯特菌 ATCC19119，或其他等效标准菌株；斯氏李斯特菌 ATCC35967，或其他等效标准菌株；金黄色葡萄球菌 ATCC25923 或其他产 β – 溶血环金葡菌，或其他等效标准菌株；马红球菌 ATCC6939 或 NCTC1621，或其他等效标准菌株。小白鼠，ICR 体重 18 ~ 22g。全自动微生物生化鉴定系统。

冰箱：2 ~ 5℃；恒温培养箱：（30 ± 1）℃、（36 ± 1）℃；均质器；生物显微镜或相差显微镜：10 ~ 100 倍（油镜）；电子天平：感量 0.1g；锥形瓶：100ml、500ml；无菌吸管：1ml（具 0.01ml 刻度）、10ml（具 0.1ml 刻度）或微量移液器及吸头；无菌平板：直径 90mm；无菌试管：16mm×160mm；离心管：30mm×100mm；无菌注射器：1ml；糖发酵管。

三、培养基和试剂

含 0.6% 酵母浸膏胰酪胨大豆肉汤（TSB – YE）、含 0.6% 酵母浸膏胰酪胨大豆琼脂（TSA – YE）、李氏增菌肉汤 LB（LB₁，LB₂）、PALCAM 琼脂、半固体琼脂或 SIM 动力培养基、缓冲葡萄糖蛋白胨水 [甲基红（MR）和 V – P 试验用]、5% ~ 8% 羊血琼脂、糖发酵管、李斯特菌显色培养基、缓冲蛋白胨水、生化鉴定试剂盒。

1% 盐酸吖啶黄（acriflavine HCl）溶液、1% 萘啶酮酸钠盐（naladixic acid）溶液、革兰染液、过氧化氢试剂、无菌生理盐水。

四、单核细胞增生李斯特菌定性检验（第一法）

适用于食品中单核细胞增生李斯特菌的定性检验。

（一）检验程序

单核细胞增生李斯特菌定性检验程序见图 4 – 6。

图4-6 单核细胞增生李斯特菌定性检验程序

（二）操作步骤

1. 增菌 以无菌操作取样品25g（ml）加入到含有225ml LB₁增菌液的均质袋中，在拍打式均质器上连续均质1~2分钟；或放入盛有225ml LB₁增菌液的均质杯中，以8000~10000r/min均质1~2分钟。于（30±1）℃培养（24±2）小时，移取0.1ml，转种于10ml LB₂增菌液内，于（30±1）℃培养（24±2）小时。

2. 分离 取LB₂二次增菌液划线接种于李斯特菌显色平板和PALCAM琼脂平板，于（36±1）℃培养24~48小时，观察各个平板上生长的菌落。典型菌落在PALCAM琼脂平板上为小的圆形灰绿色菌落，周围有棕黑色水解圈，有些菌落有黑色凹陷；在李斯特菌显色平板上的菌落特征，参照产品说明进行判定。

3. 初筛 自选择性琼脂平板上分别挑取3~5个典型或可疑菌落，分别接种木糖、鼠李糖发酵管，于（36±1）℃培养（24±2）小时，同时在TSA-YE平板上划线，于（36±1）℃培养18~24小时，然后选择木糖阴性、鼠李糖阳性的纯培养物继续进行鉴定。

4. 鉴定

（1）染色镜检 李斯特菌为革兰阳性短杆菌，大小为（0.4~0.5）μm×（0.5~2.0）μm；用生理盐水制成菌悬液，在油镜或相差显微镜下观察，该菌会出现轻微旋转或翻滚样的运动。

（2）动力试验 挑取纯培养的单个可疑菌落穿刺半固体琼脂或SIM动力培养基，于25~30℃培养48小时，李斯特菌有动力，在半固体琼脂或SIM培养基上方呈伞状生长，如伞状生长不明显，可继续培养5天，再观察结果。

（3）生化鉴定 挑取纯培养的单个可疑菌落，进行过氧化氢酶试验，过氧化氢酶阳性反应的菌落继续进行糖发酵试验和MR-VP试验。单核细胞增生李斯特菌的主要生化特征见表4-11。

表 4 – 11　单核细胞增生李斯特氏菌生化特征与其他李斯特氏菌的区别

菌种	溶血反应	葡萄糖	麦芽糖	MR – VP	甘露醇	鼠李糖	木糖	七叶苷
单核细胞增生李斯特菌 （*L. monocytogenes*）	+	+	+	+ / +	–	+	–	+
格氏李斯特菌 （*L. grayi*）	–	+	+	+ / +	+	–	–	+
斯氏李斯特菌 （*L. seeligeri*）	+	+	+	+ / +	–	–	+	+
威氏李斯特菌 （*L. welshimeri*）	–	+	+	+ / +	–	V	+	+
伊氏李斯特菌 （*L. ivanovii*）	+	+	+	+ / +	–	–	+	+
英诺克李斯特菌 （*L. innocua*）	–	+	+	+ / +	–	V	–	+

注：+. 阳性；–. 阴性；V. 反应不定。

（4）溶血试验　将新鲜的 5% ~ 8% 羊血琼脂平板底面划分为 20 ~ 25 个小格，挑取纯培养的单个可疑菌落穿刺接种到血平板上，每格穿刺接种一个菌落，并穿刺接种阳性对照菌（单增李斯特菌、伊氏李斯特菌和斯氏李斯特菌）和阴性对照菌（英诺克李斯特菌），穿刺时尽量接近底部，但不要触到底面，同时避免琼脂破裂，（36 ±1）℃培养 24 ~ 48 小时，于明亮处观察，单增李斯特菌呈现狭窄、清晰、明亮的溶血圈，斯氏李斯特菌在刺种点周围产生弱的透明溶血圈，英诺克李斯特菌无溶血圈，伊氏李斯特菌产生宽的、轮廓清晰的 β – 溶血区域，若结果不明显，可置 2 ~ 5℃冰箱 24 ~ 48 小时再观察。也可用划线接种法。

（5）协同溶血试验 cAMP　在 5% ~ 8% 羊血琼脂平板上平行划线接种金黄色葡萄球菌和马红球菌，挑取纯培养的单个可疑菌落垂直划线接种于平行线之间，垂直线两端不要触及平行线，距离 1 ~ 2mm，同时接种单核细胞增生李斯特菌、英诺克李斯特菌、伊氏李斯特菌和斯氏李斯特菌，于（36 ±1）℃培养 24 ~ 48 小时。单核细胞增生李斯特菌在靠近金黄色葡萄球菌处出现约 2mm 的 β – 溶血增强区域，斯氏李斯特菌也出现微弱的溶血增强区域，伊氏李斯特菌在靠近马红球菌处出现约 5 ~ 10mm 的 "箭头状" β – 溶血增强区域，英诺克李斯特菌不产生溶血现象。若结果不明显，可置 2 ~ 5℃冰箱 24 ~ 48 小时再观察。提示：此项目可选做。

除以上鉴定方法外，也可选择生化鉴定试剂盒或全自动微生物鉴定系统等。5% ~ 8% 的单核细胞增生李斯特菌在马红球菌一端有溶血增强现象。

（三）小鼠毒力试验

将符合上述特性的纯培养物接种于 TSB – YE 中，于（36 ±1）℃培养 24 小时，4000r/min 离心 5 分钟，弃上清液，用无菌生理盐水制备成浓度为 10^{10} CFU/ml 的菌悬液，取此菌悬液对 3 ~ 5 只小鼠进行腹腔注射，每只 0.5ml，同时观察小鼠死亡情况。接种致病株的小鼠于 2 ~ 5 天内死亡。试验设单增李斯特菌致病株和无菌生理盐水对照组。单核细胞增生李斯特菌、伊氏李斯特菌对小鼠有致病性（此项目可选做）。

（四）结果与报告

综合以上生化试验和溶血试验的结果，报告 25g（ml）样品中检出或未检出单核细胞增生李斯特菌。

五、单核细胞增生李斯特菌平板计数法（第二法）

适用于单核细胞增生李斯特菌含量较高的食品中单核细胞增生李斯特菌的计数。

（一）检验程序

单核细胞增生李斯特菌平板计数程序见图4-7。

```
┌─────────────────────────────────┐
│ 25g(ml)样品+225ml稀释液，均质      │
└─────────────────────────────────┘
              ↓
┌─────────────────────────────────┐
│         10倍系列稀释              │
└─────────────────────────────────┘
              ↓
┌─────────────────────────────────┐
│ 选择2~3个适宜连续稀释度的样品      │
│ 匀液，接种李斯特菌显色平板        │
└─────────────────────────────────┘
              ↓ (36±1)℃，24~48h
┌─────────────────────────────────┐
│         计数及确认实验            │
└─────────────────────────────────┘
              ↓
┌─────────────────────────────────┐
│           结果报告                │
└─────────────────────────────────┘
```

图4-7 单核细胞增生李斯特菌平板计数程序

（二）操作步骤

1. 样品的稀释

（1）以无菌操作取样品25g（ml），放入盛有225ml缓冲蛋白胨水或无添加剂的LB肉汤的无菌均质袋内（或均质杯）内，在拍打式均质器上连续均质1~2分钟或以8000~10000r/min均质1~2分钟。液体样品，振荡混匀，制成1:10的样品匀液。

（2）用1ml无菌吸管或微量移液器吸取1:10样品匀液1ml，沿管壁缓慢注于盛有9ml缓冲蛋白胨水或无添加剂的LB肉汤的无菌试管中（注意吸管或吸头尖端不要触及稀释液面），振摇试管，制成1:100的样品匀液。依次制备10倍系列稀释样品匀液。每递增稀释1次，换用1支1ml无菌吸管或吸头。

2. 样品的接种 根据对样品污染状况的估计，选择2~3个适宜连续稀释度的样品匀液（液体样品可包括原液），每个稀释度的样品匀液分别吸取1ml以0.3ml、0.3ml、0.4ml的接种量分别加入3块李斯特菌显色平板，用无菌L棒涂布整个平板，注意不要触及平板边缘。使用前，如琼脂平板表面有水珠，可放在25~50℃的培养箱里干燥，直到平板表面的水珠消失。

3. 培养 在通常情况下，涂布后将平板静置10分钟，如样液不易吸收，可将平板放在培养箱（36±1）℃培养1小时；等样品匀液被吸收后翻转平板，倒置于培养箱，（36±1）℃培养24~48小时。

4. 典型菌落计数和确认

（1）单核细胞增生李斯特菌在李斯特菌显色平板上的菌落特征以产品说明为准。

（2）选择有典型单核细胞增生李斯特菌菌落的平板，且同一稀释度3块平板所有菌落数合计在15~150CFU的平板，计数典型菌落数。如果：①只有一个稀释度的平板菌落数在15~150CFU且有典型菌落，计数该稀释度平板上的典型菌落。②所有稀释度的平板菌落数均小于15CFU且有典型菌落，应计数最低稀释度平板上的典型菌落。③某一稀释度的平板菌落数大于150CFU且有典型菌落，但下一稀释度平板上没有典型菌落，应计数该稀释度平板上的典型菌落。④所有稀释度的平板菌落数大于150CFU且有典型菌落，应计数最高稀释度平板上的典型菌落。⑤所有稀释度的平板菌落数均不在15~150CFU且有典型菌落，其中一部分小于15CFU或大于150CFU时，应计数最接近15CFU或150CFU的稀释度平板上的典型菌落。则①~⑤的计数按式（4-4）计算。⑥2个连续稀释度的平板菌落数均在15~150CFU且均有典型菌落，按式（4-5）计算。

5. 确认实验 从典型菌落中任选5个菌落（小于5个全选），分别按照第一法中初筛和鉴定进行。

（三）结果计数

$$T = \frac{A \cdot B}{C \cdot d} \tag{4-4}$$

式中，T 为样品中单核细胞增生李斯特菌菌落数；A 为某一稀释度典型菌落的总数；B 为某一稀释度确证为单核细胞增生李斯特菌的菌落数；C 为某一稀释度用于单核细胞增生李斯特菌确证试验的菌落数；d 为稀释因子。

$$T = \frac{\dfrac{A_1 \cdot B_1}{C_1} \cdot \dfrac{A_2 \cdot B_2}{C_2}}{1.1 \cdot d} \tag{4-5}$$

式中，T 为样品中单核细胞增生李斯特菌菌落数；A_1 为第一稀释度（低稀释倍数）典型菌落的总数；B_1 为第一稀释度（低稀释倍数）确证为单核细胞增生李斯特菌的菌落数；C_1 为第一稀释度（低稀释倍数）用于单核细胞增生李斯特菌确证试验的菌落数；A_2 为第二稀释度（高稀释倍数）典型菌落的总数；B_2 为第二稀释度（高稀释倍数）确证为单核细胞增生李斯特菌的菌落数；C_2 为第二稀释度（高稀释倍数）用于单核细胞增生李斯特菌确证试验的菌落数；1.1 为计算系数；d 为稀释因子（第一稀释度）。

（四）结果报告

报告每1g（ml）样品中单核细胞增生李斯特菌菌数，以 CFU/g（ml）表示；如 T 值为0，则以小于1乘以最低稀释倍数报告。

六、单核细胞增生李斯特菌 MPN 计数法（第三法）

适用于单核细胞增生李斯特菌含量较低（<100CFU/g）而杂菌含量较高的食品中单核细胞增生李斯特菌的计数，特别是牛奶、水以及含干扰菌落计数的颗粒物质的食品。

（一）检验程序

单核细胞增生李斯特菌 MPN 计数法检验程序见图4-8。

（二）操作步骤

1. 样品的稀释 同第二法样品稀释方法。

2. 接种和培养

（1）根据对样品污染状况的估计，选取3个适宜连续稀释度的样品匀液（液体样品可包括原液），接种于10ml LB$_1$ 肉汤，每一稀释度接种3管，每管接种1ml（如果接种量需要超过1ml，则用双料 LB$_1$ 增菌液）于（30±1）℃培养（24±2）小时。每管各移取0.1ml，转种于10ml LB$_2$ 增菌液内，于（30±1）℃培养（24±2）小时。

（2）用接种环从各管中移取1环，接种李斯特菌显色平板，（36±1）℃培养24~48小时。

3. 确证试验 自每块平板上挑取5个典型菌落（5个以下全选），按照第一法中初筛、鉴定进行。

（三）结果与报告

根据证实为单核细胞增生李斯特菌阳性的试管管数，查 MPN 检索表（附录一），报告每1g（ml）样品中单核细胞增生李斯特菌的最可能数，以 MPN/g（ml）表示。

```
┌─────────────────────────────────────┐
│              检样                    │
│   25g(ml)样品+225ml LB₁, 均质        │
└─────────────────────────────────────┘
                  │
┌─────────────────────────────────────┐
│           10倍系列稀释               │
└─────────────────────────────────────┘
                  │
┌─────────────────────────────────────┐
│   选择3个适宜连续稀释度的样品匀液,     │
│   各取1ml, 分别接种3管LB₁肉汤         │
└─────────────────────────────────────┘
                  │ (30±1)℃, (24±2)h
┌─────────────────────────────────────┐
│   每管各移取0.1ml, 转种于10ml LB₂     │
└─────────────────────────────────────┘
                  │ (30±1)℃, (24±2)h
┌─────────────────────────────────────┐
│        接种李斯特菌显色平板           │
└─────────────────────────────────────┘
                  │ (36±1)℃, 24~48h
┌─────────────────────────────────────┐
│            确证实验                  │
└─────────────────────────────────────┘
                  │
┌─────────────────────────────────────┐
│            查MPN表                   │
└─────────────────────────────────────┘
                  │
┌─────────────────────────────────────┐
│            结果报告                  │
└─────────────────────────────────────┘
```

图 4 – 8　单核细胞增生李斯特菌 MPN 计数法检验程序

任务六　副溶血性弧菌检验技术

（参考 GB 4789.7—2013《食品安全国家标准 食品微生物学检验 副溶血性弧菌检验》）

一、生物学概述

副溶血弧菌（Vibrio parahaemolyticus，VP），具有嗜盐性（halophilic），常见于河海交汇处及近海的海水、海底沉积物、海产品和盐渍食品中。人们往往通过生食或食用了未充分煮熟的海产品导致疾病发生，其潜伏期 8 ~ 40 小时，最高达 96 小时；典型症状是腹泻（水样便或血样便）、上腹部痉挛、恶心、呕吐、发热。目前，副溶血弧菌已成为世界上多个沿海国家和地区急性胃肠炎的重要病原菌之一，在我国副溶血弧菌引起的食源性疾病已高居微生物性食物中毒的第二位。

副溶血弧菌是 G^-，菌体为棒状、弧状、卵圆状，无芽孢，兼性厌氧，嗜盐、不耐热，50℃ 20 分钟、65℃ 5 分钟或 80℃ 1 分钟即可被杀死。其生长温度范围 10 ~ 44℃，最适生长温度 30 ~ 35℃；生长 pH 范围 4.8 ~ 11.0，最适生长 pH 值为 7.6 ~ 8.6。副溶血弧菌能够在 1% ~ 8% 的 NaCl 生境中存活，最适 NaCl 浓度范围 2% ~ 4%，在低 NaCl 或无 NaCl 生境中停止生长或死亡。副溶血弧菌在嗜盐性固体培养基上菌落较大，隆起、圆形，透明、表面光滑，湿润，无黏性。在 3% ~ 3.5% 含盐水中繁殖迅速，每 8 ~ 9 分钟为一代。发酵葡萄糖、甘露醇，麦芽糖产酸不产气，不发酵乳糖、蔗糖；氧化酶阳性，V – P 阴性。在不含 NaCl 和含 10% NaCl 蛋白胨水中不生长，能在 3% 和 6% NaCl 蛋白胨水中生长。临床上分离于患者的副溶血弧菌菌株 95% 以上在我妻血琼脂（人血琼脂）产生 β – 溶血特征，即神奈川现象

（Kanagawa 现象，KP）。

副溶血弧菌的鞭毛抗原（H 抗原）特异性低，不适合菌种的血清学分型；而菌体抗原（O 抗原）和荚膜抗原（K 抗原）呈现多样性，是副溶血弧菌血清分型、识别副溶血性弧菌非常有效和经典的分型方法。目前，血清型覆盖率是 13 种 O 抗原（O1 ~ O13）和 71 种 K 抗原（K1 ~ K71），其中与人类胃肠炎有关的 O 型与 K 型的组合有 75 种。

副溶血弧菌的致病因子主要包括溶血素类、尿素酶和侵袭因子等，耐热直接溶血毒素（thermostabile direct hemolysin，TDH）、耐热直接相关溶血毒素（TDH – related hemolysin，TRH）、不耐热溶血毒素（thermolabile hemolysin，TLH）为其主要的致病因子，分别由 *tdh*、*trh* 和 *tlh* 3 个基因编码翻译生成，*tdh*、*trh* 和 *tlh* 毒力基因作为副溶血弧菌检测的靶基因，其检测结果应用于各种食品安全检测和评估分离株毒力及其致病性。目前，食品研究表明，我国分离于食品中的副溶血弧菌 *tlh* 基因阳性率为 100%，*tdh* 和 *trh* 基因阳性率则差异性较大，处在未检出或较低检出率的水平。抗生素耐药性研究表明，不同来源的副溶血弧菌对各抗生素耐药率、中介耐药率、敏感率差异较大。研究表明，我国分离的大多数副溶血弧菌对氨苄西林、氨曲南的耐药率最高，其次为链霉素和头孢唑啉，还有部分菌株对利福平有耐药；大多数菌株普遍对三代头孢类抗生素（头孢噻肟、头孢他啶）及磺胺类、氨基糖苷类、四环素类、喹诺酮类、大环内酯类、酰胺醇类、甲砜霉素类抗生素（亚胺培南）等抗生素敏感。

副溶血弧菌主要污染海产品，鱼类、贝类、甲壳类、软体类海产品检出率较高，污染程度与海产品的类别、海域环境条件相关联。从食品类别来看，动物性水产品中副溶血性弧菌检出率一直维持在较高水平，并呈上升趋势，已连续多年成为我国最主要的食源性水产品致病菌。近年来，我国淡水产品中 VP 的侵染具有普遍、高污染、载体多样、地域差异的特点。鱼类、甲壳类、腹足类淡水产品皆有 VP 的侵染，其污染率地域间存在差别，但不存在水产品种类的特异性。流通环节、餐饮环节淡水产品中副溶血弧菌污染率数值范围 1.39% ~ 80.07% 不等，可能原因在于交叉污染所致。

二、设备和材料

恒温培养箱：（36 ± 1）℃；冰箱：2 ~ 5℃、7 ~ 10℃；恒温水浴箱：（36 ± 1）℃；天平：感量 0.1g。

无菌试管：18mm × 180mm、15mm × 100mm；无菌吸管：1ml（具 0.01ml 刻度）、10ml（具 0.1ml 刻度）或微量移液器及吸头；无菌锥形瓶：容量 250ml、500ml、1000ml；无菌培养皿：直径 90mm；均质器或无菌乳钵；无菌手术剪刀、镊子；全自动微生物生化鉴定系统；其他微生物实验室常规灭菌及培养设备。

三、培养基和试剂

3% 氯化钠碱性蛋白胨水、硫代硫酸盐 – 枸橼酸盐 – 胆盐 – 蔗糖（TCBS）琼脂、3% 氯化钠胰蛋白胨大豆琼脂；3% 氯化钠三糖铁琼脂、嗜盐性试验培养基；3% 氯化钠甘露醇试验培养基、3% 氯化钠赖氨酸脱羧酶试验培养基、我妻血琼脂、3% 氯化钠 MR – VP 培养基、弧菌显色培养基。

3% 氯化钠溶液、氧化酶试剂、革兰染液、ONPG 试剂、Voges – Proskauer（V – P）试剂、生化鉴定试剂盒。

四、检验程序

副溶血性弧菌检验程序见图 4 – 9。

```
              样品25g（ml）+225ml 3%氯化钠碱性蛋白胨水

                            接种3%氯化钠碱性蛋白胨水
                            3管，3个适宜的连续稀释度

    (36±1)℃，8~18h                (36±1)℃，8~18h

              TCBS 或弧菌显色培养基

                      (36±1)℃，18~24h

              挑取可疑菌落，接种于3%氯化钠胰蛋白胨大豆琼脂

                      (36±1)℃，18~24h

                    筛选试验
              氧化酶试验，革兰染色，
          3%氯化钠三糖铁琼脂，嗜盐性试验

    生化试验或选用生化鉴定试剂盒或全自动        血清学试验、神奈川试验
        微生物生化鉴定系统                        （选做项目）

                      结果与报告
```

图 4-9　副溶血弧菌检验程序

五、操作步骤

（一）样品制备

1. 样品前处理　非冷冻样品采集后应立即置 7~10℃ 冰箱保存，4~8 小时内检验（尽可能及早检验）；冷冻样品应在 45℃ 以下不超过 15 分钟或在 2~5℃ 不超过 18 小时解冻。

2. 样品取样部位

（1）鱼类和头足类动物取表面组织、肠或鳃。

（2）贝类取全部内容物，包括贝肉和体液；甲壳类取整个动物，或者动物的中心部分，包括肠和鳃。如为带壳贝类或甲壳类，则应先在自来水中洗刷外壳并甩干表面水分，然后以无菌操作打开外壳，按上述要求取相应部分。

3. 样品匀液制备　以无菌操作取样品 25g（ml），加入 3% 氯化钠碱性蛋白胨水 225ml，用旋转刀片式均质器以 8000r/min 均质 1 分钟，或拍打式均质器拍打 2 分钟，制备成 1∶10 的样品匀液。如无均质器，则将样品放入无菌乳钵，自 225ml 3% 氯化钠碱性蛋白胨水中取少量稀释液加入无菌乳钵，样品磨碎后放入 500ml 无菌锥形瓶，再用少量稀释液冲洗乳钵中的残留样品 1~2 次，洗液放入锥形瓶，最后将剩余稀释液全部放入锥形瓶，充分振荡，制备 1∶10 的样品匀液。

（二）增菌

1. 定性检测　将制备的 1∶10 样品匀液于恒温培养箱，(36±1)℃ 培养 8~18 小时。

2. 定量检测

（1）用无菌吸管吸取 1∶10 样品匀液 1ml，注入含有 9ml 3% 氯化钠碱性蛋白胨水的试管内，振摇试管混匀，制备 1∶100 的样品匀液。依次制备 10 倍系列稀释样品匀液，每递增稀释一次，换用一支 1ml 无菌吸管。

（2）根据对检测样品污染情况的估计或文献报道污染情况，选择 3 个适宜的连续稀释度，每个稀释度接种 3 支含有 9ml 3% 氯化钠碱性蛋白胨水的试管，每管接种 1ml。置（36±1）℃恒温箱内，培养 8～18 小时。

（三）分离

1. 对所有显示生长的增菌液，用接种环在距离液面以下 1cm 内沾取一环增菌液，于 TCBS 平板或弧菌显色培养基平板上划线分离。一支试管划线一块平板。于（36±1）℃培养 18～24 小时。

2. 典型的副溶血性弧菌在 TCBS 上呈圆形、半透明、表面光滑的绿色菌落，用接种环轻触，有类似口香糖的质感，直径 2～3mm。从培养箱取出 TCBS 平板后，应尽快（不超过 1 小时）挑取菌落或标记要挑取的菌落。典型的副溶血性弧菌在弧菌显色培养基上的特征按照产品说明进行判定。

（四）纯培养

挑取 3 个或以上可疑菌落，划线接种 3% 氯化钠胰蛋白胨大豆琼脂平板，（36±1）℃培养 18～24 小时。

（五）初步鉴定

1. 氧化酶试验 挑选纯培养的单个菌落进行氧化酶试验，副溶血性弧菌为氧化酶阳性。

2. 涂片镜检 将可疑菌落涂片，进行革兰染色，镜检观察形态。副溶血性弧菌为革兰阴性，呈棒状、弧状、卵圆状等多形态，无芽孢，有鞭毛。

3. 转种 3% 氯化钠三糖铁琼脂斜面 挑取纯培养的单个可疑菌落，转种 3% 氯化钠三糖铁琼脂斜面并穿刺底层，（36±1）℃培养 24 小时观察结果。副溶血性弧菌在 3% 氯化钠三糖铁琼脂中的反应为底层变黄不变黑，无气泡，斜面颜色不变或红色加深，有动力。

4. 嗜盐性试验 挑取纯培养的单个可疑菌落，分别接种 0%、3%、6%、8% 和 10% 不同氯化钠浓度的胰胨水，（36±1）℃培养 24 小时，观察液体浑浊情况。副溶血性弧菌在无氯化钠和 10% 氯化钠的胰胨水中不生长或微弱生长，在 6% 氯化钠和 8% 氯化钠的胰胨水中生长旺盛。

（六）确证鉴定

取纯培养物分别接种含 3% 氯化钠的甘露醇试验培养基、赖氨酸脱羧酶试验培养基、MR－VP 培养基，（36±1）℃培养 24～48 小时后观察结果；3% 氯化钠三糖铁琼脂隔夜培养物进行 ONPG 试验。可选择生化鉴定试剂盒或全自动微生物生化鉴定系统。

六、血清学分型

1. 制备 接种两管 3% 氯化钠胰蛋白胨大豆琼脂试管斜面，（36±1）℃培养 18～24 小时。用含 3% 氯化钠的 5% 甘油溶液冲洗 3% 氯化钠胰蛋白胨大豆琼脂斜面培养物，获得浓厚的菌悬液。

2. K 抗原的鉴定 取一管制备好的菌悬液，首先用多价 K 抗血清进行检测，出现凝集反应时再用单个的抗血清进行检测。用蜡笔在一张玻片上划出适当数量的间隔和一个对照间隔。在每个间隔内各滴加一滴菌悬液，并对应加入一滴 K 抗血清。在对照间隔内加一滴 3% 氯化钠溶液。轻微倾斜玻片，使各成分相混合，再前后倾动玻片 1 分钟。阳性凝集反应可以立即观察到。

3. O 抗原的鉴定 将另外一管的菌悬液转移到离心管内，121℃灭菌 1 小时。灭菌后 4000r/min 离心 15 分钟，弃去上层液体，沉淀用生理盐水洗三次，每次 4000r/min 离心 15 分钟，最后一次离心后留少许上层液体，混匀制成菌悬液。用蜡笔将玻片划分成相等的间隔。在每个间隔内加入一滴菌悬液，将 O 群血清分别加一滴到间隔内，最后一个间隔加一滴生理盐水作为自凝对照。轻微倾斜玻片，使各成分相混合，再前后倾动玻片 1 分钟。阳性凝集反应可以立即观察到。如果未见到与 O 群血清的凝集反应，将菌悬液 121℃再次高压 1 小时后，重新检测。如果仍为阴性，则培养物的 O 抗原属于未知。根据表 4 - 12 报告血清学分型结果。

表 4 - 12　副溶血性弧菌的抗原

O 群	K 型
1	1, 5, 20, 25, 26, 32, 38, 41, 56, 58, 60, 64, 69
2	3, 28
3	4, 5, 6, 7, 25, 29, 30, 31, 33, 37, 43, 45, 48, 54, 56, 57, 58, 59, 72, 75
4	4, 8, 9, 10, 11, 12, 13, 34, 42, 49, 53, 55, 63, 67, 68, 73
5	15, 17, 30, 47, 60, 61, 68
6	18, 46
7	19
8	20, 21, 22, 39, 41, 70, 74
9	23, 44
10	24, 71
11	19, 36, 40, 46, 50, 51, 61
12	19, 52, 61, 66
13	65

七、神奈川试验

神奈川试验是在我妻血琼脂上测试是否存在特定溶血素。神奈川试验阳性结果与副溶血性弧菌分离株的致病性显著相关。

用接种环将测试菌株的 3% 氯化钠胰蛋白胨大豆琼脂 18 小时培养物点种于表面干燥的我妻血琼脂平板。每个平板上可以环状点种几个菌。(36 ± 1)℃培养不超过 24 小时，并立即观察。阳性结果为菌落周围呈半透明环的 β - 溶血特征。

八、结果与报告

1. 定性检验结果报告　根据生化试验的结果，报告 25g（ml）样品中检出或未检出副溶血弧菌。

2. 定量检验结果报告　根据证实为副溶血弧菌阳性的试管数，查最可能数（MPN）检索表（附录一），报告每 1g（ml）副溶血性弧菌的 MPN 值。副溶血性弧菌菌落生化性状和与其他弧菌的鉴别情况分别见表 4 - 13 和表 4 - 14。

表 4 - 13　副溶血性弧菌的生化性状

试验项目	结果
革兰染色镜检	阴性，无芽孢
氧化酶	+
动力	+
蔗糖	-
葡萄糖	+
甘露醇	+

续表

试验项目	结果
分解葡萄糖产气	–
乳糖	–
硫化氢	–
赖氨酸脱羧酶	+
V – P	–
ONPG	–

注：+. 表示阳性；–. 表示阴性。

表 4 – 14　副溶血性弧菌主要性状与其他弧菌的鉴别

名称	氧化酶	赖氨酸	精氨酸	鸟氨酸	明胶	脲酶	V – P	42℃生长	蔗糖	D – 纤维二糖	乳糖	阿拉伯糖	D – 甘露糖	D – 甘露醇	ONPG	嗜盐性试验 氯化钠含量（%）				
																0	3	6	8	10
副溶血性弧菌（V. parahaemolyticus）	+	+	–	+	+	V	–	+	–	V	–	+	+	+	–	–	+	+	+	–
创伤弧菌（V. vulnificus）	+	+	–	+	+	–	–	+	–	+	+	–	+	V	+	–	+	+	–	–
溶藻弧菌（V. alginolyticus）	+	+	–	+	+	+	–	+	+	–	–	+	+	+	–	–	+	+	+	+
霍乱弧菌（V. cholerae）	+	+	–	+	+	–	V	+	+	–	–	+	+	+	+	+	+	–	–	–
拟态弧菌（V. mimicus）	+	+	–	+	+	–	–	+	–	–	–	+	+	+	+	+	+	–	–	–
河弧菌（V. fluvialis）	+	–	+	–	–	–	V	+	+	+	–	+	+	+	+	–	+	+	V	–
弗氏弧菌（V. furnissii）	+	–	+	–	–	–	–	+	+	+	–	+	+	+	+	–	+	+	–	–
梅氏弧菌（V. metschnikovii）	–	+	–	+	–	–	–	V	+	+	–	+	+	+	+	–	+	+	V	–
霍利斯弧菌（V. hollisae）	+	–	–	–	–	–	–	nd	–	–	–	+	+	–	–	–	+	+	–	–

注：+. 表示阳性；–. 表示阴性；nd. 表示未试验；V. 表示可变。

任务七　克罗诺杆菌属检验技术

PPT

（参考 GB 4789.40—2024《食品安全国家标准 食品微生物学检验 克罗诺杆菌检验》）

一、生物学概述

克罗诺杆菌（*Cronobacter* spp.）属于肠杆菌科，主要感染免疫力低下人群，特别是婴幼儿，可以引起新生儿脑膜炎、坏死性小肠结肠炎和菌血症等病症，病死率高达 50% 以上，是一种重要的食源性条件致病菌，其致病剂量较低，是婴幼儿食品中重点关注的致病菌。1929 年克罗诺杆菌首次被发现并命名为黄色阴沟肠杆菌（*Enterobacter cloacae*），1980 年被归为肠杆菌科，更名为阪崎肠杆菌（*E. sakazakii*）后被广泛采用。2008 年根据分子生物学研究结果，将阪崎肠杆菌由种扩大为属，命名为克罗诺杆菌属

（*Cronobacter*）。2012 年，依据分子生物学技术将其划分为 7 个种、3 个亚种，分别是阪崎克罗诺杆菌（*C. sakazakii*）、苏黎世克罗诺杆菌（*C. turicensis*）、丙二酸盐克罗诺杆菌（*C. malonaticus*）、莫金斯克罗诺杆菌（*C. muytjensii*）、康帝蒙提克罗诺杆菌（*C. condimenti*）、尤尼沃斯克罗诺杆菌（*C. universalis*）和都柏林克罗诺杆菌（*C. dublinensis*）。其中，都柏林克罗诺杆菌包括 3 个亚种，分别是都柏林克罗诺杆菌都柏林亚种（*C. dublinensis* subsp. *dublinensis*），都柏林克罗诺杆菌奶粉亚种（*C. dublinensis* subsp. *lactaridi*）和都柏林克罗诺杆菌洛桑亚种（*C. dublinensis* subsp. *lausannensis*）。目前，报道与新生儿的感染有关的菌种仅有阪崎克罗诺杆菌（*C. sakazakii*）、丙二酸盐克罗诺杆菌（*C. malonaticus*）、苏黎世克罗诺杆菌（*C. turicensis*），前 2 种菌株占据我国分离菌株的首位。

克罗诺杆菌呈直杆状，有周鞭毛，能运动，无芽孢，兼性厌氧，发酵葡萄糖产酸产气，V–P 试验阳性、枸橼酸同化反应、β–糖苷酶反应阳性、α–葡萄糖苷酶阳性、甲基红试验阴性，发酵 D–山梨糖醇反应阴性，胞外脱氧核糖核酸酶反应阳性。菌株耐药性与菌株来源种类相关，呈现多样性。章茜等报道，西双版纳进口食品中分离得到的菌株主要是对头孢噻吩（CFT）表现出明显的耐药性，对庆大霉素（GEN）、卡那霉素（KAN）和链霉素（SM）药物敏感性则表现为中介的菌株较多。

克罗诺杆菌表型分型技术主要分为生化分型、血清学分型和分子分型。O 抗原是克罗诺杆菌（*Cronobacter*ssp.）外膜的重要组分，O 抗原结构的多样性为其血清分型提供了基础，目前已经鉴定出 24 种 O 血清型。分子分型层面，包括核糖体分型、脉冲场凝胶电泳（pulsed field gel electrophoresis，PF-GE）、多位点序列分型（multilocus sequence typing，MLST）、单核苷酸多态性（single nucleotide polymorphism，SNP）、核心基因组多位点序列分型（core genomemultilocus sequence typing，cgMLST）和全基因组多位点序列分型（whole – genome multi – locus sequence typing，wgMLST）。基于单基因的分型可用于种水平的鉴定，如 *fusA* 基因，其他单基因分型则有助于对克罗诺杆菌功能及毒力基因的研究；而基于 *gnd* 和 *galF* 基因及 MLST 分型则可获得更多关于菌株血清型、ST 和 CC 型信息，能够进行系统发育关系、菌株致病相关性、流行病学等研究；COG – cgMLST、SNP 和 CRISPR – cas 等全基因组层面的深度解析，则可为确定菌株来源、获取更多与菌株流行病学特性及毒力因子相关信息奠定基础。

克罗诺杆菌生长的营养要求不高，在营养琼脂（NA）、血平板、伊红美蓝琼脂（EMB）、麦康凯琼脂（MAC）、结晶紫中性红胆盐琼脂（VRBA）等培养基上均能生长。克罗诺杆菌在胰蛋白胨大豆琼脂上培养 24 小时后形成 1.5 ~ 2.5mm 的黄色菌落，并能在 25 ~ 36℃ 下形成 2 种以上的菌落形态，第一种菌落呈干燥或黏稠状、边缘粗糙，用接种环触碰有弹性；第二种菌落是典型的光滑菌落，用接种环很容易挑起。通过传代培养，具有粗糙边缘的弹性菌落能转化为典型的光滑菌落。克罗诺杆菌在山梨醇麦康凯琼脂平板上，能形成圆形突起的淡黄色菌落，产生黄色素是克罗诺杆菌的重要特征之一，FDA 方法和 ISO – IDF 方法（国际标准化组织，ISO；国际乳品联合会，IDF）都将其作为克罗诺杆菌鉴定的依据之一。胰胰大豆液体培养基中培养 24 小时后，所有的克罗诺杆菌株均产生大量沉淀。

克罗诺杆菌是高耐受菌，耐热、耐酸、耐高渗透压、抗干燥。生长温度范围 6 ~ 47℃ 条件下生长，最适生长温度为 39℃，pH 和水分活度都会影响其耐热性，克罗诺杆菌在 pH 7 的条件下的耐热性是 pH 4 的条件下的 10 倍，在 4℃、pH 4 的情况下，将水分活度从 0.99 降到 0.96，该菌耐热性增加了 32 倍。克罗诺杆菌耐酸，pH 3.5 的条件下能够存活超过 5 小时，耐酸能力与菌株种类相关。能够在水分活度为 0.3 ~ 0.69 的婴幼儿米粉中存活，低温条件下抗干燥能力增强，干燥环境下存活 2 年，水化后能立刻繁殖。另外，克罗诺杆菌对紫外光也有很好的耐受性，在 60 ~ 70℃ 紫外光照射下能存活 120 分钟。

克罗诺杆菌广泛分布在水、土壤、食品厂生产线（如婴儿配方奶粉加工设备）、工厂和家庭等环境，新鲜食品原料及加工产品中均能检出，因其主要感染途径是被该菌污染的婴儿配方奶粉，所以婴儿配方奶粉是主要关注对象，从 2006 年起针对婴幼儿配方奶粉受克罗诺杆菌污染的高风险性和污染后的巨大危害性，作出了婴幼儿配方奶粉中克罗诺杆菌每批必检的市场准入要求。另外，奶粉、牛奶、奶酪、谷物、大米、肉、水果、草药、香料及其制品、坚果、点心、辣椒制品、腌制品、茶饮料生产原料中都存在某些克罗诺杆菌污染，研究表明在我国克罗诺杆菌已经存在一定程度的污染且污染食品范围较广，主要包括饮用水、肉制品、蔬菜、水果、调味品、食用菌和婴儿食品等，检出率2.6% ~6.3%不等，而阜阳毒奶粉事件中毒奶粉的该菌检出率高达12.6%。

二、设备和材料

恒温培养箱：(36 ±1)℃、(41.5 ±1)℃；冰箱：2~5℃，-20℃；恒温水浴箱：(41.5 ±1)℃；天平：感量0.1g、0.01g；振荡器。

PCR仪，离心机（转速≥12000r/min），凝胶成像系统或紫外检测仪，琼脂糖水平电泳仪或毛细管电泳仪。

无菌吸管：1ml（具0.01ml刻度）、10ml（具0.1ml刻度）或微量移液器及吸头；无菌容器：容量100ml、200ml、2000ml；无菌培养皿：直径90mm；PCR反应管：1.5ml离心管；10μl接种环；pH计或pH比色管或精密pH试纸；微生物生化鉴定系统；其他微生物实验室常规灭菌及培养设备。

三、培养基和试剂

缓冲蛋白胨水（BPW）、改良月桂基硫酸盐胰蛋白胨肉汤 - 万古霉素（mlST - Vm）、克罗诺杆菌显色培养基、胰蛋白胨大豆琼脂（TSA）、L - 赖氨酸脱羧酶培养基、L - 鸟氨酸脱羧酶培养基、L - 精氨酸双水解酶培养基、糖类发酵培养基、西蒙枸橼酸盐培养基。

5U/μl耐热DNA聚合酶；2.5mmol/dNTPs：dATP、dTTP、dCTP、dGTP DNA。

提取试剂（细菌基因组DNA提取试剂盒）、商品化PCR反应预混液、标准（高熔点）琼脂糖（分析纯）、核酸染色剂、分子质量标准：100bp DNA ladder、

克罗诺杆菌质控菌株：具有菌种保藏资质单位提供的ATCC29544或等效菌株；大肠埃希菌质控菌株：具有菌种保藏资质单位提供的ATCC25922或等效菌株。

25mmol/L MgCl$_2$、生化鉴定试剂盒、氧化酶试剂。

内转录间隔区（*its*）PCR引物、克罗诺杆菌基因扩增靶标参考序列如下：

5′- **gggttgtct gcgaaagcga** agtccctttc gtctagaggc ccaggacacc gccctttcac ggcggtaaca ggggttcgaa tcccctaagg gacgccacct gctggtaatgagtgaaaggcgttaccgattgatatctcaaaactgactgtaaagtcacgtttgagatatt tgctctttaacaatccggaacaagctgaaaattgaaacagacatgctg ctgcatttctccgtaataagaaatgcgcggtgtgtcagagtctct - **caaactcgcagcacgaagac** - 3′

注：加粗部分为引物合成参考序列。

10×PCR缓冲液：1mol/L Tris - HCl（pH 8.5）840ml；氯化钾（KCl）37.25g；灭菌去离子水160ml。制法：将氯化钾置于少许1mol/L Tris - HCl（pH 8.5）中，充分溶解后用1mol/L Tris - HCl（pH 8.5）定容至1000ml，121℃高压灭菌15分钟，分装后-20℃保存。

50×TAE电泳缓冲液 Tris 242.0g；EDTA - 2Na（Na$_2$EDTA·2H$_2$O）37.2g；冰醋酸（CH$_3$COOH）57.1ml；灭菌去离子水942.9ml。制法：将Tris和EDTA - 2Na同时溶于800ml灭菌去离子水，充分搅拌均匀；加入冰醋酸，充分溶解后，用1mol/L NaOH调pH值至8.3，并用去离子水定容至1000ml后，室温保存。使用时用去离子水稀释50倍即为1×TAE电泳缓冲液。

6×DNA加样缓冲液 溴酚蓝0.5g；二甲苯氰FF 0.5g；0.5mol/L EDTA（pH 8.0）0.06ml；甘油360ml；灭菌去离子水640ml。制法：0.5mol/L EDTA（pH 8.0）溶于500ml灭菌去离子水中，加入溴酚蓝和二甲苯氰FF溶解，与甘油混合，并用灭菌去离子水定容至1000ml，分装后4℃保存。

四、克罗诺杆菌属定性检验（第一法）

（一）检验程序

克罗诺杆菌属定性检验程序见图4-10。

检样100g(ml)+BPW培养基900ml

↓ (36±1)℃，(18±2)h

前增菌液1ml+mlST-Vm 10ml

↓ (41.5±1)℃，(24±2)h

克罗诺杆菌显色培养基

↓ (36±1)℃，(24±2)h

挑取可疑菌落

↓

TSA → PCR鉴定(选做)

↓ (36±1)℃，(24±2)h ←阳性

挑取可疑菌落

↓阳性　　阴性

生化鉴定

↓

报告

图4-10　克罗诺杆菌属定性检验程序

（二）操作步骤

1. 前增菌和选择性增菌　取检样100g（ml）置于无菌容器中，加入900ml已预热至（41±1）℃的BPW，用手缓缓地摇动至检样充分溶解后，（36±1）℃培养（18±2）小时。轻轻摇动混匀培养过的前增菌液，移取1ml转入10ml mlST-Vm肉汤中，（41.5±1）℃培养（24±2）小时。

2. 分离

（1）轻轻混匀mlST-Vm肉汤培养物，使用10μl接种环各取1环增菌培养物，分别划线接种于2个克罗诺杆菌显色培养基平板，（36±1）℃培养（24±2）小时，或按培养基要求条件培养。

（2）可疑菌落按显色培养基要求进行判定，每个平板挑取至少5个可疑菌落（不足5个时挑取全部可疑菌落），分别划线接种于TSA平板，（36±1）℃培养（24±2）小时。

3. PCR鉴定（选做）　PCR试验环境条件和过程控制参照GB/T 27403规定执行。

（1）DNA模板制备　可采用热裂解法制备模板，从每个TSA平板上挑取2~3个克罗诺杆菌可疑菌落至500μl灭菌去离子水中，充分混匀后100℃加热10分钟，冰浴冷却至室温，12000r/min离心10分钟，取上清液作为DNA模板用于PCR鉴定。若上清液不能及时分析则于-20℃保存备用（1周以内）。

注：也可用等效商品化的细菌基因组DNA提取试剂盒或全自动核酸提取仪按操作要求提取DNA模板。

（2）PCR扩增　引物PCR鉴定用引物信息见表4-15。

表 4 – 15　克罗诺杆菌鉴定用内转录间隔（*its*）PCR 引物序列

目的基因	引物序列	片段长度/bp
内转录间隔区（*its*）	上游引物 F：5′ – GGGTTGTCTGCGAAAGCGAA – 3′	282
	下游引物 R：5′ – GTCTTCGTGCTGCGAGTTTG – 3′	

PCR 反应体系：PCR 反应体系组成见表 4 – 16。

表 4 – 16　克罗诺杆菌鉴定用 PCR 检测反应体系组成

试剂	反应体积/μl	终浓度
灭菌去离子水	14.75	–
10 × PCR 缓冲液	2.5	–
25mmol/L MgCl$_2$	2.5	2.5mmol/L
上游引物（10μmol/L）	2.0	0.2mmol/L
下游引物（10μmol/L）	1.0	0.4μmol/L
DNA 模板	1.0	0.4μmol/L
5U/μl 耐热 DNA 聚合酶	1.0	–
总体积	0.25	0.05U/μl
10 × PCR 缓冲液	25.0	–

注：也可用商品化 PCR 反应预混液按要求制备反应体系。

反应条件　94℃预变性 5 分钟；94℃变性 30 秒，61℃退火 30 秒，72℃延伸 30 秒，35 个循环；72℃延伸 5 分钟，4℃下保存。

（3）对照设置　每次 PCR 鉴定时使用克罗诺杆菌标准菌株 DNA 模板作为阳性对照，大肠埃希氏菌标准菌株 DNA 模板作为阴性对照，提取过程设置灭菌去离子水作为 DNA 提取空白对照，PCR 反应需另设灭菌去离子水作为 PCR 反应体系空白对照。

（4）电泳　用 1 × TAE 电泳缓冲液制备含核酸染色剂的 1.5% 琼脂糖电泳凝胶（核酸染色剂按照说明书要求使用）。在电泳槽中加入电泳缓冲液，使液面没过胶面。将适量 PCR 扩增产物与 6 × 加样缓冲液混合后点样，其中第 1 孔加入 100bp DNA ladder。电压的设置根据电泳槽正负极的距离（cm）×5V/cm 计算并设置，电泳时间为 20 ~ 30 分钟。使用凝胶成像系统或紫外检测仪观察和记录结果。也可采用毛细管电泳仪等设备进行电泳。

（5）PCR 鉴定结果判定

1）质控系统：阴性对照和空白对照均未出现扩增条带，阳性对照出现预期大小（282bp，序列信息见克罗诺杆菌基因扩增靶标参考序列）的扩增条带，则检测系统正常。任一种对照出现非上述正常结果，应重做试验，同时排除干扰因素。

2）阳性结果：在质控系统正常的情况下，待测样品出现预期大小（282bp）的扩增条带，判定 PCR 结果为阳性。

3）阴性结果：在质控系统正常的情况下，待测样品未出现预期大小（282bp）的扩增条带，判定 PCR 结果为阴性。

4. 确证试验　选做 PCR 鉴定时，自 PCR 结果阳性的 TSA 平板上挑取菌落进行生化鉴定，PCR 结果阴性的 TSA 平板不再进行生化鉴定。

未选做 PCR 鉴定时，直接将"2.（2）"项下可疑菌落接种 TSA 平板后进行生化鉴定。可以首先鉴定克罗诺杆菌显色培养基平板上最具特征性的菌落。如果是阳性，则不需要测试其他 TSA 平板上的菌落。如果是阴性，则选取其他 TSA 平板上的菌落进行鉴定，直到全部为阴性或发现阳性菌落为止。为确保结果的准确性，对 TSA 平板上的菌落进行鉴定时，应使用新鲜的传代菌落。克罗诺杆菌的主要生化特征见表 4-17。上述鉴定也可选择商品化生化鉴定试剂盒或微生物生化鉴定系统进行。

表 4-17 克罗诺杆菌属的主要生化特征

生化试验		特征
氧化酶		-
L-赖氨酸脱羧酶		-
L-鸟氨酸脱羧酶		（+）
L-精氨酸双水解酶		+
枸橼酸水解		（+）
发酵	D-山梨醇	（-）
	L-鼠李糖	+
	D-蔗糖	+
	D-蜜二糖	+

注：+. >99% 阳性；-. >99% 阴性；（+）.90%~99% 阳性；（-）.90%~99% 阴性。

（三）结果与报告

根据菌落特征、确证试验（生化鉴定）和（或）PCR 鉴定结果，报告 100g（ml）样品中检出或未检出克罗诺杆菌。

五、克罗诺杆菌属的计数（第二法）

（一）操作步骤

样品的稀释取检样 100g（ml）、10g（ml）、1g（ml）各 3 份，分别置无菌容器中，分别加入 900ml、90ml、9ml 已预热至（41±1）℃的 BPW，用手缓缓地摇动至检样充分溶解，制成 1:10 样品匀液，（36±1）℃培养（18±2）小时。轻轻摇动混匀培养过的前增菌液，分别移取 1ml 转入 10ml mlST-Vm 肉汤，（41.5±1）℃培养（24±2）小时。

（二）分离、鉴定

同"第一法克罗诺杆菌属定性检验"的分离、PCR 鉴定、确证实验。

（三）结果与报告

综合菌落特征、确证试验（生化鉴定）或 PCR 鉴定结果，根据检出克罗诺杆菌的阳性管数，查 MPN 检索表（附录一），报告 100g（ml）样品中克罗诺杆菌的 MPN 值。

任务八 蜡样芽孢杆菌检验技术

PPT

（参考 GB 4789.14—2014《食品安全国家标准 食品微生物学检验 蜡样芽胞杆菌检验》）

一、生物学概述

蜡样芽孢杆菌（*Bacillus cereus*）在自然界中广泛分布、兼性好氧菌，其能够产生致呕吐的呕吐毒素和致腹泻的肠毒素，人体摄入被蜡样芽孢杆菌污染的食品后，一般在 8~16 小时内出现呕吐或腹泻，或两者兼有的中毒症状。偶有引起眼部感染、心内膜炎、脑膜炎和菌血症等疾病。依据《伯杰氏系统细菌学手册》（第九版），该菌为第二类第十八群，该群中还有与蜡样芽孢杆菌（*B. cereus*）同源性高度相似的苏云金芽孢杆菌（*B. thuringiensis*）、炭疽芽孢杆菌（*B. anthracis*）、覃状芽孢杆菌（*B. mycoides*）、假真菌样芽孢杆菌（*B. pseudomycoides*）和韦氏芽孢杆菌（*B. weihenstephanensis*）等。

蜡样芽孢杆菌属于芽孢杆菌属，为 G^+、菌体为杆状、末端方圆、呈短或长链状，大小（1.0 ~ 1.2）$\mu m \times$（3.0 ~ 5.0）μm；产芽孢，芽孢呈圆形或椭圆形，中生或近中生，大小 1.0 ~ 1.5 μm，孢囊无明显膨大，在营养肉汤中 32℃ 培养 3 天后，芽孢形成率在 90% 以上，80 ~ 85℃ 水浴 5 ~ 10 分钟可刺激芽孢萌发；无荚膜、有鞭毛、能运动；引起食源性疾病的菌株多生周鞭毛、有动力。

蜡样芽孢杆菌生长温度范围 10 ~ 45℃，最低生长温度 10 ~ 20℃，最高生长温度 35 ~ 45℃，最适生长温度为 28 ~ 35℃，10℃ 以下、63℃ 以上不繁殖。65 ~ 70℃ 菌体容易死亡，在 100℃、加热 20 分钟可被破坏；pH 在 2 ~ 11 可以生长，最适增殖 pH 为 4.3 ~ 9.3，最适 NaCl 浓度 1g/L，8g/L 时抑制生长，无盐生长良好。

蜡样芽孢杆菌在普通琼脂培养基平板上，30℃、培养 18 ~ 24 小时，形成灰白色、不透明，偶产生黄绿色素，表面粗糙似毛玻璃状或融蜡状菌落，直径为 3 ~ 8mm，菌落为圆形或近似圆形、稍有光泽、质地较软。在甘露醇卵黄多黏素琼脂培养基（MYP）上生长旺盛，30℃、培养 24 ~ 48 小时菌落呈粉红毛玻璃状、周围有白色至粉色沉淀环，直径 8 ~ 10mm；在血琼脂平板上呈现草绿色 β 型完全溶血。肉汤液体培养基中培养往往变浑浊、有菌膜或壁环、振摇易乳化。蜡样芽孢杆菌不发酵甘露醇、木糖、阿拉伯糖，厌氧条件下发酵葡萄糖，常能液化明胶，硝酸盐还原，产卵磷脂酶、酪蛋白酶、青霉素酶，接触酶阳性、卵黄反应阳性、V – P 反应呈阳性。

蜡样芽孢杆菌的分型主要为传统分型和分子分型，传统分型方法包括噬菌体分型、生化分型等；分子分型方法包括重复序列 PCR 分型、扩增片段长度多态性分型和全基因组测序分型等。其中传统生化分型在蜡样芽孢杆菌分型中占主要地位。蜡样芽孢杆菌的传统分型方法主要为生化分型、噬菌体分型、血清分型等。

蜡样芽孢杆菌食源性疾病的发生具有明显的季节性（夏、秋季），引起食源性疾病的食品常于食前保存温度不当，放置时间较长，使食品中污染的蜡样芽孢杆菌得以生长繁殖，产生毒素引起中毒。最常见的可导致两种不同类型的食源性疾病的是腹泻型毒素和呕吐型毒素（表 4 – 18）。

表 4 – 18　两种蜡样芽孢杆菌毒素特征

特征	腹泻型毒素	呕吐毒素
食源性疾病发生剂量	10^5 ~ 10^8（总量，达到疾病发生剂量所需孢子数量少于营养细胞）	10^5 ~ 10^8
毒素产生	在宿主小肠内产生	在食物中产生
毒素结构	蛋白质（Hb1、Nhe、CytK 等）	环形 12 肽
潜伏期	8 ~ 16 小时（偶尔大于 24 小时）	0.5 ~ 6 小时
患病时间	12 ~ 24 小时（偶尔持续几天）	6 ~ 24 小时
症状	腹痛、水样腹泻、偶尔恶心，有致死案例	恶心、呕吐、不适、致死（可能与肝损伤有关）
容易污染的食品	蛋白食品、肉制品、汤、蔬菜、布丁、乳制品	淀粉食品、炒米饭、意大利面、面条

腹泻型毒素（肠毒素）主要引起腹泻为主的食源性患疾病，症状类似于产气荚膜梭状芽孢杆菌（*Clostridium perfringens*）引起的食源性疾病。腹泻可能是由多种肠毒素引起，目前至少发现 5 种不同的肠毒素，包括 2 个三元毒素：溶血素 BL（*hbl*）；非溶血性的肠毒素 Nhe（*nhe*）；3 个单一基因产物：细胞毒素肠素 K（*cytk*）、肠毒素 T（*bceT*）和 HlyLL。肠毒素为一种蛋白质，分子质量在 36 ~ 48kD，等电点为 5.1 ~ 5.9，56℃ 加热 5 分钟可失活，胰蛋白酶或胃蛋白酶可将其失活，有抗原性。肠毒素进入胃中

会被破坏，所以腹泻型食源性疾病是由残留的蜡样芽孢杆菌在小肠中产肠毒素引起的。常引起该中毒的食物有肉类、海鲜、乳品和蔬菜等，欧美国家多见。通常进食 6 ~ 15 小时出现症状，持续 24 小时。主要症状是水样腹泻、腹部痉挛和疼痛，少见呕吐。一般引起食源性疾病的食品数量在 10^5 ~ 10^8 CFU/g，也有在数量较低的情况下（10^3 ~ 10^4 CFU/g）即引起食源性疾病。

呕吐毒素是一种十二肽热稳定性的环状毒素，大小为 1.2kD，无抗原性，极端耐热、耐酸，对胰蛋白酶或胃蛋白酶不敏感。126℃ 90 分钟和 pH 2 ~ 12 的条件下仍具有活性，对物理化学因素稳定，目前的各种食品加工方法（包括灭菌），均无法使其失活。呕吐毒素在食物中预先产生且非常稳定，摄取的食物中含有呕吐毒素，它能够保持完整并可能转化成活性毒素吸附于内脏。在胃中与其受体 5 - HT3 结合，导致呕吐。所以尽管有时食物中检出的蜡状芽孢杆菌数量很少（10^2 CFU/g），却仍能引发呕吐中毒。动物实验也证实它可引起肝脏形成空泡，在蜡样芽孢杆菌产生的毒素中，呕吐毒素较为危险。呕吐型食源性疾病的潜伏期一般为 0.5 ~ 6 小时，一般限于富含淀粉质的食品，特别是炒饭和米饭。主要症状为恶心、呕吐，有时伴有腹泻、头晕、发烧和四肢无力等症状，与金黄色葡萄球菌（S. aureus）引发的食源性疾病相类似。

蜡样芽孢杆菌能够产生呕吐毒素（ETE）和 3 种肠毒素，包括溶血性肠毒素（HBL）、非溶血性肠毒素（NHE）和肠毒素 K（EntK），其中 HBL 和 NHE 是引起以腹泻为主食源性疾病的重要肠毒素，与这些肠毒素产生相关的毒力基因有 5 个：溶血素 BL 基因（hbl）、非溶血性肠毒素基因（nhe）、肠毒素 FM 基因（entFM）、肠毒素 T 基因（becT）和细胞毒素 K 基因（cytK）。其中 hbl 与 nhe 各有 3 个不同的基因亚型，分别为 hblA、hblC、hblD 与 nheA、nheB、nheC。HBL 需要 hblA、hblC、hblD 3 个基因均为阳性时才具有毒性；而当 nheA、nheB、nheC 3 个基因均为阳性时 NHE 的毒性最强。表达呕吐毒素的毒力基因为 ces 基因，该基因编码的呕吐毒素为不易裂解的耐热性毒素。研究表明，来源不同的菌株携带毒力基因存在差异。刘秀峰等应用多重 PCR 技术检测该菌毒力基因发现，蜡样芽胞杆菌呕吐毒素基因 cer 携带率为 96.66%，细胞毒素 cytK 基因携带率为 42.37%，肠毒素 bceT 基因携带率为 38.33%，非溶血性基因 nheA 携带率为 78.33%，非溶血性基因 nheB 携带率为 83.05%，溶血性基因 hblA 携带率为 55.0%，溶血性 hblC 基因携带率为 27.96%。而海口市售海南粉中蜡样芽孢杆菌 10 种毒力基因携带率分别为 entFM 100.00%、nheA 99.27%、nheC 97.81%、nheB 95.62%、hblA 52.55%、hblD 44.53%、hblC 25.55%、cytK 54.74%、bceT 45.99% 和 ces 3.65%，同时携带 nheA、nheB 和 nheC 菌株占比 89.05%，同时携带 hblA、hblC 和 hblD 菌株占比 18.25%，同时携带 nheABC 和 hblACD 菌株占比 16.79%，有 2 株菌携带全部毒力基因，共计 36 种毒力基因携带模式。

蜡样芽孢杆菌主要侵染熟肉制品、乳制品、蔬菜、鱼、土豆、糊、酱油、布丁、炒米饭以及各种甜点等食品，典型的食源性蜡样芽孢杆菌疾病称为"炒米饭综合征"，就是误食被蜡样芽孢杆菌污染的米饭引起的食源性疾病。在美国，炒米饭是引发蜡样芽孢杆菌呕吐型食源性疾病的主要原因；在欧洲，大多由甜点、肉饼、色拉和奶、肉类食品引起；我国则主要与受污染的米饭或淀粉类制品有关。2019 年食品调查研究报道显示，采集自我国 39 个城市的 860 份即食食品样品中，蜡样芽孢杆菌的检出率高达 35%，其中米面样本检出率为 50%，熟肉样本中检出率为 34%；并且该菌携带多种致病基因，耐药性较强，危害较大。因此，2019 年国家卫生健康委员会将蜡样芽孢杆菌病列入《食源性疾病监测报告工作规范》。

二、设备和材料

冰箱：2 ~ 5℃；恒温培养箱：(30 ± 1)℃、(36 ± 1)℃；均质器；电子天平：感量 0.1g。

无菌锥形瓶：100、500ml；无菌吸管：1ml（具 0.01ml 刻度）、10ml（具 0.1ml 刻度）或微量移液器及吸头；无菌平板：直径90mm；无菌试管：18mm×180mm；显微镜：10倍～100倍（油镜）；L涂布棒；其他微生物实验室常规灭菌及培养设备。

三、培养基和试剂

甘露醇卵黄多黏菌素（MYP）琼脂、胰酪胨大豆多黏菌素肉汤、营养琼脂、动力培养基、硝酸盐肉汤、酪蛋白琼脂、硫酸锰营养琼脂培养基、动力培养基、糖发酵管、V－P培养基、胰酪胨大豆羊血（TSSB）琼脂、溶菌酶营养肉汤、西蒙枸橼酸盐培养基、明胶培养基。

磷酸盐缓冲液（PBS）、过氧化氢溶液、0.5%碱性品红。

四、蜡样芽孢杆菌平板计数法（第一法）

适用于蜡样芽孢杆菌含量较高的食品中蜡样芽孢杆菌的计数。

（一）检验程序

蜡样芽孢杆菌平板计数法检验程序见图4－11。

```
┌─────────────────────────────────┐
│          检样                    │
│ 25g(ml)样品+225ml稀释液，均质     │
└─────────────────────────────────┘
              ↓
┌─────────────────────────────────┐
│         10倍系列稀释              │
└─────────────────────────────────┘
              ↓
┌─────────────────────────────────┐
│ 选择2~3个适宜连续稀释度的样        │
│ 品匀液，涂布接种MYP琼脂平板        │
└─────────────────────────────────┘
       (30±1)℃，(24~48)h
              ↓
┌─────────────────────────────────┐
│      典型菌落计数及确证鉴定        │
└─────────────────────────────────┘
              ↓
┌─────────────────────────────────┐
│          结果报告                │
└─────────────────────────────────┘
```

图4－11　蜡样芽孢杆菌平板计数法检验程序

（二）操作步骤

1. 样品处理　冷冻样品应在45℃以下不超过15分钟或在2～5℃不超过18小时解冻，若不能及时检验，应放于（-10～-20）℃保存；非冷冻而易腐的样品应尽可能及时检验，若不能及时检验，应置于2～5℃冰箱保存，24小时内检验。

2. 样品制备　称取样品25g，放入盛有225ml PBS或生理盐水的无菌均质杯内，用旋转刀片式均质器以8000～10000r/min均质1～2分钟，或放入盛有225ml PBS或生理盐水的无菌均质袋中，用拍打式均质器拍打1～2分钟。若样品为液态，吸取25ml样品至盛有225ml PBS或生理盐水的无菌锥形瓶（瓶内可预置适当数量的无菌玻璃珠）中，振荡混匀，作为1∶10的样品匀液。

3. 样品的稀释　吸取1∶10的样品匀液1ml加到装有9ml PBS或生理盐水的稀释管中，充分混匀制成1∶100的样品匀液。根据对样品污染状况的估计，按上述操作，依次制成十倍递增系列稀释样品匀液。每递增稀释1次，换用1支1ml无菌吸管或吸头。

4. 样品接种　根据对样品污染状况的估计，选择2～3个适宜稀释度的样品匀液（液体样品可包括原液），以0.3ml、0.3ml、0.4ml接种量分别移入三块MYP琼脂平板，然后用无菌L棒涂布整个平板，注意不要触及平板边缘。使用前，如 MYP 琼脂平板表面有水珠，可放在 25～50℃ 的培养箱里干燥，直到平板表面的水珠消失。

5. 分离、培养

（1）分离　在通常情况下，涂布后，将平板静置 10 分钟。如样液不易吸收，可将平板放在培养箱（30±1）℃培养 1 小时等样品匀液吸收后翻转平板，倒置于培养箱，（30±1）℃培养（24±2）小时。如果菌落不典型，可继续培养（24±2）小时再观察。在 MYP 琼脂平板上，典型菌落为微粉红色（表示不发酵甘露醇），周围有白色至淡粉红色沉淀环（表示产卵磷脂酶）。

（2）纯培养　选择有典型蜡样芽孢杆菌菌落的平板，且同一稀释度 3 个平板所有菌落数合计在20～200CFU 的平板，计数典型菌落数。从有典型蜡样芽孢杆菌菌落的每个平板中挑取至少 5 个典型菌落（小于 5 个全选），分别划线接种于营养琼脂平板做纯培养，（30±1）℃培养（24±2）小时，进行确证实验。在营养琼脂平板上，典型菌落为灰白色，偶有黄绿色，不透明，表面粗糙似毛玻璃状或融蜡状，边缘常呈扩展状，直径为 4～10mm。

（三）确证鉴定

1. 染色镜检　挑取纯培养的单个菌落，革兰染色镜检。蜡样芽孢杆菌为革兰阳性芽孢杆菌，大小为（1～1.3）μm×（3～5）μm，芽孢呈椭圆形位于菌体中央或偏端，不膨大于菌体，菌体两端较平整，多呈短链或长链状排列。

2. 生化鉴定　挑取纯培养的单个菌落，进行过氧化氢酶试验、动力试验、硝酸盐还原试验、酪蛋白分解试验、溶菌酶耐性试验、V－P 试验、葡萄糖利用（厌氧）试验、根状生长试验、溶血试验、蛋白质毒素结晶试验。蜡样芽孢杆菌生化特征与其他芽孢杆菌的区别见表 4－19。

表 4－19　蜡样芽孢杆菌生化特征与其他芽孢杆菌的区别

项目	蜡样芽孢杆菌（B. cereus）	苏云金芽孢杆菌（B. huringiensis）	蕈状芽孢杆菌（B. mycoides）	炭疽芽孢杆菌（B. anthracis）	巨大芽孢杆菌（B. egaterium）
革兰染色	+	+	+	+	+
过氧化氢酶	+	+	+	+	+
动力	+/-	+/-	-	-	+/-
硝酸盐还原	+	+/-	+	+	-/+
酪蛋白分解	+	+	+/-	-/+	+/-
溶菌酶耐性	+	+	+	+	
卵黄反应	+	+	+	+	-
葡萄糖利用（厌氧）	+	+	+	+	-
V－P 试验	+	+	+	+	-
甘露醇产酸	-	-	-	-	+
溶血（羊红细胞）	+	+	+	-/+	-
根状生长	-	-	+	-	-
蛋白质毒素晶体	-	+	-	-	-

注：+. 表示90%～100%的菌株阳性；-. 表示90%～100%的菌株阴性；+/-. 表示大多数的菌株阳性；-/+. 表示大多数的菌株阴性。

（1）动力试验　用接种针挑取培养物穿刺接种于动力培养基中，30℃培养 24 小时。有动力的蜡样芽孢杆菌应沿穿刺线呈扩散生长，而蕈状芽孢杆菌常呈"绒毛状"生长。也可用悬滴法检查。

（2）溶血试验　挑取纯培养的单个可疑菌落接种于 TSSB 琼脂平板上，（30±1）℃培养（24±2）小时。蜡样芽孢杆菌菌落为浅灰色，不透明，似白色毛玻璃状，有草绿色溶血环或完全溶血环。苏云金芽孢杆菌和蕈状芽孢杆菌呈现弱的溶血现象，而多数炭疽芽孢杆菌为不溶血，巨大芽孢杆菌为不溶血。

（3）根状生长试验　挑取单个可疑菌落按间隔2~3cm距离划平行直线于经室温干燥1~2天的营养琼脂平板上，（30±1）℃培养24~48小时，不能超过72小时。用蜡样芽孢杆菌和蕈状芽孢杆菌标准株作为对照进行同步试验。蕈状芽孢杆菌呈根状生长的特征。蜡样芽孢杆菌菌株呈粗糙山谷状生长的特征。

（4）溶菌酶耐性试验　用接种环取纯菌悬液一环，接种于溶菌酶肉汤中，（36±1）℃培养24小时。蜡样芽孢杆菌在本培养基（含0.001%溶菌酶）中能生长。如出现阴性反应应继续培养24小时。巨大芽孢杆菌不生长。

（5）蛋白质毒素结晶试验　挑取纯培养的单个可疑菌落接种于硫酸锰营养琼脂平板上，（30±1）℃培养（24±2）小时，并于室温放置3~4天，挑取培养物少许于载玻片上，滴加蒸馏水混匀并涂成薄膜。经自然干燥，微火固定后，加甲醇作用30秒后倾去，再通过火焰干燥，于载玻片上滴满0.5%碱性复红，放火焰上加热（微见蒸汽，勿使染液沸腾）持续1~2分钟，移去火焰，更换染液再次加温染色30秒，倾去染液用洁净自来水彻底清洗、晾干后镜检。观察有无游离芽孢（浅红色）和染成深红色的菱形蛋白结晶体。如发现游离芽孢形成的不丰富，应再将培养物置室温2~3天后进行检查。除苏云金芽孢杆菌外，其他芽孢杆菌不产生蛋白结晶体。

3. 生化分型　根据对枸橼酸盐利用、硝酸盐还原、淀粉水解、V-P试验反应、明胶液化试验，将蜡样芽孢杆菌分成不同生化型别（此项目选做），见表4-20。

表4-20　蜡样芽孢杆菌生化分型试验

型别	生化实验				
	枸橼酸盐	硝酸盐	淀粉	V-P	明胶
1	+	+	+	+	+
2	-	+	+	+	+
3	+	+	-	+	+
4	-	-	+	+	+
5	+	-	-	+	+
6	+	+	+	-	+
7	+	-	+	-	+
8	-	+	-	-	+
9	-	+	-	-	-
10	-	+	+	-	+
11	+	+	+	-	+
12	+	+	-	-	+
13	-	-	+	-	-
14	+	+	-	-	+
15	+	-	+	-	+

注：+. 表示90%~100%的菌株阳性；-. 表示90%~100%的菌株阴性。

（四）结果计算

1. 典型菌落计数和确认　选择有典型蜡样芽孢杆菌菌落的平板，且同一稀释度3个平板所有菌落数合计在20~200CFU的平板，计数典型菌落数。如果出现①~⑥现象按菌落计算公式（4-6）计算，如果出现⑦现象则按菌落计算公式（4-7）计算。①只有一个稀释度的平板菌落数在20~200CFU且有典型菌落，计数该稀释度平板上的典型菌落；②2个连续稀释度的平板菌落数均在20~200CFU，但只有一个稀释度的平板有典型菌落，应计数该稀释度平板上的典型菌落；③所有稀释度的平板菌落数均小于

20CFU 且有典型菌落，应计数最低稀释度平板上的典型菌落；④某一稀释度的平板菌落数大于200CFU 且有典型菌落，但下一稀释度平板上没有典型菌落，应计数该稀释度平板上的典型菌落；⑤所有稀释度的平板菌落数均大于200CFU 且有典型菌落，应计数最高稀释度平板上的典型菌落；⑥所有稀释度的平板菌落数均不在20～200CFU 且有典型菌落，其中一部分小于20CFU 或大于200CFU 时，应计数最接近20CFU 或200CFU 的稀释度平板上的典型菌落。⑦2 个连续稀释度的平板菌落数均在20～200CFU 且均有典型菌落。

2. 计算公式

$$T = \frac{A \cdot B}{C \cdot d} \qquad (4-6)$$

式中，T 为样品中蜡样芽孢杆菌菌落数；A 为某一稀释度蜡样芽孢杆菌典型菌落的总数；B 为鉴定结果为蜡样芽孢杆菌的菌落数；C 为用于蜡样芽孢杆菌鉴定的菌落数；d 为稀释因子。

$$T = \frac{\dfrac{A_1 \cdot B_1}{C_1} \cdot \dfrac{A_2 \cdot B_2}{C_2}}{1.1 \cdot d} \qquad (4-7)$$

式中，T 为样品中蜡样芽孢杆菌菌落数；A_1 为第一稀释度（低稀释倍数）蜡样芽孢杆菌典型菌落的总数；A_2 为第二稀释度（高稀释倍数）蜡样芽孢杆菌典型菌落的总数；B_1 为第一稀释度（低稀释倍数）鉴定结果为蜡样芽孢杆菌的菌落数；B_2 为第二稀释度（高稀释倍数）鉴定结果为蜡样芽孢杆菌的菌落数；C_1 为第一稀释度（低稀释倍数）用于蜡样芽孢杆菌鉴定的菌落数；C_2 为第二稀释度（高稀释倍数）用于蜡样芽孢杆菌鉴定的菌落数；1.1 为计算系数（如果第二稀释度蜡样芽孢杆菌鉴定结果为0，计算系数采用1）；d 为稀释因子（第一稀释度）。

（五）结果与报告

1. 根据 MYP 平板上蜡样芽孢杆菌的典型菌落数，按公式（4-6）、公式（4-7）计算，报告每 1g（ml）样品中蜡样芽孢杆菌菌数，以 CFU/g（ml）表示；如 T 值为0，则以小于1乘以最低稀释倍数报告。

2. 必要时报告蜡样芽孢杆菌生化分型结果。

五、蜡样芽孢杆菌 MPN 计数法（第二法）

适用于蜡样芽孢杆菌含量较低的食品样品中蜡样芽孢杆菌的计数。

（一）检验程序

蜡样芽孢杆菌 MPN 计数法检验程序见图4-12。

（二）操作步骤

1. 样品处理 冷冻样品应在45℃以下不超过15分钟或在2～5℃不超过18小时解冻，若不能及时检验，应放于 -10～-20℃保存；非冷冻而易腐的样品应尽可能及时检验，若不能及时检验，应置于2～5℃冰箱保存，24小时内检验。

2. 样品制备 称取样品25g，放入盛有225ml PBS 或生理盐水的无菌均质杯内，用旋转刀片式均质器以8000～10000r/min 均质1～2分钟，或放入盛有225ml PBS 或生理盐水的无菌均质袋中，用拍打式均质器拍打1～2分钟。若样品为液态，吸取25ml 样品至盛有225ml PBS 或生理盐水的无菌锥形瓶（瓶内可预置适当数量的无菌玻璃珠）中，振荡混匀，作为1：10 的样品匀液。

3. 样品的稀释 吸取1：10 的样品匀液1ml 加到装有9ml PBS 或生理盐水的稀释管中，充分混匀制成1：100 的样品匀液。根据对样品污染状况的估计，按上述操作，依次制成10 倍递增系列稀释样品匀液。每递增稀释1 次，换用1 支1ml 无菌吸管或吸头。

图 4 – 12　蜡样芽孢杆菌 MPN 计数法检验程序

4. 样品接种　取 3 个适宜连续稀释度的样品匀液（液体样品可包括原液），接种于 10ml 胰酪胨大豆多黏菌素肉汤中，每一稀释度接种 3 管，每管接种 1ml（如果接种量需要超过 1ml，则用双料胰酪胨大豆多黏菌素肉汤）。于（30 ± 1）℃培养（48 ± 2）小时。

5. 培养　用接种环从各管中分别移取 1 环，划线接种到 MYP 琼脂平板上，（30 ± 1）℃培养（24 ± 2）小时。如果菌落不典型，可继续培养（48 ± 2）小时再观察。

6. 确证鉴定　从每个平板选取 5 个典型菌落（小于 5 个则全选），划线接种于营养琼脂平板做纯培养，（30 ± 1）℃培养（24 ± 2）小时，进行确证试验，即前文提到的染色镜检、生化鉴定、生化分型（选做项目）等确证鉴定实验。

（三）结果与报告

根据证实为蜡样芽孢杆菌阳性的试管管数，查 MPN 检索表（附录一），报告每 1g（ml）样品中蜡样芽孢杆菌的最可能数，以 MPN/g（ml）表示。

任务九　空肠弯曲菌检验技术

PPT

（参考 GB 4789.9—2014《食品安全国家标准 食品微生物学检验 空肠弯曲菌检验》）

一、生物学概述

空肠弯曲菌（*Campylobacter jeuni*）是一种微需氧的革兰阴性菌，是一种人畜共患的食源性病原菌。可通过食物和水传播，易引起腹泻，且发病率高。该菌可定植在家禽、家畜及野生鸟类的肠道中，鸡是其主要的自然宿主，可通过患病动物或受污染的水传染人。空肠弯曲菌感染的主要临床症状包括水样或血样腹泻、恶心、发烧和腹痛，并发症包括自身免疫疾病，如格林 – 巴利综合征（Guillain – Barri syndrome，GBS）和米勒 – 费雪综合征（Miller – Fisher syndrome，MFS），从而导致麻痹无力，也经常伴发关节炎和炎症性肠道疾病。

空肠弯曲菌为革兰阴性的多形态菌,多为螺旋形,弯曲杆状,大小为 $(0.3 \sim 0.4)\mu m \times (1.5 \sim 3)\mu m$,呈 S 形或纺锤形;在固体培养基上培养时间过久,如超过 48 小时以衰老的球形菌居多。菌体一端或两端有单根鞭毛,动力阳性,长度约为菌体的 2～3 倍,在低黏性环境中的运动速度能达到棒状菌的 2 倍,当环境黏度增加 40～80 倍时,也能够一直保持该速度,可能是由于其螺旋形细胞形状及鞭毛作用所致。空肠弯曲菌鞭毛在其毒力和肠道定植力中起重要作用,并参与重要的途径,如肠道定植、毒力蛋白的分泌、宿主细胞入侵、自身凝集反应及生物膜的形成等。

空肠弯曲菌对温度和氧气浓度等环境条件要求很高,它不适宜生存在自然有氧的环境中,需要少量的氧气(3%～6%)才能生长。初次分离时需要在含 5% 氧、85% 氮和 10% 二氧化碳环境中,传代后能在 10% 二氧化碳环境中生长,在富氧和厌氧环境中均不生长;培养适宜温度为 25～43℃,最适温度为 42℃,最适 pH 7.2;对糖类既不发酵也不氧化,呼吸代谢无酸性或中性产物,生长不需要血清,从氨基酸或三羧酸循环获得能量;在布氏肉汤中生长呈均匀浑浊;在血琼脂上,初分离出现两种菌落特征:第一型菌落不溶血、灰色、扁平、湿润、有光泽,看上去像水滴,边缘不规则,常沿划线蔓延生长;第二型菌落也不溶血,常呈分散凸起的单个菌落(直径 1～2mm)、边缘整齐、半透明、有光泽,呈单个菌落生长。当菌种传代后,如遇环境温度不适宜,易出现第二型。空肠弯曲菌能够分泌胞外多糖和各种胞外蛋白和核酸等相互交联在一起构成生物膜,可增强其在不利环境下的生存率,尤其是对各种洗涤剂、抗生素和消毒剂的耐受力。空肠弯曲菌的生物膜有 3 种状态:①在固体表面附着形成,比如聚苯乙烯、玻璃、钢等介质表面;②在气液表面形成薄膜;③在液体内部形成絮状团块。经过扫描电子显微镜观察发现,3 种状态生物膜均为相似结构。

空肠弯曲菌约有 40% 的菌株可以水解酪蛋白、核糖核酸和脱氧核糖核酸,90%～95% 的菌株具有碱性磷酸酶活性,6% 的菌株芳香基硫酸酯酶阳性。在 0.1% 亚硒酸钠斜面上生长,还原硝酸盐,水解马尿酸盐,水解吲哚酚。在含有 0.1% 胆汁或 1.5% NaCl 的培养基中可生长。该菌抵抗力不强,易被干燥、直射阳光、弱消毒剂等杀灭,加热至 58℃经 5 分钟可杀死。对美罗培南、庆大霉素、卡那霉素、青霉素、红霉素、四环素、庆大霉素敏感;对磺胺类、喹诺酮类、β - 内酰胺类和四环素类抗生素的耐药率较高。

空肠弯曲杆菌是一种重要的人兽共患病原菌,主要通过黏附、定植、侵袭、产毒素等方式对宿主造成致病性,由多个毒力因子共同参与的结果。其毒力因子主要有运动相关毒力因子、黏附相关毒力因子、侵袭相关毒力因子、外毒素与内毒素、其他毒力因子(响应调节基因、铁转运蛋白)。

空肠弯曲菌是引起人类腹泻常见病原菌之一,世界流行疾病研究指出空肠弯曲菌主要由食品传染,禽肉产品是主要的传染源。由于空肠弯曲菌能够在家禽肠道内大量定植,在屠宰的过程中如果肠道破裂很容易污染屠宰场地、设施和水从而污染禽肉产品,禽肉食品安全的微生物因素中空肠弯曲菌仅次于沙门菌和李斯特菌,能够通过环境或食物链进入动物和人体从而引起各种空肠弯曲菌相关疾病,导致家禽腹泻、肝炎及奶牛流产不孕等,人感染后其临床症状从水样腹泻到血便,同时伴有头痛、腹痛、发热、偶有呕吐。在欧洲,每年约有 1% 的人感染空肠弯曲菌,其中 80% 以上的感染病例是由于摄入空肠弯曲菌污染的肉鸡所引起。在我国,婴幼儿是弯曲菌肠炎的高发人群,特别是在东部沿海发达地区的夏秋季节,最易感染空肠弯曲菌而引发腹泻。

二、设备和材料

恒温培养箱:(25 ± 1)℃、(36 ± 1)℃、(42 ± 1)℃;冰箱:2～5℃;恒温振荡培养箱:(36 ± 1)℃、(42 ± 1)℃;天平:感量 0.1g;均质器与配套均质袋;振荡器。

无菌吸管:1ml(具 0.01ml 刻度)、10ml(具 0.1ml 刻度)或微量移液器及吸头;无菌锥形瓶:容量 100ml、200ml、2000ml；无菌培养皿：直径 90mm；pH 计或 pH 比色管或精密 pH 试纸。

水浴装置：（36 ± 1）℃、100℃；微需氧培养装置：提供微需氧条件（5% 氧气、10% 二氧化碳和 85% 氮气）；过滤装置及滤膜（0.22μm、0.45μm）；显微镜：10 ~ 100 倍，有相差功能；离心机：离心速度 ≥20000 × g；比浊仪；生化鉴定试剂盒或生化鉴定卡；微生物生化鉴定系统。

三、培养基和试剂

Bolton 肉汤；改良 CCD 琼脂（mCCDA）；哥伦比亚血琼脂；布氏肉汤；Skirrow 血琼脂；0.1% 蛋白胨水；空肠弯曲菌显色培养基。

氧化酶试剂；马尿酸钠水解试剂；吲哚乙酸酯纸片；1mol/L 硫代硫酸钠（$Na_2S_2O_3$）溶液；3% 过氧化氢（H_2O_2）溶液。

四、检验程序

空肠弯曲菌检验程序见图 4 – 13。

图 4 – 13 空肠弯曲菌检验程序

五、操作步骤

（一）样品处理

1. 一般样品 取25g（ml）样品（水果、蔬菜、水产品为50g）加入盛有225ml Bolton肉汤的有滤网的均质袋中（若为无滤网均质袋可使用无菌纱布过滤），用拍打式均质器均质1~2分钟，经滤网或无菌纱布过滤，将滤过液进行培养。

2. 整禽等样品 用200ml 0.1%的蛋白胨水中充分冲洗样品的内外部，并振荡2~3分钟，经无菌纱布过滤至250ml离心管中，16000g离心15分钟后弃去上清，用10ml 0.1%蛋白胨水悬浮沉淀，吸取3ml于100ml Bolton肉汤中进行培养。

3. 贝类 取至少12个带壳样品，除去外壳后将所有内容物放到均质袋中，用拍打式均质器均质1~2分钟，取25g样品至225ml Bolton肉汤中（1:10稀释），充分震荡后再转移25ml于225ml Bolton肉汤中（1:100稀释），将1:10和1:100稀释的Bolton肉汤同时进行培养。

4. 蛋黄液或蛋浆 取25g（ml）样品于125ml Bolton肉汤中并混匀（1:6稀释），再转移25ml于100ml Bolton肉汤中并混匀（1:30稀释），同时将1:6和1:30稀释的Bolton肉汤进行培养。

5. 鲜乳、冰淇淋、奶酪等 若为液体乳制品取50g；若为固体乳制品取50g加入盛有50ml 0.1%蛋白胨水的有滤网均质袋中，用拍打式均质器均质15~30秒，保留过滤液。必要时调整pH值至7.5±0.2，将液体乳制品或滤过液以20000g离心30分钟后弃去上清，用10ml Bolton肉汤悬浮沉淀（尽量避免带入油层），再转移至90ml Bolton肉汤进行培养。

6. 需表面涂拭检测的样品 无菌棉签擦拭检测样品的表面（面积至少100cm²以上），将棉签头剪落到100ml Bolton肉汤中进行培养。

7. 水样 将4L的水（对于氯处理的水，在过滤前每升水中加入5ml 1mol/L硫代硫酸钠溶液）经0.45μm滤膜过滤，把滤膜浸没在100ml Bolton肉汤中进行培养。

（二）预增菌与增菌

在微需氧条件下，（36±1）℃培养4小时，如条件允许配以100r/min的速度进行振荡。必要时测定增菌液的pH值并调整至7.4±0.2，（42±1）℃继续培养24~48小时。

（三）分离

将24小时增菌液、48小时增菌液及对应的1:50稀释液分别划线接种于Skirrow血琼脂与mCCDA琼脂平板上，微需氧条件下（42±1）℃培养24~48小时。另外可选择使用空肠弯曲菌显色培养基作为补充。

观察24小时培养与48小时培养的琼脂平板上的菌落形态，mCCDA琼脂平板上的可疑菌落通常为淡灰色，有金属光泽、潮湿、扁平，呈扩散生长的倾向。Skirrow血琼脂平板上的第一型可疑菌落为灰色、扁平、湿润有光泽，呈沿接种线向外扩散的倾向；第二型可疑菌落常呈分散凸起的单个菌落，边缘整齐、发亮。空肠弯曲菌显色培养基上的可疑菌落按照说明书进行判定。

（四）确证鉴定

1. 弯曲菌属的鉴定 挑取5个（如少于5个则全部挑取）或更多的可疑菌落接种到哥伦比亚血琼脂平板上，微需氧条件下（42±1）℃培养24~48小时，按照（1）~（5）进行鉴定，结果符合表4-21的可疑菌落确定为弯曲菌属。

表 4-21 弯曲菌属的鉴定表

项目	弯曲菌属特性
形态观察	革兰阴性，菌体弯曲如小逗点状，两菌体的末端相接时呈 S 型、螺旋状或海鸥展翅状[a]
动力观察	呈现螺旋状运动[b]
氧化酶试验	阴性
微需氧条件下（25±1）℃生长试验	不生长
有氧条件下（42±1）℃生长试验	不生长

注：a. 有些菌株的形态不典型；b. 有些菌属的运动不明显。

（1）形态观察　挑取可疑菌落进行革兰染色镜检。

（2）动力观察　挑取可疑菌落用 1ml 布氏肉汤悬浮，用相差显微镜观察运动状态。

（3）氧化酶试验　用铂/铱接种环或玻璃棒挑取可疑菌落至氧化酶试剂润湿的滤纸上，如果在 10 秒内出现紫红色、紫罗兰或深蓝色为阳性。

（4）微需氧条件下（25±1）℃生长试验　挑取可疑菌落，接种到哥伦比亚血琼脂平板上，微需氧条件下（25±1）℃培养（44±4）小时，观察细菌生长情况。

（5）有氧条件下（42±1）℃生长试验　挑取可疑菌落，接种到哥伦比亚血琼脂平板上，有氧条件下（42±1）℃培养（44±4）小时，观察细菌生长情况。

2. 空肠弯曲菌的鉴定

（1）过氧化氢酶试验　挑取菌落，加到干净玻片上的 3% 过氧化氢溶液中，如果在 30 秒内出现气泡则判定结果为阳性。

（2）马尿酸钠水解试验　挑取菌落，加到盛有 0.4ml 1% 马尿酸钠的试管中制成菌悬液。混合均匀后在（36±1）℃水浴中温育 2 小时或（36±1）℃培养箱中温育 4 小时。沿着试管壁缓缓加入 0.2ml 茚三酮溶液，不要振荡，在（36±1）℃的水浴或培养箱中再温育 10 分钟后判读结果。若出现深紫色则为阳性；若出现淡紫色或没有颜色变化则为阴性。

（3）吲哚乙酸酯水解试验　挑取菌落至吲哚乙酸酯纸片上，再滴加一滴灭菌水。如果吲哚乙酸酯水解，则在 5~10 分钟内出现深蓝色；若无颜色变化则表示没有发生水解。空肠弯曲菌的鉴定结果见表 4-22。

（4）替代试验　对于确定为弯曲菌属的菌落，可使用生化鉴定试剂盒或生化鉴定卡代替（1）~（3）进行鉴定。

表 4-22 空肠弯曲菌的鉴定

特征	空肠弯曲菌 C. jejuni	结肠弯曲菌 C. coli	海鸥弯曲菌 C. lari	乌普萨拉弯曲菌 C. upsaliensis
过氧化氢酶试验	+	+	+	- 或微弱
马尿酸钠水解试验	+	-	-	-
吲哚乙酸酯水解试验	+	+	-	+

注：+. 表示阳性；-. 表示阴性。

六、结果与报告

要求按照所学的空肠弯曲菌检验技术的有关要求撰写试验报告，提交实验报告的同时提交试验记录纸，综合以上试验结果给出检验结论，报告检样单位中检出或未检出空肠弯曲菌。

知识链接

致病性微生物的快速测定技术

致病性微生物的快速测定技术：GB/T 22429—2008《食品中沙门氏菌、肠出血性大肠埃希氏菌 O157 及单核细胞增生李斯特氏菌的快速筛选检验酶联免疫法》给出了食品中沙门菌（*Salmonella* spp.）、肠出血性大肠埃希菌 O157（*E. Coli* O157）及单核细胞增生李斯特菌（*L. monocytogenes*）的快速筛选检验的酶联免疫法。本标准规定了食品中沙门菌、肠出血性大肠埃希菌 O157 及单核细胞增生李斯特菌的酶联免疫法的检验步骤和判断原则，适用于各种食品中沙门菌、肠出血性大肠埃希菌 O157 及单核细胞增生李斯特菌的定性检验。该方法技术原理是样品做增菌处理，增菌液经加热处理后移入包被特异性抗体（一抗）的固相容器内，使目标菌与一抗结合，洗去未结合的其他成分；加热特异性酶标抗体（二抗），再次洗去未结合的其他成分；加入特定底物与之结合，生成荧光化合物或有色化合物，通过检测荧光轻度或吸光度，与参照值比较，得出检验结果。

练习题

答案解析

1. 简述沙门菌、志贺菌、金黄色葡萄球菌生物学特性。
2. 简述沙门菌、志贺菌、金黄色葡萄球菌检验流程。
3. 简述沙门菌、志贺菌在三糖铁培养基不同表现。
4. 简述金黄色葡萄球菌的培养特性及形态染色特点。
5. 根据遗传指纹图谱和致病潜力，单核细胞增生李斯特菌分为哪几个不同的谱系？各自的血清学分型？
6. 简述贝壳类海产品进行副溶血弧菌检测时，如何处理检测样本。
7. 简述克罗诺杆菌表型分型技术的种类。
8. 简述引起蜡样芽孢杆菌食源性疾病生物毒素的种类及其特征。
9. 简述空肠弯曲菌传染源及其对人体的危害。

书网融合……

本章小结　　　　微课　　　　题库

发酵食品微生物检验技术

PPT

学习目标

知识目标

1. **掌握** 乳酸菌、双歧杆菌检验的方法；掌握酱油种曲孢子数和孢子发芽率测定的方法。
2. **熟悉** 乳酸菌、双歧杆菌检验的程序和操作步骤。
3. **了解** 乳酸菌、双歧杆菌的生物学特性。

技能目标

1. 会办理发酵食品微生物乳酸菌、双歧杆菌、酱油种曲孢子数及发芽率检验。
2. 能处理发酵食品检验遇到的问题并进行分析。
3. 能运用所学知识技能规范编写实验报告。

素质目标

1. 具有较强的质量安全意识和规范操作意识。
2. 严格遵守检验规范，客观、公正地出具检验报告。

情境导入

情境："开门七件事，柴米油盐酱醋茶"。公元前 6000 年，古埃及和古巴比伦人就开始发酵生产酒精、酿造啤酒，我国也在石器时代开始谷物酿酒……自有历史记载以来，我们就发现了人类食用微生物发酵食品的证据。发酵食品是人们利用有益微生物加工制造的一类具有独特风味的食品，其独特口感离不开微生物之间的协同作用，因此食品工业中发酵食品微生物的安全检验工作至关重要，既能检验它们是否符合制作的技术要求又能保障该发酵食品应有的风味。

讨论 发酵食品为什么要进行微生物检验？

任务一　乳酸菌检验技术

（参考 GB 4789.35—2023《食品安全国家标准 食品微生物学检验 乳酸菌检验》）

一、生物学概述

乳酸菌（Lactic acid bacteria）是一类可发酵糖，主要产生大量乳酸的细菌的通称。乳酸菌主要为乳杆菌属（*Lactobacillus*）、双歧杆菌属（*Bifidobacterium*）和嗜热链球菌属（*Strelptococcus thermophilus*）。乳酸菌是一群庞杂的细菌，目前至少可分为 18 个属，共有 200 多种。除极少数外，其中绝大部分都是人体内必不可少的且具有重要生理功能的菌群，其广泛存在于人体的肠道中，目前已被国内外生物学家所证实，肠内乳酸菌与身体健康有着非常密切的直接关系。本族中以乳酸杆菌属（*Lactobacillus*）最为重要，大多是工业上尤其是食品工业上的常用菌种，存在于乳制品、发酵食品中。工业生产乳酸常用高温发酵菌，如德氏乳酸杆菌（*L. delbrueckii*），最适生长温度为45℃，此菌在乳酸制造和乳酸钙制造工业上广泛应用。

二、设备和材料 🅔微课1

恒温培养箱：（36±1）℃；厌氧培养装置：厌氧培养箱、厌氧罐、厌氧袋或能提供同等厌氧效果的装置；冰箱：2~8℃；均质器及无菌均质袋、均质杯或灭菌乳钵；涡旋混匀仪；电子天平：感量0.001g；实时定量 PCR 仪；恒温水浴锅或金属浴；离心机：离心力 >10000×g；无菌试管：18mm×180mm、15mm×100mm；无菌吸管：1ml（具0.01ml 刻度）、10ml（具0.1ml 刻度）；微量移液器和灭菌吸头：2μl、10μl、100μl、200μl、1000μl；无菌锥形瓶：500ml、250ml；无菌平板：直径 90mm；PCR 管。

三、培养基和试剂

稀释液；MRS 琼脂培养基；莫匹罗星锂盐和半胱氨酸盐酸盐改良 MRS 琼脂培养基；MC 培养基琼脂培养基；0.5% 蔗糖发酵管；0.5% 纤维二糖发酵管；0.5% 麦芽糖发酵管；0.5% 甘露醇发酵管；0.5% 水杨苷发酵管；0.5% 山梨醇发酵管；0.5% 乳糖发酵管；七叶苷发酵管；革兰染液；生理盐水；DNA 提取液；10×PCR 缓冲液；莫匹罗星锂盐：化学纯；半胱氨酸盐酸盐：纯度 >99%；dNTPs；Taq DNA 聚合酶：5U/μl；七种乳酸菌引物探针；灭菌去离子水。

四、乳酸菌检验 🅔微课2

（一）检验程序
乳酸菌检验程序见图5-1。

（二）操作步骤

1. 样品制备
（1）样品的全部制备过程均应遵循无菌操作程序。

（2）稀释液在试验前应在（36±1）℃条件下充分预热15~30分钟。

（3）冷冻样品可先使其在2~5℃条件下解冻，时间不超过18小时，也可在温度不超过45℃的条件下解冻，时间不超过15分钟。

（4）固体和半固体食品 以无菌操作称取25g样品，置于装有225ml 稀释液的无菌均质杯内，于8000×~10000×g均质1~2分钟，制成1:10 样品匀液；或置于225ml 稀释液的无菌均质袋中，用拍打式均质器拍打1~2分钟制成1:10 的样品匀液。

（5）液体样品 液体样品应先将其充分摇匀后以无菌吸管吸取样品25ml 放入装有225ml 稀释液的无菌锥形瓶（瓶内预置适当数量的无菌玻璃珠）或均质袋中，充分振摇或拍打式均质器拍打1~2分钟，制成1:10 的样品匀液。

（6）经特殊技术（如包埋技术）处理的含乳酸菌食品样品应在相应技术/工艺要求下进行有效前处理。

2. 稀释及培养
（1）用1ml 无菌吸管或微量移液器吸取1:10 样品匀液1ml，沿管壁缓慢注入装有9ml 稀释液的无菌试管中（注意吸管或微量移液器吸头尖端不要触及稀释液），振摇试管或换用1支无菌吸管反复吹打

图 5 – 1　乳酸菌检验程序

使其混合均匀，制成 1：100 的样品匀液。

（2）另取 1ml 无菌吸管或微量移液器吸头，按上述操作顺序，做 10 倍递增样品匀液，每递增稀释一次，即换用 1 次 1ml 灭菌吸管或吸头。

（3）经特殊技术（如包埋技术）处理的含乳酸菌食品应按照相应技术/工艺要求进行稀释。

3. 乳酸菌计数

（1）乳酸菌总数　乳酸菌总数计数培养条件的选择及结果说明见表 5 – 1。

表 5 – 1　乳酸菌总数计数培养条件的选择及结果说明

样品中所包括乳酸菌菌属	培养条件的选择及结果说明
仅包括双歧杆菌属	按 GB 4789.34 的规定执行
仅包括乳杆菌属	按照（4）操作，厌氧培养，结果即为乳杆菌属总数
仅包括嗜热链球菌	按照（3）操作，结果即为嗜热链球菌总数
同时包括双歧杆菌属和乳杆菌属	·按照（4）操作，结果即为乳酸菌总数 ·如需单独计数双歧杆菌属数目，按照（2）操作
同时包括双歧杆菌属和嗜热链球菌	·按照（2）和（3）操作，二者结果之和即为乳酸菌总数 ·如需单独计数双歧杆菌属数目，按照（2）操作
同时包括乳杆菌属和嗜热链球菌	·按照（3）和（4）操作，二者结果之和即为乳酸菌总数 ·（3）结果为嗜热链球菌总数 ·（4）结果为乳杆菌属总数
同时包括双歧杆菌属，乳杆菌属和嗜热链球菌	·按照（3）和（4）操作，二者结果之和即为乳酸菌总数 ·如需单独计数双歧杆菌属数目，按照（2）操作

（2）双歧杆菌计数　根据对待检样品双歧杆菌含量的估计，选择2~3个连续的适宜稀释度，每个稀释度吸取1ml样品匀液于灭菌平板内，每个稀释度做两个平板。稀释液移入平板后，将冷却至48~50℃的莫匹罗星锂盐和半胱氨酸盐酸盐改良的MRS琼脂培养基倾注入平板约15~20ml，转动平板使混合均匀。培养基凝固后倒置于（36±1）℃厌氧培养，根据双歧杆菌生长特性，一般选择培养48小时，若菌落无生长或生长较小可选择培养至72小时，培养后计数平板上的所有菌落数。从样品稀释到平板倾注要求在15分钟内完成。

（3）嗜热链球菌计数　根据待检样品嗜热链球菌活菌数的估计，选择2~3个连续的适宜稀释度，每个稀释度吸取1ml样品匀液于灭菌平板内，每个稀释度做两个平板。稀释液移入平板后，将冷却至48~50℃的MC琼脂培养基倾注入平板约15~20ml，转动平板使混合均匀。培养基凝固后倒置于（36±1）℃有氧培养，根据嗜热链球菌生长特性，一般选择培养48小时，若菌落无生长或生长较小可选择培养至72小时。嗜热链球菌在MC琼脂培养基平板上的菌落特征为：菌落中等偏小，边缘整齐光滑的红色菌落，直径2mm±1mm，菌落背面为粉红色。

（4）乳杆菌计数　根据待检样品活菌总数的估计，选择2~3个连续的适宜稀释度，每个稀释度吸取1ml样品匀液于灭菌平板内，每个稀释度做两个平板。稀释液移入平板后，将冷却至48~50℃的MRS琼脂培养基倾注入平板15~20ml，转动平板使混合均匀。培养基凝固后倒置于（36±1）℃厌氧培养。根据乳杆菌生长特性，一般选择培养48小时，若菌落无生长或生长较小可选择培养至72小时。从样品稀释到平板倾注要求在15分钟内完成。

4. 菌落计数　可用肉眼观察，必要时用放大镜或菌落计数器，记录稀释倍数和相应的菌落数量。菌落计数以菌落形成单位（CFU）表示。

（1）选取菌落数在30~300CFU、无蔓延菌落生长的平板计数菌落总数。低于30CFU的平板记录具体菌落数，大于300CFU的可记录为多不可计。每个稀释度的菌落数应采用两个平板的平均数。

（2）其中一个平板有较大片状菌落生长时，则不宜采用，而应以无片状菌落生长的平板作为该稀释度的菌落数；若片状菌落不到平板的一半，而其余一半中菌落分布又很均匀，即可计算半个平板后乘以2，代表一个平板菌落数。

（3）当平板上出现菌落间无明显界线的链状生长时，则将每条单链作为一个菌落计数。

5. 结果的表述

（1）若只有一个稀释度平板上的菌落数在适宜计数范围内，计算两个平板菌落数的平均值，再将平均值乘以相应稀释倍数，作为每克或每毫升中菌落总数结果。

（2）若有两个连续稀释度的平板菌落数在适宜计数范围内时，按式（5-1）计算：

$$N = \Sigma C / \left[\left(n_1 + 0.1 n_2 \right) d \right] \tag{5-1}$$

式中，N为样品中菌落数；ΣC为平板（含适宜范围菌落数的平板）菌落数之和；n_1为第一稀释度（低稀释倍数）平板个数；n_2为第二稀释度（高稀释倍数）平板个数；d为稀释因子（第一稀释度）。

（3）若所有稀释度的平板上菌落数均大于300CFU，则对稀释度最高的平板进行计数，其他平板可记录为多不可计，结果按平均菌落数乘以最高稀释倍数计算。

（4）若所有稀释度的平板菌落数均小于30CFU，则应按稀释度最低的平均菌落数乘以稀释倍数计算。

（5）若所有稀释度（包括液体样品原液）平板均无菌落生长，则以小于1乘以最低稀释倍数计算。

（6）若所有稀释度的平板菌落数均不在30~300CFU，其中一部分小于30CFU或大于300CFU时，则以最接近30CFU或300CFU的平均菌落数乘以稀释倍数计算。

（三）结果与报告

（1）菌落数小于100CFU时，按"四舍五入"原则修约，以整数报告。

（2）菌落数大于或等于100CFU时，第3位数字采用"四舍五入"原则修约后，取前2位数字，后面用0代替位数；也可用10的指数形式来表示，按"四舍五入"原则修约后，采用两位有效数字。

（3）根据菌落计数结果出具报告，称重取样以CFU/g为单位报告，体积取样以CFU/ml为单位报告。

任务二　双歧杆菌检验技术

（参考 GB 4789.34—2016《食品安全国家标准 食品微生物学检验 双歧杆菌检验》）

一、生物学概述

双歧杆菌（Bifidobacterium）是一类革兰阳性菌，具有革兰阳性菌典型的生理特征，严格厌氧的细菌属，广泛存在于人和动物的消化道、阴道和口腔等生境中。双歧杆菌属的细菌是人和动物肠道菌群的重要组成成员之一。一些双歧杆菌的菌株可以作为益生菌而用在食品、医药和饲料方面。

双歧杆菌细胞形态多样，包括短杆状、近球状、长弯杆状、分叉杆状、棍棒状或匙状。细胞单个或排列成V形、栅栏状、星状。不抗酸、不形成芽孢，不运动，专性厌氧。菌落较小、光滑、凸圆、边缘完整，呈乳脂色至白色。最适生长温度为37～41℃，最低生长温度为25～28℃，最高为43～45℃。初始生长最适pH为6.5～7.0，生长pH范围一般为4.5～8.5。糖代谢经独特异型乳酸发酵的双歧杆菌途径进行，特点是利用葡萄糖产乙酸和乳酸（摩尔比3∶2），不产生二氧化碳，其中果糖－6－磷酸盐磷酸转酮酶是关键酶，在分类鉴定中，可用以区分与双歧杆菌近似的几个属。过氧化氢酶阴性（少数例外）；不还原硝酸盐。氮源通常为铵盐，少数为有机氮。对氯霉素、林可霉素、四环素、青霉素、万古霉素、红霉素和杆菌肽等抗生素敏感，对多黏菌素B、卡那霉素、庆大霉素、链霉素和新霉素不敏感。

双歧杆菌是一种重要的肠道有益微生物。双歧杆菌作为一种生理性有益菌，对人体健康具有生物屏障、营养作用、抗肿瘤作用、免疫增强作用、改善胃肠道功能、抗衰老等多种重要的生理功能。人体肠道中定植着大量的微生物，肠道微生物与人体健康与疾病之间存在着十分密切的关系。根据目前所知道的肠道微生物对人体健康的影响，肠道微生物可分为有益、无害和有害三类。

在正常情况下，人体内的肠道微生物形成了一个相对平衡的状态，一旦平衡受到破坏，如服用抗生素、放疗、化疗、情绪压抑、身体衰弱、缺乏免疫力等，就会导致肠道菌群失去平衡，某些肠道微生物如产气荚膜梭菌等在肠道中过度增殖并产生氨、胺类、硫化氢、粪臭素、细菌毒素等有害物质，从而进一步影响机体的健康。

双歧杆菌和乳酸菌等有益细菌则能抑制人体有害细菌的生长，抵抗病原菌的感染，合成人体需要的维生素，促进人体对矿物质的吸收，产生醋酸、丁酸和乳酸等有机酸刺激肠道蠕动，促进排便，防止便秘以及抑制肠道腐败作用、净化肠道环境、分解致癌物质、刺激人体免疫系统，从而提高抗病能力。

发酵食品的"魔力"

　　诺贝尔奖得主、俄国微生物学家梅契尼可夫认为发酵食品可以增强免疫力，延长寿命。梅契尼可夫发现，摄入一种乳酸杆菌可以对结肠菌群产生积极的影响，降低有害微生物的活性，提高免疫力，这就是大家熟知的保加利亚乳杆菌。发酵食品的健康益处源于其所蕴含的生命力——益生菌，它们可以制造维生素，特别是B族维生素，比如烟酸、生物素、叶酸和吡哆醇，这些维生素支持并加快新陈代谢速度；解毒化学物质；促进细胞生长，包括有助于预防贫血的红细胞的生长；增强免疫和神经系统功能。益生菌还可以增加酶的产生，从而提高食物中营养物质的消化和吸收。它们还能有效地抑制病原微生物的生长，从而提高免疫系统功能。

二、设备和材料

　　除微生物实验室常规灭菌及培养设备外，其他设备和材料如下。

　　恒温培养箱：（36±1）℃；冰箱：2~5℃；天平：感量0.01g；无菌试管：18mm×180mm、15mm×100mm；无菌吸管：1ml（具0.01ml刻度）、10ml（具0.1ml刻度）或微量移液器（200~1000μl）及配套吸头；无菌培养皿：直径90mm。

三、培养基和试剂

　　双歧杆菌培养基、PYG培养基、MRS培养基。

　　甲醇、三氯甲烷、硫酸、冰醋酸、乳酸等所有试剂均为分析纯。

四、双歧杆菌检验

（一）检验程序

双歧杆菌的检验程序见图5-2。

（二）操作步骤

1. 无菌操作　全部操作过程均应遵循无菌操作程序。

2. 双歧杆菌的鉴定

（1）纯菌菌种

1）样品处理：半固体或液体菌种直接接种在双歧杆菌琼脂平板或MRS琼脂平板。固体菌种或真空冷冻干燥菌种，可先加适量无菌生理盐水或其他适宜稀释液，溶解菌粉。

2）接种：接种于双歧杆菌琼脂平板或MRS琼脂平板。（36±1）℃厌氧培养（48±2）小时，可延长至（72±2）小时。

（2）食品样品

1）样品处理：取样25.0g（ml），置于装有225.0ml生理盐水的灭菌锥形瓶或均质袋内，于8000~10000r/min均质1~2分钟，或用拍打式均质器拍打1~2分钟，制成1:10的样品匀液。冷冻样品可先使其在2~5℃条件下解冻，时间不超过18小时；也可在温度不超过45℃的条件解冻，时间不超过15分钟。

```
┌─────────────┐                                    ┌─────────────┐
│    纯菌种    │                                    │   食品样品   │
└──────┬──────┘                                    └──────┬──────┘
       │                                                  │
       │                                           ┌──────▼──────────┐
       │                                           │ 25.0g（ml）样品  │
  ┌────┴────────┐                                  │ +225.0ml生理盐水 │
  │             │                                  └──────┬──────────┘
┌─▼──────────┐ ┌▼──────────┐                              │
│半固体或液体  │ │ 固体菌种   │                              │
│菌种。固体或  │ └─┬─────────┘                              │
│真空冷冻干燥  │   │                                        │
│菌种先加适量  │ ┌─▼──────────────┐                         │
│灭菌生理盐水, │ │ 2.0g（ml）菌种样品│                        │
│溶解菌粉     │ │ +198.0ml生理盐水 │                         │
└─┬──────────┘ └─┬──────────────┘                         │
  │              │                                         │
┌─▼────────────────────────┐                              │
│纯菌菌种直接接种、食品样品直接 │                              │
│接种,或取0.1ml适当稀释度的  │◄─────────────────────────────┘
│样品匀液涂布在双歧杆菌或MRS  │
│琼脂平板                   │
└─┬────────────────────────┘          ┌───────────────┐
  │                                     │ 10倍系列稀释   │◄──┘
  │ 厌氧,（36±1）℃                      └──────┬────────┘
  │ 48~72h                                     │
┌─▼──────────────┐                    ┌───────▼──────────────┐
│ 革兰染色         │                    │选择2~3个适当稀释度,各取 │
│ 过氧化氢酶试验    │                    │1.0ml分别加入到无菌培养皿│
└─┬──────────────┘                    │内,每个平皿加入15~20ml双│
  │                                     │歧杆菌或MRS琼脂培养基。  │
┌─▼──────────────┐                    └───────┬──────────────┘
│ 生化反应         │                            │
│ 有机酸（可选项）  │                            │ 厌氧,
└─┬──────────────┘                            │（36±1）℃
  │                                            │ 48~72h
┌─▼──────────────┐                    ┌───────▼────────┐
│ 菌种鉴定         │                    │  菌落计数       │
└─┬──────────────┘                    └───────┬────────┘
  │                                            │
  └──────────────────┬─────────────────────────┘
                ┌─────▼─────┐
                │   报告     │
                └───────────┘
```

图 5-2 双歧杆菌检验程序

2）接种或涂布：将上述样品匀液接种在双歧杆菌琼脂平板或 MRS 琼脂平板，或取 0.1ml 适当稀释度的样品匀液均匀涂布在双歧杆菌琼脂平板或 MRS 琼脂平板。（36±1）℃厌氧培养（48±2）小时，可延长至（72±2）小时。

3）纯培养：挑取 3 个或以上的单个菌落接种于双歧杆菌琼脂平板或 MRS 琼脂平板。（36±1）℃厌氧培养（48±2）小时，可延长至（72±2）小时。

（3）菌种鉴定

1）涂片镜检：挑取双歧杆菌平板或 MRS 平板上生长的双歧杆菌单个菌落进行染色。双歧杆菌为革兰染色阳性，呈短杆状、纤细杆状或球形，可形成各种分支或分叉等多形态，不抗酸，无芽孢，无动力。

2）生化鉴定：挑取双歧杆菌平板或 MRS 平板上生长的双歧杆菌单个菌落，进行生化反应检测。过氧化氢酶试验为阴性。双歧杆菌的主要生化反应见表 5-2。可选择生化鉴定试剂盒或全自动微生物生化鉴定系统。

表 5 – 2　双歧杆菌菌种主要生化反应

编号	项目	两歧双歧杆菌 (B. bifidum)	婴儿双歧杆菌 (B. infantis)	长双歧杆菌 (B. longum)	青春双歧杆菌 (B. adolescentis)	动物双歧杆菌 (B. animalis)	短双歧杆菌 (B. breve)
1	L – 阿拉伯糖	–	–	+	+	+	–
2	D – 核糖	–	+	+	+	+	+
3	D – 木糖	–	+	+	d	+	+
4	L – 木糖	–	–	–	–	–	–
5	阿东醇	–					
6	D – 半乳糖	d	+	+	+	d	+
7	D – 葡萄糖	+	+	+	+	+	+
8	D – 果糖	d	+	+	d	d	+
9	D – 甘露糖	–	+	+			
10	L – 山梨糖	–					
11	L – 鼠李糖	–	–	–	–	–	–
12	卫矛醇	–	–	–	–	–	–
13	肌醇	–			–	–	+
14	甘露醇				$–^a$		$–^a$
15	山梨醇	–	–	–	$–^a$		$–^a$
16	α – 甲基 – D – 葡萄糖苷	–	–	+	–	–	–
17	N – 乙酰 – 葡萄糖胺	–	–	–	–	–	–
18	苦杏仁苷（扁桃苷）	–	–	–	+	+	–
19	七叶灵	–	–	+	+	+	–
20	水杨苷（柳醇）	–	+	–	+	+	–
21	D – 纤维二糖	–	+	–	d	–	–
22	D – 麦芽糖	–	+	+	+	+	+
23	D – 乳糖	+	+	+	+	+	+
24	D – 蜜二糖	–	+	+	+	+	+
25	D – 蔗糖	–	+	+	+	+	+
26	D – 海藻糖（覃糖）	–	–	–	–	–	–
27	菊糖（菊根粉）	–	–	–	–	–	–
28	D – 松三糖	–	–	+	+	–	–
29	D – 棉子糖	–	+	+	+	+	+
30	淀粉	–	–	–	+	–	–
31	肝糖（糖原）	–	–	–	–	–	–
32	龙胆二糖	–	+	–	+	+	+
33	葡萄糖酸钠	–	–	–	+	–	–

注：+ 表示 90% 以上菌株阳性；– 表示 90% 以上菌株阴性；d 表示 11% ~89% 以上菌株阳性；a 表示某些菌株阳性。

3. 双歧杆菌的计数

（1）纯菌菌种

1）固体和固体样品的制备：以无菌操作称取 2.0g 样品，置于盛有 198.0ml 稀释液的无菌均质杯内，8000～10000r/min 均质 1～2 分钟，或置于盛有 198.0ml 稀释液的无菌均质袋中，用拍打式均质器拍打 1～2 分钟，制成 1∶100 的样品匀液。

2）液体样品的制备：以无菌操作量取 1.0ml 样品，置于 9.0ml 稀释液中，混匀，制成 1∶10 的样品匀液。

（2）食品样品　样品处理同"双歧杆菌的鉴定"进行。

（3）系列稀释及培养　用 1ml 无菌吸管或微量移液器，制备 10 倍系列稀释样品匀液，于 8000～10000r/min 均质 1～2 分钟，或用拍打式均质器拍打 1～2 分钟。每递增稀释一次，即换用 1 次 1ml 灭菌吸管或吸头。根据对样品浓度的估计，选择 2～3 个适宜稀释度的样品匀液，在进行 10 倍递增稀释时，吸取 1.0ml 样品匀液于无菌平板内，每个稀释度做两个平板。同时，分别吸取 1.0ml 空白稀释液加入两个无菌平板内作空白对照。及时将 15～20ml 冷却至 46℃ 的双歧杆菌琼脂培养基或 MRS 琼脂培养基［可放置于（46±1）℃恒温水浴箱中保温］倾注平板，并转动平板使其混合均匀。从样品稀释到平板倾注要求在 15 分钟内完成。待琼脂凝固后，将平板翻转，（36±1）℃厌氧培养（48±2）小时，可延长至（72±2）小时。培养后计数平板上的所有菌落数。

（4）菌落计数

1）可用肉眼观察，必要时用放大镜或菌落计数器，记录稀释倍数和相应的菌落数量。菌落计数以菌落形成单位（CFU）表示。

2）选取菌落数在 30～300CFU、无蔓延菌落生长的平板计数菌落总数。低于 30CFU 的平板记录具体菌落数，大于 300CFU 的可记录为多不可计。每个稀释度的菌落数应采用两个平板的平均数。

3）其中一个平板有较大片状菌落生长时，则不宜采用，而应以无片状菌落生长的平板作为该稀释度的菌落数；若片状菌落不到平板的一半，而其余一半中菌落分布又很均匀，即可计算半个平板后乘以 2，代表一个平板菌落数。

4）当平板上出现菌落间无明显界线的链状生长时，则将每条单链作为一个菌落计数。

（5）结果的表述

1）若只有一个稀释度平板上的菌落数在适宜计数范围内，计算两个平板菌落数的平均值，再将平均值乘以相应稀释倍数，作为每克或每毫升中菌落总数结果。

2）若有两个连续稀释度的平板菌落数在适宜计数范围内时，按公式（5-2）计算：

$$N = \Sigma C / \left[(n_1 + 0.1 n_2) \, d \right] \qquad (5-2)$$

式中，N 为样品中菌落数；ΣC 为平板（含适宜范围菌落数的平板）菌落数之和；n_1 为第一稀释度（低稀释倍数）平板个数；n_2 为第二稀释度（高稀释倍数）平板个数；d 为稀释因子（第一稀释度）。

3）若所有稀释度的平板上菌落数均大于 300CFU，则对稀释度最高的平板进行计数，其他平板可记录为多不可计，结果按平均菌落数乘以最高稀释倍数计算。

4）若所有稀释度的平板菌落数均小于 30CFU，则应按稀释度最低的平均菌落数乘以稀释倍数计算。

5）若所有稀释度（包括液体样品原液）平板均无菌落生长，则以小于 1 乘以最低稀释倍数计算。

6）稀释度的平板菌落数均不在 30～300CFU，其中一部分小于 30CFU 或大于 300CFU 时，则以最接近 30CFU 或 300CFU 的平均菌落数乘以稀释倍数计算。

（三）结果与报告

（1）菌落数小于100CFU时，按"四舍五入"原则修约，以整数报告。

（2）菌落数大于或等于100CFU时，第3位数字采用"四舍五入"原则修约后，取前2位数字，后面用0代替位数；也可用10的指数形式来表示，按"四舍五入"原则修约后，采用两位有效数字。

（3）称重取样以CFU/g为单位报告，体积取样以CFU/ml为单位报告。报告双歧杆菌属的种名。根据菌落计数结果出具报告，报告单位以CFU/g（ml）表示。

任务三　酱油种曲孢子数及发芽率的测定

酱油酿造所用的种曲，是曲菌经纯粹培养，并使之产生大量繁殖力强的孢子。种曲是成曲的曲种，是保证成曲的关键，是酿制优质酱油基础。

一、生物学概述

酱油酿造所用的种曲，是曲菌经纯粹培养，并使之产生大量繁殖力强的孢子。种曲是成曲的曲种，是保证成曲的关键，是酿制优质酱油基础。种曲质量要求孢子数量旺盛、活力强、发芽率高达85%以上，所以孢子数及其发芽率的测定是种曲质量控制的重要手段。测定孢子数方法有多种，本实验采用在显微镜下直接计数，这是一种常用的细胞计数的方法。此法是将孢子悬浮液放在血球计数板与盖玻片之间的计数室中，在显微镜下进行计数。由于计数室中的容积是一定的，所以可以根据在显微镜下观察到的孢子数目来计算单位体积的孢子总数。

孢子发芽率测定应用液体培养法制片在显微镜下直接观察孢子发芽率。孢子发芽率除受孢子本身活力影响外，培养基种类、培养基温度、通气状况等因素也会直接影响到测定的结果。所以测定孢子发芽率时，要求选用固定的培养基和培养条件，能准确反映其真实活力。

二、设备和材料

1. 菌种孢子数测定设备和材料　显微镜、血球计数板、盖玻片、天平（感量0.001g）。

2. 孢子发芽率测定设备和材料　凹玻片、盖玻片、显微镜、恒温箱、接种环、酒精灯等。

三、培养基和试剂

1. 菌种孢子数测定培养基和试剂　95%乙醇、稀硫酸（1∶10）。

2. 孢子发芽率测定设备和材料培养基和试剂　生理盐水、无菌水、察氏培养基。

四、酱油种曲孢子数及发芽率的测定

（一）检验程序

1. 菌种孢子数测定流程见图5－3。

2. 孢子发芽率测定流程见图5－4。

图 5 – 3　菌种孢子数测定流程

图 5 – 4　孢子发芽率测定流程

（二）操作步骤

1. 菌种孢子数测定操作步骤

（1）样品稀释　精确称取种曲或二级菌种 1g（称准至 0.002g），倒入盛有玻璃珠的 250ml 锥形瓶内，加 95% 乙醇 5ml，加无菌水 20ml，加稀硫酸 10ml，充分振摇，使分生孢子个个分散，然后用多层纱布过滤、冲洗，务必使滤渣不含孢子，稀释至 500ml。

（2）制片　取稀释液 1 滴，滴于血球计数板的计算格上，然后将盖片轻轻由一边向另一边压下，使盖片与计数板完全密合，液中无气泡，用滤纸吸干多余的溢出悬浮孢子液，静置数分钟，待孢子沉降。

（3）观察计数　用低倍镜头或高倍镜头观察。由于稀释液中的孢子在血球计数板上处于不同的空间位置，要在不同的焦距下才能看到，因而计数时必须逐格调动微细螺旋，才能不使遗漏。孢子常位于大格的划线上，应一律取两边计数，而弃另两边，以减少误差。使用 16×25 的计数板时，只计板上四个角上的 4 个大格（即 100 个小格）。如果使用 25×16 的计数板，除计四个角的 4 个大格外，还需要计中央一大格的数目（即 80 个小格）。每个样品重复观察计数不少于 2 次，然后取其平均值。即为该样品种曲的孢子数。

（4）计算

1）16×25 的计数板：

$$孢子数（个/克）=（n/100）\times 400 \times 10000 \times（V/G）=4 \times 10^4 \times（nV/G） \qquad (5-3)$$

式中，n 为 10 小格内孢子总数，个；V 为孢子稀释液体积，ml；G 为样品质量，g。

2）25×16 的计数板

$$孢子数（个/克）=（n/80）\times 400 \times 10000 \times（V/G）=5 \times 10^4 \times（nV/G） \qquad (5-4)$$

式中，n 为 10 小格内孢子总数，个；V 为孢子稀释液体积，ml；G 为样品质量，g。

（5）注意事项　①称样应尽量防止孢子飞扬。②测定时，如果发现有许多孢子集结成团或成堆，说明样品稀释未能符合操作要求，因此必须重新称重、振摇、稀释。③生产实践中应用时，种曲以干物质计算。因而需要同时测定种曲水分，计算时样品质量则改为绝干质量。

$$样品绝干质量 = m（1-W） \qquad (5-5)$$

式中，m 为样品质量，g；W 为样品水分的百分比含量，%。

2. 孢子发芽率测定操作步骤

（1）制备悬浮液　取种曲少许装入盛有25ml事先灭菌的生理盐水和玻璃珠的锥形瓶中，充分振摇约15分钟，务使孢子个个分散，制成孢子悬浮液。

（2）制作标本　先在凹玻片的凹窝内滴入无菌水4滴，再将察氏培养基融化并冷却至45~50℃后，接入孢子悬浮液数滴。充分摇匀后，用玻璃棒以薄层涂布在盖玻片上，然后反盖于凹玻片的窝上，四周涂凡士林封固。放置于30~32℃恒温箱内培养3~5小时。

（3）镜检　取出标本在高倍镜头下观察孢子发芽情况，逐个数出发芽孢子数和未发芽孢子数。

（4）计算

$$发芽率（\%）=（a/A）\times 100 \qquad (5-6)$$

式中，a为发芽孢子数，个；A为发芽及不发芽孢子总数，个。

（5）注意事项　①为了正确起见，应同时制作两张以上标本片镜检，取其平均值。②悬浮液制备后应立刻制作标本培养，时间不宜放长。③培养基中接入悬浮液的数量，应根据视野内孢子数多少来决定，一般以每视野内有10~20个孢子为宜。

（三）结果与报告

1. 菌种孢子数测定实验结果记录（表5-3）。

表5-3　菌种孢子数结果记录

记录次数	各中格孢子数	小格平均孢子数	稀释倍数	孢子数（个/g）	平均值
第一次					
第二次					

2. 孢子发芽率测定实验结果记录（表5-4）。

表5-4　孢子发芽率结果记录

a	A	发芽率	平均值

📡 **知识链接**

乳酸菌的流式细胞分析技术

乳酸菌计数目前主要采用GB 4789.35—2016《食品安全国家标准 食品微生物学检验 乳酸菌检验》，该方法由于是常规的微生物培养法，所以检测周期较长，对于保质期只有一周的活性乳酸菌产品来说，企业面临着巨大的放行压力。流式细胞分析技术具有检测速度快、收集数据量大、分析全面、方法灵活等特点，已经成为液体商品生产企业微生物在线监测、产品质量监控的重要手段。在乳制品、饮料、化妆品、制药等工业企业中得到了实际的应用。最近发布的国际标准ISO 19344：2015（IDF-232）提供了流式细胞分析技术用于乳制品的发酵产品、发酵菌种和乳酸菌的定量方法。相比较最传统的平板计数法，流式细胞分析技术能够检测活性细胞比例以及总菌数，对菌种的质量进行评估，为发酵菌种的质量控制和贸易提供了快速评估方法。

答案解析

练习题

1. 简述影响孢子发芽率的因素。

2. 简述用血球计数板孢子计数法的优缺点。

3. 简述双歧杆菌的生物学特性。

书网融合……

| 本章小结 | 微课1 | 微课2 | 题库 |

罐藏食品微生物检验技术

PPT

学习目标

知识目标

1. **掌握** 罐藏食品商业无菌检验原理和方法。
2. **熟悉** 罐藏食品商业无菌的操作过程。
3. **了解** 罐藏食品商业无菌检验的安全意义；罐藏食品腐败变质微生物原因。

技能目标

1. 会办理罐藏食品商业无菌检验方案。
2. 能进行罐藏食品商业无菌检验结果判定。
3. 能运用罐藏食品商业无菌检验的知识对变质罐藏食品进行原因分析。

素质目标

1. 具有安全生产食品的社会责任感与诚信意识。
2. 具有严谨的科学态度与良好的职业道德。

情境导入

情境： 罐头食品的起源始于战争中食品保藏的需要。19世纪初，法国国王拿破仑为解决军队在作战时的食物供应问题，悬赏征求保藏食品的解决方法。从1820年建立了一个罐头食品厂开始到形成罐头工业生产，至今已有两百年的历史。由于各类罐头食品在室温条件下能够长期保存，便于携带、运输和贮存，节省烹调手续，克服了食品品种供应的季节性和地区性限制，而备受消费者喜爱，尤其是能满足野外勘探、远洋航海、登山探险等艰苦条件下的特殊需要。

讨论 1. 什么是罐藏食品？
2. 怎样进行罐藏食品的无菌检查？

罐藏食品是将食品原料经过预处理，装入容器，经杀菌、密封之后制成的，通常称之为罐藏。罐藏食品经过适度的热杀菌以后，不含有致病的微生物，也不含有在通常温度下能在其中繁殖的非致病性微生物，这种状态称之为商业无菌。对罐藏食品商业无菌的检验需要理解以下术语的含义。

密封（hermatical seal）是指食品容器经密闭后能阻止微生物进入的状态。

胖听（swell）是指罐藏内微生物活性或化学作用产生气体，形成正压，使一端或两端外凸的现象。

泄漏（leakage）是指罐藏密封结构有缺陷，或由于撞击而破坏密封，或罐壁腐蚀而穿孔致使微生物侵入的现象。

任务一 罐藏食品微生物污染

罐藏腐败变质的原因有化学因素、物理因素和生物因素等。引起腐败的主要原因是罐藏内污染了微生物而导致腐败变质。导致罐藏食品败坏的微生物主要是某些耐热、嗜热并厌氧或兼性厌氧的微生物，这些微生物的检验和控制在罐藏工业中具有相当重要的意义。

一、罐藏食品微生物污染的来源

罐藏食品在加工过程中，为了保持产品正常的感官性状和营养价值，在进行加热杀菌时，不可能使罐藏食品完全无菌，只强调杀死病原菌和产毒菌，实质上只是达到商业灭菌程度，即罐藏内所有的肉毒梭菌芽孢和其他致病菌以及在正常的贮存和销售条件下能引起内容物变质的嗜热菌均被杀灭。罐内残留的一些非致病性微生物在一定的保存期限内，一般不会生长繁殖，但是如果罐内条件发生变化，贮存条件发生改变，这部分微生物就会生长繁殖，造成罐藏变质。经高压蒸汽灭菌的罐藏内残留的微生物大都是耐热性的芽孢，如果罐藏贮存温度不超过43℃，通常不会引起内容物变质。罐藏经杀菌后，若封罐不严则容易造成漏罐致使微生物污染；冷却水是重要污染源之一，这是因为罐藏经过热处理后需通过冷却水进行冷却；空气也是造成漏罐污染的污染源，但较次要。

二、罐藏食品微生物污染的种类

（一）低酸性罐藏污染的微生物

1. 嗜热性细菌 这类细菌抗热能力很强，易形成芽孢，罐藏食品由于杀菌不彻底而导致的污染大多数由此类细菌引起，这类细菌通常有平酸腐败细菌、嗜热性厌氧芽孢菌等。

平酸菌是引起平盖酸败的原因。在43℃以上贮存的低酸性罐藏食品，可因其内残留的对热有很强抵抗力的嗜热性需氧芽孢菌的生长，而导致内容物变质，但因其能在43℃以上的温度中生长而使罐藏内容物变酸，使罐藏失去食用价值。由于这类细菌在罐藏内活动时，罐听不发生膨胀，而内容物的pH显著偏低之故，因而这种变质称为平盖酸败，由能形成芽孢的一类需氧乃至兼性厌氧的细菌引发。根据平酸菌嗜热程度不同，可分为专性嗜热菌和兼性嗜热菌两类，如嗜热脂肪芽孢杆菌和凝结芽孢杆菌。

嗜热性厌氧芽孢杆菌在43℃以上贮存的低酸性罐藏食品也可因残留生长而引起罐头食品变质，这种变质由于原因菌的不同可分为以下两种类型。一种产气型变质，通常是指罐听发生膨胀的变质，这种变质系专性嗜热的产芽孢厌氧菌——嗜热解糖酸菌所引起。该菌是专性厌氧菌，最适生长温度为55℃，其分解糖的能力很强，能分解葡萄糖、乳糖、蔗糖、水杨苷及淀粉，产生酸和大量的气体，不分解蛋白质，不能使硝酸盐还原，不产生毒素。另一种罐藏食品遭受硫化物腐败细菌污染的情况较少见，变质的特征是罐听平坦，内容物发暗，有臭鸡蛋味，通常由专性嗜热的产芽孢厌氧菌——致黑梭菌引起，它分解糖的能力不强，但能分解蛋白质产生硫化氢，硫化氢与罐藏容器的马口铁化合生成黑色的硫化物，使食品变黑，罐藏内产生的硫化氢因被罐内食品吸收，因而罐听不会发生膨胀。

2. 中温性厌氧细菌 其适宜生长温度约为37℃，有的可在50℃生长。可分为两类，一类分解蛋白质的能力强，也能分解一些糖，其主要有肉毒梭菌、生孢梭菌、双酶梭菌、腐化梭菌等；另一类分解糖类，如丁酸梭菌、巴氏芽孢梭菌、魏氏梭菌等。

中温性厌氧细菌引起腐败变质，罐听膨胀，内容物有腐败臭味。肉毒梭菌尤为重要，肉毒梭菌分解蛋白质产生硫化氢、氨、粪臭素等导致胖听，内容物呈现腐烂性败坏，并有毒素产生和恶臭味放出，值得注意的是由于肉毒毒素毒性很强，所以如果发现内容物中有带芽孢的杆菌，则不论罐藏腐败程度如何，均必须用内容物接种小白鼠以检测肉毒毒素。

3. 中温性需氧细菌 这类细菌属芽孢杆菌属，能产生芽孢，其耐热能力较差，许多细菌的芽孢在100℃或更低一些的温度下，短时间内就能被杀死，常见的引起罐藏变质的中温性需氧芽孢菌有枯草芽孢杆菌、巨大芽孢杆菌和蜡样芽孢杆菌等。罐藏内几乎呈现的真空状态使它们的活动受到抑制，这类细菌可分解蛋白质和糖，糖分解后绝大多数产酸而不产气，因而也为平酸腐败，但多黏芽孢杆菌和浸麻芽孢杆菌能分解糖类、产酸产气、造成胖听。

4. 不产芽孢的细菌 罐藏内污染的不产芽孢的细菌有两大类群：一类是肠道细菌，如大肠埃希菌，它们在罐内生长可造成胖听；另一类是不产芽孢的细菌，主要是链球菌特别是嗜热链球菌和粪链球菌等，这些细菌的抗热能力很强。多见于蔬菜、水果罐藏中，它们生长繁殖会产酸并产生气体，造成胖听。在火腿罐藏中常可检出粪链球菌和尿链球菌等不产芽孢的细菌。

5. 酵母菌及霉菌 酵母菌污染低酸性罐藏的情况较少见，偶尔出现于甜炼乳罐藏中。

（二）酸性罐藏污染的主要微生物

1. 产生芽孢的细菌 这类细菌在腐败变质的水果罐藏中较常用，如凝结芽孢杆菌、丁酸梭菌、巴氏芽孢梭菌、多黏芽孢杆菌、浸麻芽孢杆菌等。凝结芽孢杆菌是酸性罐藏食品中常见的平酸菌，常在番茄汁罐藏中出现，对热抵抗力强，具有兼性厌氧特点，能适应较高酸度，能分解糖类产酸，但不产气。丁酸梭菌和巴氏芽孢菌可分解罐头中的糖类，产生丁酸和二氧化碳及氢气，使产品带有酸臭气味。多黏芽孢杆菌、浸麻芽孢杆菌也可引起水果罐藏产酸产气。

2. 不产生芽孢的细菌 这类细菌主要是乳酸菌，如乳酸杆菌和明串珠菌，它可以起水果及水果制品酸败；又如乳酸杆菌的异型发酵菌种可造成番茄制品的酸败和水果罐藏的产气性败坏。

3. 抗热性霉菌及酵母菌 常见的黄色丝衣霉菌，其抗热能力比其他霉菌强，85℃ 30分钟仍能存活，并且能在氧气不足的环境中存活并生长繁殖，具有强烈的破坏果胶质的作用，如在水果罐藏中残留并繁殖，可使水果柔化和解体，它能分解糖产生二氧化碳并造成水果罐藏胖听。其次是白色丝衣霉菌，其也有抗热性，在76.6℃的温度下能生存30分钟，也可使罐藏败坏。这类抗热性霉菌引起罐藏食品的变质，可通过霉臭味、食品褪色或组织结构改变、内容物中有霉菌菌丝以及有时出现罐盖的轻度膨胀得到证实。其他霉菌如青霉、曲霉等也可造成果酱、糖水水果罐头败坏。酵母菌的抗热能力很低，除了杀菌不足或发生漏罐外，罐藏食品通过正常的杀菌处理通常不会发生酵母菌污染。

知识链接

罐藏里的食物不容易变坏，是因为罐藏在封装过程中采用了全封闭的方式，这样就与空气中的细菌进行了有效分离，所以就算罐藏放很久，也不容易出现食物变坏的情况。罐藏的封装环节相对比较复杂，一般包括有食物杀菌、罐子杀毒、封装和高温蒸煮等环节。食物杀菌就是在封装前对将要封装的食物进行杀菌。杀菌后封装的食物不但不容易变质、食用口感好，而且在无菌状态下保存时间也能大大延长。罐子杀毒是为了避免罐子中含有细菌成分，经过罐子杀毒后能保证罐子没有细菌残留，也就避免了残留细菌会对罐藏中的食物再造成污染或腐蚀影响。当以上环节完成后，还需全封闭封装罐藏，封装中会把罐藏内的空气抽掉，食物整体处于真空状态下，不容易变坏。当罐藏的封闭性遭到了损坏或罐藏在阳光下暴晒会导致罐头中的食物变坏。

任务二　罐藏食品商业无菌及其检验 🎧微课

罐藏食品的商业无菌（commercial sterilization canned food）是指罐藏食品经过适度的热杀菌以后，不含有致病微生物，也不含有在通常温度下能在其中繁殖的非致病性微生物，这种状态称为商业无菌。罐藏食品的种类很多，按 pH 的不同可分为低酸性罐藏、中酸性罐藏和高酸性罐藏。以动物性食品原料为主的罐藏属于低酸性罐藏，而以植物性食品原料为主的罐藏属于中酸性或高酸性罐藏。罐藏食品经密封、加热杀菌等处理后，其中的微生物几乎灭活，而外界微生物又无法进入罐内，同时容器内的大部分空气已被抽除，食品中多种营养成分不致被氧化，从而这种食品可保存较长时间而不变质。对于罐藏商业无菌检验，需理解以下术语的含义。

低酸性罐藏食品（low acid canned food）：除乙醇饮料以外，凡杀菌后平衡 pH 大于 4.6，A_w 大于 0.85 的罐藏食品。原来是低酸性的水果、蔬菜或蔬菜制品，为加热杀菌的需要而加酸降低 pH 的，属于酸化的低酸性罐藏食品。

酸性罐藏食品（acid canned food）：杀菌后平衡 pH 等于或小于 4.6 的罐藏食品。pH 小于 4.7 的番茄属于酸性食品。

国标检验方法是对保温期间罐藏食品是否有胖听、泄漏、开罐后 pH、感官质量异常、腐败变质以及其密封性进行检验；对罐藏食品内容物进行后续的微生物接种培养，分析出现异常现象的原因。该方法的优点是检验结果准确、稳定，缺点是检验时间长。

一、检验所需器材

除微生物实验室常规灭菌及培养设备外，其他设备和材料如下。

冰箱：2～5℃；恒温培养箱：（30±1）℃，（36±1）℃，（55±1）℃；恒温培养室：（30±2）℃，（36±2）℃，（55±2）℃；恒温水浴箱：（55±1）℃；均质器及无菌均质袋、均质杯或乳钵；电位 pH 计（精确度 pH 0.01 单位）；显微镜：10～100 倍；开罐器和罐头打孔器；厌氧培养箱（罐）。

二、培养基和试剂

无菌生理盐水、结晶紫染液、革兰染液、二甲苯、含 4% 碘的乙醇溶液、75% 乙醇溶液、70% 乙醇溶液。

三、流通领域罐藏食品商业无菌检验

（一）检验程序

流通领域罐藏食品商业无菌检验程序见图 6-1。

（二）操作步骤

1. 样品准备　抽取样品后，记录产品名称、编号，并在样品包装表面做好标记，应确保样品外观正常，无损伤、锈蚀（仅对金属容器）、泄漏、胀罐（袋、瓶、杯等）等明显的异常情况。

2. 保温　每个批次取 1 个样品置 2～5℃冰箱保存作为对照，将其余样品在（36±1）℃下保温 10 天。保温过程中应每天定时检查，如有胀罐（袋、瓶、杯等）或泄漏现象，应立即取出，按"3."开启检查并记录。

```
                    ┌──────────┐
                    │   样品   │
                    └────┬─────┘
              ┌──────────┴──────────┐
         ┌────┴────┐           ┌────┴────┐
         │  检样   │           │  对照   │
         └────┬────┘           └────┬────┘
    ┌─────────┴─────────┐   ┌───────┴────────┐
    │（36±1）℃，保温10天，│   │ 2~5℃冰箱       │
    │发现膨胀立即剔出，   │   │ 保温           │
    │开启检查            │   │                │
    └─────────┬─────────┘   └───────┬────────┘
              └──────────┬──────────┘
                    ┌────┴─────┐         ┌────────────────────┐
                    │ 开启包装物│─────────│留样，至少30ml（g）置 │
                    └────┬─────┘         │灭菌容器，2~5℃保藏   │
                    ┌────┴─────┐         └──────────┬─────────┘
                    │ pH测定   │                    │
                    └────┬─────┘                    │
                    ┌────┴─────┐                    │
                    │ 感官检查  │                    │
                    └────┬─────┘                    │
                    ┌────┴─────┐                    │
                    │涂片染色检查│                    │
                    └────┬─────┘                    │
          ┌──────────────┴──────────────┐           │
     ┌────┴─────┐                 ┌──────┴──────┐    │
     │符合商业无菌│                 │不符合商业无菌 │    │
     └────┬─────┘                 └──────┬──────┘    │
          │                 ┌────────────┴──────────┐│
          │                 │ 异常原因分析（选做项目）│◄┘
          │                 └────────────┬──────────┘
          └──────────────┬───────────────┘
                    ┌─────┴─────┐
                    │  样品报告  │
                    └───────────┘
```

图6-1 流通领域罐藏食品商业无菌检验程序

3. 开启食品容器

（1）所有保温的样品冷却到常温后，按无菌操作开启检验。

（2）保温过程中如有胀罐（袋、瓶、杯等）或泄漏现象，应立即剔出，严重膨胀样品先于2~5℃冰箱内冷藏数小时后，开启食品容器检查。

（3）待测样品保温结束后，必要时可用温水或洗涤剂清洗待检样品的外表面，水冲洗后用无菌毛巾（布或纸）或消毒棉（含75%乙醇溶液）擦干。用含4%碘的乙醇溶液浸泡（或75%乙醇溶液）消毒外表面30分钟，再用灭菌毛巾擦干后开启，或在密闭罩内点燃至表面残余的碘乙醇溶液全部燃烧完后开启（膨胀样品及采用易燃包装材料容器的样品不能灼烧）。

（4）测试样品应按无菌操作要求开启。带汤汁的样品开启前应适当振摇。对于金属容器样品，使用无菌开罐器或罐头打孔器，在消毒后的罐头光滑面开启一个适当大小的口或者直接拉环开启，开罐时不得伤及卷边结构。每次开罐前应保证开罐器处于无菌状态，防止交叉污染。对于软包装样品，可以使用灭菌剪刀开启，不得损坏接口处。

注：严重胀罐（袋、瓶、杯等）样品可能会发生爆喷，喷出有毒物，可采取在样品上盖一条无菌毛巾或者用一个无菌漏斗倒扣在样品上等预防措施，防止这类危险情况的发生。

4. 留样 开启后，用灭菌吸管或其他适当工具以无菌操作取出内容物至少30ml（g）至灭菌容器内，保存于2~5℃冰箱中，在需要时可用于进一步试验，待该批样品得出检验结论后可弃去。

5. 感官检查 在光线充足、空气清洁无异味的检验室中，将样品内容物倾入白色搪瓷盘或玻璃容器（适用于液体样品）内，对产品的组织、形态、色泽和气味等进行观察和嗅闻，含固形物样品应按压食品检查产品性状，鉴别食品有无腐败变质的迹象，同时观察包装容器内部的情况，并记录。

6. pH 测定及结果分析

（1）测定　罐藏食品应按照 GB 5009.237 规定的方法测定，其他食品参照执行。

（2）结果分析　与同批中冷藏保存的对照样品相比是否有显著差异。pH 相差 0.5 及以上判为显著差异。

7. 涂片染色镜检

（1）涂片　取样品内容物进行涂片。带汤汁的样品可用接种环挑取汤汁涂于载玻片上，固态食品可直接涂片或用少量无菌生理盐水稀释后涂片，待干后用火焰固定。油脂性食品涂片自然干燥并火焰固定后，用二甲苯等脱脂剂流洗，自然干燥。

（2）染色镜检　对"（1）"中涂片用结晶紫染液进行单染色，干燥后镜检，至少观察 5 个视野，记录菌体的形态特征以及每个视野的菌数。与同批冷藏保存对照样品相比，判断是否有明显的微生物增殖现象。菌数有百倍或百倍以上增长的则判为明显增殖。

（三）结果与报告

（1）样品经保温试验未胀罐（袋、瓶、杯等）或未泄漏时，保温后开启，经感官检查、pH 测定、涂片镜检，确证无微生物增殖现象，则可报告该样品为商业无菌。

（2）样品经保温试验未胀罐（袋、瓶、杯等）或未泄漏时，保温后开启，经感官检查、pH 测定、涂片镜检，确证有微生物增殖现象，则可报告该样品为非商业无菌。

（3）样品经保温试验发生胀罐（袋、瓶、杯等）且感官异常或泄漏时，直接判定为非商业无菌；若需核查样品出现膨胀、pH 或感官异常、微生物增殖等的原因，可取样品内容物的留样，按照附录 B进行接种培养并报告。

四、食品生产领域罐藏食品商业无菌检验

（一）检验程序

食品生产领域罐藏食品商业无菌检验程序见图 6-2。

图 6-2　食品生产领域罐藏食品商业无菌检验程序

（二）操作步骤

1. 样品准备　食品生产加工结束后，生产企业应根据产品特性和企业质量目标、产品的杀菌方式、规格、批量大小等因素，参照相关国家标准，建立合适的抽样方案和接受质量限（AQL）。根据检验目标，抽取样品后检查并记录，应确保样品外观正常，无损伤、锈蚀（仅对金属容器）、泄漏胀罐（袋、瓶、杯等）等明显的异常情况。

2. 保温　食品生产企业可参考表6-1制定适合本企业产品检验的保温方案。对抽取的样品，应按保温方案要求，进行恒温培养室或恒温培养箱保温，保温过程中应每天定时检查，如有胀罐（袋、瓶、杯等）或泄漏现象，应立即取出，按"3."开启检查并记录。

表6-1　样品保温时间和温度推荐方案

样品属性	种类	温度（℃）	时间（天）
低酸性食品、酸化食品	乳制品、饮料等液态食品	36±1	7
	罐藏食品	36±1	10
	预定销售时产品贮存温度40℃以上的低酸性食品	55±1	6±1
酸性食品	罐头食品、饮料	30±1	10

注：恒温培养室温度偏差可为±2℃。

3. 开启食品容器　按照"流通领域罐藏食品商业无菌检验"中操作步骤"3."规定的步骤开启。

4. 留样　开启后，用灭菌吸管或其他适当工具以无菌操作取出内容物至少30ml（g）至灭菌容器内，保存于2~5℃冰箱中，在需要时可用于进一步试验，待该批样品得出检验结论后可弃去。开启后的样品容器可进行适当的保存，以备日后容器检查时使用。

5. 感官检查　应按照"流通领域罐藏食品商业无菌检验"中操作步骤"5."规定的步骤进行检查。

6. pH测定及结果分析　生产企业应根据产品的特性，建立对该类产品的pH正常控制范围。应按照GB 5009. 237或相关标准测定pH。pH若超过正常控制范围，应进行染色镜检。

7. 涂片染色镜检

（1）涂片　对感官或pH检查结果认为可疑的，以及腐败时pH反应不灵敏的（如肉、禽、鱼等）罐藏样品，均应进行涂片染色镜检。

取样品内容物进行涂片。带汤汁的样品可用接种环挑取汤汁涂于载玻片上，固态食品可直接涂片或用少量无菌生理盐水稀释后涂片，待干后用火焰固定。油脂性食品涂片自然干燥并火焰固定后，用二甲苯等脱脂剂流洗，自然干燥。

（2）染色镜检　对"（1）"中涂片用结晶紫染液进行单染色，干燥后镜检，至少观察5个视野，记录菌体的形态特征以及每个视野的菌数。

生产企业可根据产品特性，建立该类产品微生物明显增殖的判断标准，与判断标准或同批正常样品〔如未胀罐（袋、瓶、杯等）、感官无异常样品〕相比，判断是否有明显的微生物增殖现象。

8. 接种培养　保温期间出现的胀罐（袋、瓶、杯等）、泄漏或开启检查发现pH和感官异常、腐败变质，进一步镜检发现有异常数量细菌的样品，均可按照附录B进行微生物接种培养和异常分析。

（三）结果与报告

（1）抽取样品经保温试验未胀罐（袋、瓶、杯等）或未泄漏时，经感官检查、pH测定或染色镜检或接种培养，确证无微生物增殖现象，则报告该样品为商业无菌。

（2）抽取样品经保温试验未胀罐（袋、瓶、杯等）或未泄漏时，经感官检查、pH测定或染色镜检或接种培养，确证有微生物增殖现象，则报告该样品为非商业无菌。

（3）抽取样品经保温试验发生胀罐（袋、瓶、杯等）且感官异常或泄漏时，报告该样品为非商业无菌。

知识链接

罐藏食品胀罐、保质期变短的原因分析

正常罐藏都应有一定的真空度，从罐外看，顶、底盖向内微凹。但当罐藏因种种原因呈正压状态，顶底盖就会向外鼓起，即所谓胀罐，胀罐一旦发生就意味着食品保质期变短、发酸，胀罐一般可分为物理性、化学性、细菌性三类。物理性胀罐主要产生原因：顶隙体积小，装罐量过多；灌装车间工人作业时，未采用动态消毒技术对环境中芽孢、霉菌进行动态灭杀；罐内残留空气多，排气不足，装罐温度低，封罐真空度低；杀菌冷却操作不当、罐内外压差大：加压杀菌时无反压冷却或冷却时降压过快。化学性胀罐主要产生原因：空罐用材不当，镀锡量低、镀层不均匀；铝质易拉盖用于氯离子含量高的食品；焊缝及其补涂膜质量差。细菌性胀罐因罐内残留细菌繁殖产气所致。

练 习 题

答案解析

一、选择题

1. 下列说法正确的是（ ）

   A. 一般 pH 低于 4.6 的情况下不会发生由芽孢杆菌引起的变质

   B. 培养出现杆菌和球菌、真菌的混合菌落，表明包装容器发生泄漏

   C. 在检验大批罐藏食品时：根据厂别、商标、按品种、来源及制造时间分类进行采样

   D. 密封是指食品容器经密闭后能阻止微生物进入的状态

2. 罐藏食品国标检验方法是对保温期间罐藏食品是否有（ ）进行检验

   A. 胖听　　　　　　　　　B. 泄漏

   C. 感官质量异常　　　　　D. 腐败变质

二、简答题

1. 在罐藏食品商业无菌检验中，保温的目的是什么？

2. 在罐藏食品的商业无菌检验中，开罐前要做好哪些准备工作？

3. 如何判断罐藏食品为商业无菌？

书网融合……

本章小结　　　　微课　　　　题库　　　　附录 B

项目七

食品微生物快速检验技术

学习目标

知识目标

1. 掌握 细菌和真菌的 DNA 的提取方法，利用 PCR 扩增 DNA 的原理。

2. 熟悉 免疫荧光抗体技术、酶联免疫技术、放射免疫检测技术、免疫金技术的原理。抗原抗体的凝集反应条件、特性；利用酶标记的抗体对微生物进行检测的原理和方法。荧光的原理和免疫荧光检测方法；胶体金和用胶体金标记抗体进行检测的方法。

3. 了解 核酸探针技术、基因芯片技术、基因编辑技术、自动化检测原理与方法。

技能目标

1. 能够提纯细菌和真菌的 DNA，并用紫外分光光度计进行测量；能够扩增 DNA 和进行凝胶电泳，通过 Marker 判断 DNA 的长度。

2. 能够读懂购买的酶联免疫试剂盒和免疫荧光试剂盒的说明，并使用试剂盒对微生物进行检测；能够操作胶体金的测试纸，并用它来进行微生物快速测定。

素质目标

认识到科技发展日新月异，具有与时俱进、勇于探索的精神，养成终身学习的习惯。

情境导入

情境： 许多食品营养丰富，易污染金黄色葡萄球菌、沙门菌等食源性致病菌，严重威胁食品安全。分子生物学、免疫学等检测分析技术灵敏度高、检测速度快、操作简单。免疫检测技术依赖于抗体的好坏，且由于抗原表面决定簇类似，常使结果发生交叉反应。分子生物学检测技术无法区分活、死致病菌，易造成假阴性结果。质谱鉴定技术对微生物图谱数据库依赖度高，需要不断完善和更新微生物图谱数据库。掌握各项快速检测技术的原理和特点才能针对性的有效应用。

讨论 1. 快速检测技术是否可以完全替代传统细菌培养检测技术？

　　　 2. 进行快速检测技术结果分析时应该注意哪些问题？

任务一 分子生物学检验基础

PPT

传统的微生物检测通过培养、生化鉴定测试、血清学试验等，可以定性分析，还可以定量分析，但需要大量的人力和较长时间。随着分子生物学和免疫学检测技术的蓬勃发展，微生物的快速检测方法不断创新，分子生物学检测技术如聚合酶链式反应（polymerase chain reaction，PCR）、实时荧光定量 PCR（quantitative real – time PCR，qPCR）、内转录间隔区（internal transcribed spacer，ITS）检测技术、变性剂梯度凝胶电泳技术（denatured gradient gel electrophoresis，DGGE）、生物芯片等。免疫分析技术如酶联免疫吸附测定（enzyme – linked immunosorbent assay，ELISA）、化学发光免疫分析技术（chemiluminescence immunoassay，CLIA）、免疫胶体金检测技术（immunecolloidal gold technique，GICT）等均被应用于食品、环境样品的微生物快速检测。这些快速检测技术在缩短微生物检测时间和提高检测灵敏度等方面表现出巨大的优势。微生物快速检测是食品安全、临床诊断、环境监控、生物分析的发展所需，学习和了解这些技术的原理和使用方法对适应新技术在食品微生物检测应用方面有重要意义。

一、DNA 的半保留复制 📱微课1

DNA 是脱氧核糖核酸（deoxyribonucleic acid）的简称，现已证明 DNA 是地球生命遗传的物质基础，可以复制、转录、表达，在物种中具有一定的稳定性，序列信息可以一代一代传递下去，这一切和它的分子结构是密切相关的。

（一）DNA 结构

DNA 由碱基、脱氧核糖和磷酸构成。其中碱基有 4 种：腺嘌呤（A）、鸟嘌呤（G）、胸腺嘧啶（T）和胞嘧啶（C）。DNA 分子结构中，两条多聚脱氧核苷酸链围绕一个共同的中心轴盘绕，构成双螺旋结构。其基本特点是：①两条 DNA 分子中的脱氧核糖和磷酸交替连接，排在外侧，方向相反，构成基本骨架，碱基排列在内侧。②两条链上的碱基通过氢键相结合，形成碱基对，腺嘌呤（A）与胸腺嘧啶（T）配对，鸟嘌呤（G）只能与胞嘧啶（C）配对，根据配对关系，已知其中一条的碱基排列次序，可以推导出另一条的次序。这种一一对应关系决定 DNA 半保留的复制机制，保证遗传信息的稳定向下传递，对生命有重要意义。

（二）DNA 变性和复性

DNA 在 260nm 波长处有最大吸光度，并且单链 DNA 比双螺旋 DNA 的吸光度高出 40%，当 DNA 溶液温度升高至一定水平时（90~96℃），260nm 的吸光度会明显增加，这种现象称为增色效应。相反，逐步降低温度，吸光度会恢复至原来水平，称为减色效应。其原因是双螺旋 DNA 中的碱基在高温下两条链之间的氢键断裂，形成两条分离的 DNA 链，称为变性，暴露出来的碱基环增加对紫外线的吸收能力。DNA 的变性是可逆的，热变性后温度缓慢下降时，解开的两条链可重新形成双螺旋，这一过程称为 DNA 的复性。

DNA 熔点（T_m）：将 DNA 在 260nm 吸光为纵坐标，温度为横坐标，绘制曲线吸光度随温度变化的曲线，发现 DNA 光吸收的急剧增加发生在相对较窄的范围内，把吸光度增加到最大值一半时的温度称为 DNA 熔点（T_m）。T_m 值是 DNA 的一个重要特征常数，其大小主要与 DNA 中 G + C 含量有关。G + C 含量越高，DNA 的 T_m 值也越高。因为 G – C 碱基对间有 3 个氢键，并且它与相邻碱基对间的堆积力更大。常用公式：$T_m = 69.3 + 0.41 (G + C)\%$ 来计算 DNA 的 T_m 值，并以此推算该 DNA 的碱基百分组成。小于 25 碱基对的寡核苷酸的 T_m 值计算公式为 $T_m = 4 (G + C) + 2 (A + T)$。

（三）DNA 的半保留复制

DNA 的复制采用半保留复制方式进行。即复制时亲代双链 DNA 分开，各自为模板复制一条新的链，新合成的子代双链 DNA 有一半来自原双链 DNA。细胞分裂时，通过 DNA 准确地自我复制（self – replication），亲代细胞所含的遗传信息就原原本本地传送到子代细胞中。由于 DNA 是遗传信息的载体，因此亲代 DNA 必须以自身分子为模板来合成新的分子，准确地复制成两个拷贝，并分配到两个子代细胞中去，才能真正完成其遗传信息载体的使命。DNA 的双链结构对于维持这类遗传物质的稳定性和复制的准确性都是极为重要的。双链 DNA 的复制是一个非常复杂的过程，在复制的起始、延伸和终止三个阶段，无论是原核生物还是真核生物都需要有多种酶和蛋白质的协同参与，涉及的酶有拓扑异构酶解旋酶、单链结合蛋白、引物合成酶、DNA 聚合酶及连接酶等。

（四）DNA 凝胶电泳和分离提取

DNA 在 pH 为 8.0 ~ 8.3 时，核酸分子中的碱基不解离，但磷酸全部解离，使得 DNA 带负电荷，在电场中 DNA 分子会向正极方向移动。不同大小的 DNA 在淀粉胶、琼脂或琼脂糖凝胶中移动速度不同，相同大小的 DNA 移动速度相同，由此达到分离 DNA 的目的，这种技术称为 DNA 的凝胶电泳。

DNA 电泳常用琼脂糖凝胶，它是由琼脂分离制备的链状多糖，其结构单元是 D - 半乳糖和 3,6 - 脱水 - L - 半乳糖。配制方法：称取琼脂糖加入缓冲液中，煮沸，可在 50℃ 左右加入溴化乙锭或 Gel Red 等显色剂，放入特定的槽中凝固。注胶时，梳齿位置距边 0.5 ~ 1.0cm，待胶凝固后，取出梳子，加样小孔即制作完成。

电泳电压为 5 ~ 15V/cm。对大分子的分离可用电压 5V/cm。电泳过程最好在低温条件下进行。电泳结束后在紫外灯下观察样品的分离情况，对需要的 DNA 分子或特殊片段可从电泳后的凝胶中以不同的方法进行回收。如电泳洗脱法：在紫外灯下切取含核酸区带的凝胶，将其装入透析袋（内含适量新鲜电泳缓冲液），扎紧透析袋后，平放在水平型电泳槽两电极之间的浅层缓冲液中，100V 电泳 2 ~ 3 小时，然后正负电极交换，反向电泳 2 分钟，使透析袋上的 DNA 释放出来。吸出含 DNA 的溶液，进行酚抽提、乙醇沉淀等步骤即可完成样品的回收，回收的 DNA 可以用于测序。

DNA 提取方法有多种，包括但不限于酚抽提法、甲酰胺解聚法、玻璃棒缠绕法、异丙醇沉淀法、表面活性剂快速制备法、加热法和碱变性快速制备法。此外，还有浓盐法、SDS 法、CTAB 法、苯酚抽提法和水抽提法等。这些方法利用不同的化学物质和原理来裂解细胞、沉淀 DNA 或去除杂质，从而提取出纯净的 DNA。例如，酚抽提法和苯酚三氯甲烷抽提法利用酚或苯酚和三氯甲烷的混合物作为蛋白变性剂，使蛋白质变性后与 DNA 分离。SDS 法则使用十二烷基硫酸钠（SDS）使细胞膜裂解，并使蛋白质变性，然后用乙酸钾等物质使蛋白质 - DNA 复合物沉淀。CTAB 法则使用十六烷基三甲基溴化铵（CTAB）来分离 DNA 和其他细胞成分。这些方法各有优缺点，适用于不同的实验需求和条件。例如，酚抽提法和苯酚三氯甲烷抽提法的优点是提取的试剂价格较为便宜，缺点是使用的苯酚、三氯甲烷等试剂毒性较大，污染较严重。而离心柱法则可以获得较高纯度的核酸，操作相对简单，但成本可能较高。总的来说，选择哪种 DNA 提取方法取决于实验的具体要求、可用资源和安全性。

二、内转录间隔区检测技术

利用 PCR 技术对微生物基因进行扩增需要设计特定的引物，如何找到大部分微生物都相同的 DNA 片段作为引物锚定的位置是一个挑战，细胞内的核糖体 DNA 是一个不错的选项。核糖体是细胞内唯一按照 mRNA 的指令将氨基酸翻译为蛋白质多肽链大分子的机器，它由蛋白质和 rRNA 组成，指导合成 rRNA 的基因称为 rDNA，在进化上表现出高度的保守，称为生物进化上的活化石，地球生命分为原核细胞 rDNA 和真核细胞 rDNA 两大类，这两类细胞的 rDNA 保持 95% 以上的同源性，是作为通用引物设计的好的锚定区域。

（一）核糖体基因

细菌等原核生物及叶绿体基质中核糖体的沉降系数为 70S，由两种亚基组成，50S 大亚基和 30S 小亚基。真核细胞的核糖体沉降系数为 80S，也由两种亚基组成，60S 大亚基和 40S 小亚基。

目前已知的大多数原核生物的核糖体中都有 3 种 rRNA，即 5S、16S、23S rRNA，编码这些 rRNA 的基因按顺序排列在一条核 DNA 上，对应为 5S、16S、23S rDNA，它们分别含有 120、1540、2900 个核苷酸，对于大多数的细菌，它们有 5 ~ 10 个拷贝数。16S rDNA 是细菌的系统分类研究中最有用的和最常用的分子钟，其种类少，含量大（约占细菌 DNA 含量的 80%），分子大小适中，存在于所有的生物中，进化具有良好的时钟性质，在结构与功能上具有高度的保守性，素有"细菌化石"之称。23S 核苷酸含量过多，几乎是 16S 核苷酸含量的两倍，分析困难，而 5S 核苷酸又太少，没有足够的遗传信息，16S rDNA 由于大小适中，约 1.5kb 左右，既能体现不同菌属之间的差异，又能利用测序技术较容易地得到其序列，故被细菌学家和分类学家接受。但是由于 16S rRNA 的长度基本恒定〔（1550 ± 200）bp〕，而且序列非常保守，因此其差异不足以区分一些关系密切的菌种，这使得该方法在细菌系统发育的研究中只能停留在较高的分类单位上，对于属以下的分类单位如种或亚种的鉴别往往是无能为力的。

（二）内转录间隔区

16S 和 23S、23S 和 5S 之间的区间叫内转录间隔区（ITS），相对高度保守的 rDNA，ITS 的选择压力没有这么多，不同种之间的 ITS 是不同的，通过对 ITS 的 DNA 序列进行分析和比对，可以进行微生物的种、属，甚至亚种、变种的鉴定。

在 16S rDNA 上至少有 4 个保守区，可作为正向的引物设计区，23S 的序列比较长，有 6 个保守区，可以在其中设计引物。常见的引物对有 27 正向：5′ – AGAGTTTGATCCTGGCTCAG – 3′，1492 反向：5′ – GGTTACCTTGTTACGACTT – 3′。

（三）微生物 DNA 的提取、扩增和测定

微生物采样后要及时冷冻，防止杂菌污染。DNA 的提取，细菌可以采用溶菌酶 + 十二烷基硫酸钠提取，真菌细胞采用液氮冻干研磨，用三氯甲烷：异戊醇溶液（24：1，*V/V*）提取。

（四）ITS 技术在微生物鉴定中的应用

ITS 可以用于微生物品种的快速鉴定，现已用 ITS 对食品有关的 8 个属 280 个种的细菌进行快速鉴定，这些细菌包括李斯特菌、葡萄球菌、大肠埃希菌、沙门菌、丙酸杆菌（*Propionibacterium*）、布鲁氏菌（*Brucella*）、肠道弧菌（*Vibrio*）、链球菌（*Streptococcus*）、乳酸杆菌等，其结论是 ITS 适用于上述种属细菌种及种以下分类单位的鉴定。

ITS 也可以用于微生物的生态分析，例如用于慢生根瘤菌属的分析，这对旱地农作物生长非常重要。采用 ITS 方法，比较不同植物根部的根菌 ITS 片段，分析其指纹图，比较其 ITS 的长度多态性，对了解植物固氮的机制、植物生长的生理和生态等有重要意义。

三、变性剂梯度凝胶电泳技术

单纯只用 ITS 技术作为微生物的鉴定是有一定困难的，原因在于：①ITS 片段本身的复杂性：许多细菌的基因组中含有多个有差别的 rDNA。以大肠埃希菌为例，它有 7 个基因的拷贝，ITS 长度为 355 ~ 437bp，即使是长度相同的 ITS 片段，其序列也是有差异的，这极大地增加了 ITS 片段的复杂性，即有差别的 ITS 片段不仅可能来自两个不同的种或亚种，也可能来自同一个种中不同的 rDNA 拷贝。②ITS 片段变化的随机性太大：ITS 中含有很多的内含子，容易变异，在细胞繁殖过程中，往往会出现片段插入或缺失，这大大增加了 ITS 分析的误差，特别是在研究多个微生物时，许多关系密切的菌种，其 ITS 片段可能相同也可能相差悬殊，使得菌群的多样性分析产生偏差。变性剂梯度凝胶电泳技术（DGGE）在一定程度上可以解决 ITS 分析中出现的问题。DGGE 技术最先由 Fischer 和 Lerman 于 1979 年提出，在 1993 年 Muyzer 等将其应用于微生物群落结构研究，之后变化出温度梯度凝胶电泳（temperature gradient gel electrophoresis，TGGE），该技术被广泛用于微生物分子生态学研究的各个领域，目前已经发展成为研究微生物群落结构的主要分子生物学方法之一。

（一）DGGE 的原理和操作

双链 DNA 分子在一般的聚丙烯酰胺凝胶电泳时，其迁移行为决定于其分子大小和电荷。不同长度的 DNA 片段能够被区分开，但同样长度的 DNA 片段在胶中的迁移行为一样，因此不能被区分。但在聚丙烯酰胺凝胶基础上，加入了变性剂（尿素和甲酰胺），并形成梯度，DNA 沿着变性剂梯度移动，当达到其最低的解链区域浓度时，该区域这一段连续的碱基对发生解链，随着变性剂浓度增加，最终双链 DNA 完全解链变成单链 DNA，移动速度减慢。由于双链 DNA 解螺旋的浓度与 DNA 的 G－C 的含量有关，同样长度但序列不同的 DNA 片段会在胶中不同位置处达到各自最低解链区域的解链浓度，因此它们会在胶中的不同位置处发生部分解链导致迁移速率大大下降，从而在胶中被区分开来，也因此可以同时分析多种微生物的 ITS 片段，实现多通道的微生物检测。

当用 DGGE 技术来研究微生物群落结构时，要结合 PCR 扩增技术，用 PCR 扩增的 16S rRNA 产物来反映微生物群落结构组成。通常根据 16S rRNA 基因中比较保守的碱基序列设计通用引物，DGGE 有两种电泳形式：垂直电泳和水平电泳。前者是指变性剂梯度方向和电泳方向垂直，后者是指两个方向是平行的。在分析微生物群落的 PCR 扩增产物时，一般先要用垂直电泳来确定一个大概的变性剂范围或温度范围。

垂直电泳时，胶从左到右是变性剂梯度或温度梯度。在胶的左边，变性剂浓度或温度低，DNA 片段是双链形式，因此沿着电泳方向一直迁移。在变性剂浓度高区域，DNA 进入胶立刻就发生部分解链，因此迁移很慢。在胶的中间，DNA 片段有不同程度的解链。在变性剂浓度临界于 DNA 片段最低的解链区域时，DNA 的迁移速率有急剧的变化。因此，DNA 片段在垂直胶中染色后呈 S 形的曲线，根据垂直电泳确定的范围，再用水平电泳来对比分析不同的样品。

在用水平电泳分析样品之前，先要优化确定电泳所需时间。一般采用时间间歇的方法，即每隔一定时间加一次样品，从而使样品的电泳时间有一个梯度，根据这个结果，确定最佳的电泳时间。通过各种染色方法可以看到 DGGE 胶中的 DNA 条带。EB 法染色的灵敏度最低，SYBR Green I 和 SYBR Gold 相比 EB，能更好地消除染色背景，因此它们的检测灵敏度比 EB 法高很多。EB 和 SYBR 染色时，双链 DNA 能很好地显色，单链 DNA 基本上不能显色。银染法的灵敏度最高，它不但能染双链 DNA，也能染单链 DNA，但缺点是不能用于随后的杂交分析。

（二）DGGE 对微生物类群的多样性检测

从样品中直接提取总 DNA，经 PCR 扩增得到含有某一高变区的目的 DNA 序列产物，通过 DGGE 得到带谱。因为每个条带很可能就代表一个不同的微生物物种，所以 DGGE 带谱中条带的数量，即反映出该环境微生物群落中优势类群的数量。但为了得到更详实的信息，往往采用种或类群专一性探针与得到的条带进行杂交或将条带切下，重新扩增后测序，进而得到部分系统发育信息。不同来源的样品微生物 DGGE 分析结果，通过比对不同的显色带，可以分析微生物群的相似性。

（三）应用 DGGE 监控食品生产环境中微生物动态变化

DGGE 技术的一个显著特性就是可以同时对多份样品进行分析，因此适合于监测环境中微生物在时间或空间上的动态变化，例如食品企业周边的土壤、水体等微生物的变化。有学者应用 DGGE 对酒厂周边的微生物菌群进行分析，发现微生物多样性随季节的变化不大。农业上，有学者应用 DGGE 研究了菊花生长过程中其根际细菌类群多样性的动态变化，发现生长过程中根际细菌类群的 DGGE 带谱通过聚类分析，带谱之间的相似性为 82%，没有发生显著变化，与同时通过纯培养方法进行研究的结果一致，因此得出根的生长过程对根际优势细菌类群的影响不大。

DNA 的应用

　　DNA 除了用于微生物的鉴定，还应用于法医鉴定、基因工程等方面。通常从血液、皮肤、唾液、头发和其他组织和体液中分离 DNA，以识别罪犯或犯罪行为。现代生物学和生物化学大量使用 DNA，重组 DNA 是指人工构建和组装的 DNA 片段，它们可以以质粒的形式或通过其他类型的载体整合插入到生物体中，由此产生的生物被称为转基因生物。可用于生产重组蛋白，用于生物医学研究或农业栽培。2022 年，国际标准化组织（ISO）发布两项国际标准，通过实时荧光 PCR 方法检测火鸡和鹅的特异 DNA 片段，实现了对食品和饲料中相关动物成分种类的鉴定。该方法标准的建立将有效遏制企业肉类掺假行为，对保障全球肉类真实性和饲料安全性发挥重要的技术支撑作用。

任务二　免疫荧光抗体技术 ⓔ 微课2

PPT

　　荧光是一种光致发光现象。原子外的电子在一定的能级轨道上运动，当某种波长的入射光（通常是紫外线或 X 线）照射，吸收光能后进入激发态，进入高能的轨道，并且立即退回到较低能力的轨道上时，会发出射光，通常波长比入射光的波长长。如在可见光波段，这种光称为荧光。一般情况下，光一旦停止入射，发光现象也随之立即消失，但有些物质发光时间可以持续一段时间，而且发出的光在可见光的范围内，用这样的成分标记抗原或抗体，通过荧光来检测抗原和抗体结合反应。

一、免疫荧光技术的原理

　　免疫荧光技术又称荧光抗体技术，是标记免疫技术中发展最早的一种。免疫荧光技术是根据抗原抗体反应的原理，先将已知的抗原或抗体标记上荧光素，制成荧光抗体，再用这种荧光抗体（或抗原）作为探针检测组织或细胞内的相应抗原（或抗体）。在组织或细胞内形成的抗原抗体复合物上含有标记的荧光素，利用荧光显微镜观察标本，荧光素受外来激发光的照射而发生明亮的荧光（黄绿色或橘红色），可以看见荧光所在的组织细胞，从而确定抗原或抗体的性质、定位以及利用定量技术测定其含量。

　　选择合适的标记用荧光素直接关系到免疫荧光分析的成败，好的荧光素应符合以下要求：①应具有能与蛋白质分子形成共价键的化学基团，与蛋白质结合后不易解离，而未结合的色素及其降解产物易于清除。②荧光效率高，与蛋白质结合后，仍能保持较高的荧光效率。③荧光色泽与背景组织的色泽对比鲜明。④与蛋白质结合后不影响蛋白质原有的生化与免疫性质。⑤标记方法简单、安全无毒。⑥与蛋白质的结合物稳定，易于保存。异硫氰酸荧光素、异氰酸荧光素、罗丹明 B 能满足上述的要求，是常用的抗体/抗原标记荧光素。

　　荧光抗体技术是荧光免疫技术其中的一种类型，是在荧光显微镜下检测荧光现象，从而达到定位或定性检测目的。其他的技术类型可以用荧光素标记抗原或抗体，用已知的荧光抗原或抗体标记物示踪或检查体液中相应抗体或抗原。

二、免疫荧光技术的操作和观察

　　荧光物质标记的检测抗体（抗菌体抗原或抗鞭毛抗原）在同抗原结合成免疫复合物后会发射荧光。

在载玻片或96孔聚苯乙烯微孔板上，利用荧光显微镜或数码相机或荧光分光度计检测荧光。荧光抗体技术通过两种基本方法进行：在直接法中，抗原直接与荧光标记的特异性抗体进行反应，在间接法中，一抗不用荧光标记，但是具有种属特异性的二抗上偶联荧光素分子。在间接法中，荧光标记的抗体可以检测一抗与抗原形成的免疫复合物的存在。这样，间接法消除了必须为每一种待检微生物制作荧光标记抗体的麻烦。

1. 标本的制作　常见的标本主要有组织、细胞和细菌三大类。按不同标本可制作涂片、印片或切片。在制作标本过程中应力求保持抗原的完整性，并在染色、洗涤和封埋过程中不发生溶解和变性，也不扩散至临近细胞或组织间隙中去。标本切片要求尽量薄，以利抗原抗体接触和镜检。标本中干扰抗原抗体反应的物质应充分洗去，有传染性的标本应注意安全。

2. 荧光抗体染色　于已固定的标本上滴加经适当稀释的荧光抗体。置湿盒内，在一定温度下温育一定时间，一般可用25～37℃温育30分钟，不耐热抗原的检测则以4℃过夜为宜。用PBS充分洗涤，干燥。

3. 荧光显微镜和检测检查　首先应选择好光源或滤光片。滤光片的正确选择是获得良好荧光观察效果的重要条件。在光源前面的一组激发滤光片的作用是提供合适的激发光。激发滤光片有两种。MG为紫外光滤片，只允许波长275～400nm的紫外光通过，最大透光度在365nm，BG为蓝紫外光滤片，只允许波长325～500nm的蓝外光通过，最大透光度为410nm。靠近目镜的一组阻挡滤光片（又称吸收滤光片或抑制滤光片）的作用是滤除激发光，只允许荧光通过。透光范围为410～650nm，代号有OG（橙黄色）和GG（淡绿黄色）两种。观察FITC标记物可选用激发滤光片BG12，配以吸收滤光片OG4或GG9。观察RB200标记物时，可选用BG12与OG5配合。

三、流式分析技术

流式分析技术是一项新兴技术，发展于20世纪70年代初期，是用于检测液体中悬浮着的细胞或微小颗粒的一种现代分析技术。流式分析技术和其他的检测方法相比较具有许多优点，如检测时间短、可即时分析大量的颗粒，可同时检测颗粒的多个参数，具有分选的功能，方法灵活等。流式分析仪是流式分析技术的核心仪器，它凝集了电子技术、流体力学、计算机科学、激光技术、免疫荧光技术等原理。目前流式分析技术已被广泛应用于临床医学、免疫学、生物学、微生物学、药理学、肿瘤学等多个领域。

流式分析技术刚开始被应用在科学研究和医学方面的检验，后来才被证明可以用于微生物学检测，主要原因是微生物的直径相对细胞来说较小。但随着近年来光学仪器的发展与流式分析仪的不断改进，流式分析技术在微生物学领域中得到了广泛的应用。

在科学研究方面，流式分析技术可以克服细菌平板计数费时费力的缺点，做到快速准确检测细菌总数。流式分析技术结合荧光标记技术可以检测DNA片段的大小，这就决定其可以用于细菌的鉴定，如使用流式分析仪对DNA片段进行检测分析，进而鉴定球芽孢杆菌和大肠埃希菌等。流式分析技术还可分析单个细菌的大小、丰度等信息，如使用流式分析仪对蜡样芽孢杆菌进行检测，并区分细菌的亚群等。

流式分析技术在环境微生物的检测方面也有着重要的应用，如可以利用流式分析技术对污泥中的微生物进行群落结构的分析。近年来，这项应用也引起愈来愈多环境工作者的关注，已经成为空气、土壤、水等环境中细菌学检测中的一项重要方法。

近年来，流式分析技术用于细菌检测已经被多个工业生产领域，如食品业、化妆品业、制药业所引入，如食品业对啤酒中酵母菌浓度的检测，应用于大肠埃希菌、大肠埃希菌O157：H7、金黄色葡萄球菌和沙门菌等的检测，目前国内开发的比较成熟检测方法主要是针对牛乳中细菌总数、大肠埃希菌O157：H7 等微生物。

任务三　酶联免疫技术 📱微课3

PPT

漫长的进化历程中，动物逐步进化成对外来异物的特定反应，动物血浆中有抗体（antibody，Ab），它与特定的成分抗原（antigen，Ag）相遇，并发生特异性的结合，如凝集或沉淀，这种结合是独特的、专一的和可控的，借此可用已知抗原（或抗体）检测未知抗体（或抗原），微生物的免疫检测就是根据抗原抗体特异性的结合，通过标记显色的酶，将这种特异性的结合反应放大，从而实现灵敏、快速、操作简单的微生物检测。

一、抗原抗体的结合反应

由于试验所采用的抗体常存在于血清中，因此又称之为血清学反应（serological reaction）。抗原和抗体的双向凝胶的扩散实验，当抗原与相应抗体相互扩散即形成一条沉淀线，即使有两种以上的抗体存在，抗体也只与特定的抗原反应。当扩散实验的两种抗原相同时，表现为弧状的融合沉淀线。

抗体与抗原的结合反应是由抗体表面的成分，如蛋白质、糖、脂肪和它们的空间结构决定的，这种独有的成分和构型形成了抗原的决定簇，抗原借助表面的抗原决定簇与抗体分子超变区在空间构型上的互补，发生特异性结合。同一抗原分子可具有多种不同的抗原决定簇，若两种不同的抗原分子具有一个或多个相同的抗原决定簇，则与抗体反应时可出现交叉反应（cross reaction）。抗原抗体反应非常快，仅需几秒到几分钟，主要以氢键、静电引力、范德华力和疏水键等分子表面的非共价方式结合，结合后形成的复合物在一定条件下可发生解离，恢复抗原抗体的游离状态。解离后的抗原和抗体仍保持原有的性质。抗原和抗体相互浓度比例对抗原抗体反应影响最大，若比例合适，则可形成大的抗原抗体结合物，出现肉眼可见反应现象，反之，虽能形成结合物，但体积小，肉眼不可见。因此在抗原抗体检测中，为能得到肉眼可见的反应，在了解抗原的物理性状之后，对抗原或抗体进行稀释，以调整二者的比例。

二、ELISA 测定

酶联免疫吸附测定（ELISA）是将抗原（抗体）吸附在固相载体上，加入待测抗体（抗原），再加入相应酶标记抗体（抗原），生成抗原（抗体）－待测抗体（抗原）－酶标记抗体的复合物，再与该酶的底物反应生成有色产物。借助分光光度计的光吸收计算抗体（抗原）的量。待测抗体（抗原）的定量与有色产物生成成正比。ELISA 在酶免疫技术中最常用。

常用于 ELISA 法的酶有辣根过氧化物酶、碱性磷酸酯酶等，其中尤以辣根过氧化物酶为多，它催化H_2O_2，与邻苯二胺或四甲基联苯胺反应产生颜色，用 H_2SO_4 可以终止反应。由于酶催化的是氧化还原反应，在呈色后须立刻测定，否则空气中的氧化作用使颜色加深，无法准确地定量。通过将酶标记在生物素或亲和素上，借助亲和素的高度亲和力和生物素能与抗体结合的特点，显著提高检测的敏感性。

三、ELISA 试剂盒和酶标仪

ELISA 已用来检测沙门菌、单核细胞增生李斯特菌、大肠埃希菌 O157：H7 和空肠弯曲杆菌等致病菌或其毒素。很多公司推出 ELISA 试剂盒，操作十分简单。基本操作流程：于固化抗体或抗原的 40 孔或 96 孔聚苯乙烯微孔板上，加入待测物质，静置，洗涤，加入辣根过氧化物酶标记的抗体或抗原，加碳酸缓冲液和稀释液洗涤，加入邻苯二胺或四甲基联苯胺，反应完成后用酶标仪测定时加 2mol/L H_2SO_4 终止液。以上的操作可以用半自动或全自动的酶标仪完成。

任务四 放射免疫检测技术 e微课4

PPT

放射免疫检测技术是利用放射性核素的测量方法与免疫反应的基本原理相结合的一种放射性核素体外检测法。该法有灵敏度高、特异性强、精确度佳及样品用量少等优点，常用于各种激素、微量蛋白质、肿瘤标志物和药物等微量物质的测定。这种测试技术不仅普遍用于测定具有抗原性的蛋白质、酶和多肽激素，而且越来越广泛地用于测定许多本身无抗原性的药物。但是由于放射线对人体有一定的危害，目前部分检测逐渐被其他标记技术取代。常用的放射性核素为 ^{125}I。放射免疫检测技术有两种类型，放射免疫分析（radioimmunoassay，RIA）和免疫放射分析（immunoradiometric assay，IRMA）。

一、放射免疫分析

放射免疫分析是放射性免疫技术最经典的模式。它是以放射性核素标记抗原（Ag*）与反应系统中未标记抗原（Ag）竞争性结合特异性抗体（Ab）为基本原理来测定待检样品中抗原量的一种分析方法。在这一反应系统中，作为试剂的标记抗原和抗体的量是固定的。抗体的量一般取用能结合 40% ~ 50% 的标记抗原，而受检标本中的非标记抗原是变化的。根据标本中抗原量的不同，得到不同的反应结果。当标记抗原、非标记抗原和特异性抗体三者同时存在于一个反应系统时，由于标记抗原和非标记抗原对特异性抗体具有相同的结合力，因此两者相互竞争结合特异性抗体。由于标记抗原与特异性抗体的量是固定的，故标记抗原抗体复合物形成的量就随着非标记抗原的量而改变。非标记抗原量增加，相应地结合较多的抗体，从而抑制标记抗原对抗体的结合，使标记抗原抗体复合物相应减少，游离的标记抗原相应增加，亦即抗原抗体复合物中的放射性强度与受检标本中抗原的浓度呈反比。将抗原抗体复合物与游离标记抗原分开，分别测定其放射性强度，就可计算结合态的标记抗原（B）与游离态的标记抗原（F）的比值（B/F），或算出其结合率 [B/（B+F）]，与标本中的抗原量呈函数关系。用一系列不同剂量的标准抗原进行反应，计算相应的 B/F，可以绘制出一条剂量反应曲线。受检标本在同样条件下进行测定，计算 B/F 值，即可在剂量反应曲线上查出标本中抗原的含量。

二、免疫放射分析

免疫放射分析是用放射性核素标记的过量抗体与待检测抗原直接结合，采用固相免疫吸附载体分离结合与游离标记抗体的非竞争性放射免疫分析。免疫放射分析（IRMA）是在 RIA 的基础上发展起来的放射性核素标记免疫分析。与经典 RIA 不同，IRMA 是以过量 ^{125}I 标记抗体与待测抗原进行非竞争性免疫结合反应，用固相免疫吸附剂对 B 或 F 进行分离，其灵敏度和可测范围均优于 RIA，操作程序较 RIA 简单（表 7-1）。

表 7-1 IRMA 与 RIA 的区别

	IRMA	RIA
标记物质	抗体	抗原
标记物用量	过量	限量
反应方式	直接结合	竞争性结合
B、F 分离方法	固相抗体法等	第二抗体法等

任务五　免疫金技术 ⓔ 微课5

PPT

免疫金技术主要利用金颗粒具有高电子密度的特性，在金标蛋白结合处，在显微镜下可见黑褐色颗粒，当这些标记物在相应的部位大量聚集时，肉眼可见红色或粉红色斑点，因而用于定性或半定量的快速免疫检测方法中。氯金酸（$HAuCl_4$）在还原剂如白磷、抗坏血酸、枸橼酸钠、鞣酸等作用下，还原为特定大小的金颗粒，并由于静电作用成为一种稳定的红色胶体状态，称为胶体金。胶体金在弱碱环境下带负电荷，可与蛋白质分子的正电荷基团形成牢固结合，由于这种结合是静电结合，所以不影响蛋白质的生物特性。胶体金除了与蛋白质结合以外，还可以与许多其他生物大分子结合，如 SPA、PHA、ConA 等。胶体金技术广泛地应用于免疫学、组织学、病理学和细胞生物学等领域。

一、胶体金标记抗体

取 0.01% $HAuCl_4$ 水溶液，加入 1% 枸橼酸三钠水溶液，加热煮沸 30 分钟，冷却至 4℃，溶液呈红色，可以制得胶体金。胶体金对抗体的吸附主要取决于 pH，在接近抗体的等电点或偏碱的条件下，二者容易形成牢固结合物。如果胶体金的 pH 低于蛋白质的等电点时，则会因蛋白聚集而失去结合能力。除此以外胶体金颗粒的大小、离子强度、蛋白质的分子质量等都影响胶体金与蛋白质的结合，最佳条件需要实验验证。加入一定量的稳定剂，如 5% 胎牛血清（BSA）和 1% 聚乙二醇，以防止抗体蛋白与胶体金聚合发生沉淀，通过离心或透析，纯化结合胶体金的抗体。将纯化的胶体金蛋白结合物过滤除菌、分装，4℃保存。

二、免疫胶体金色谱法

免疫组化技术有时候用金标记抗体与组织或细胞标本中的抗原反应，借助显微镜观察颜色分布即可定位、定性测定组织或细胞中的抗原。

检测体液中抗原抗体的金标记技术有色谱法和渗析法，两者的主要区别是液体流动的方向不同。渗析法是液体穿过滤膜纵向流动，色谱法是液体横向流动，下面主要介绍色谱法。胶体金色谱法就是将特异性的抗原或抗体以条带状固定在膜上，胶体金标记试剂（抗体或单克隆抗体）吸附在结合垫上，当待检样本加到试纸条一端的样本垫上后，通过毛细管虹吸作用向前移动，溶解结合垫上的胶体金标记试剂后相互反应，当移动至固定的抗原或抗体的区域时，待检物与金标试剂的结合物又与之发生特异性结合而被截留，聚集在检测带上，可通过肉眼观察到显色结果。色谱法试验物品由金标结合垫、硝酸纤维素膜（nitrocellulose filter membrane，NC）、样品垫、吸水垫和底板［聚氯乙烯（polyvinyl chloride，PVC）］五部分组成，将金标结合垫裁成 4mm 的细条，将制备好的金标结合物铺注在结合垫上，置于 37℃ 恒温烘干，烘干后备用。将制备好的 15mm 吸水垫、25mm NC 膜、4mm 金标结合垫、18mm 样品垫，由顶部依次黏于 PVC 板上，用切条机切成 4mm 宽的试纸条装入检测卡中即完成试纸条的组装。将含有特异性抗原（微生物）的样品加到样品孔中，并与试纸条上检测抗体相结合，该免疫复合物依靠毛细管虹吸作用向多孔膜的另一端迁移，在移动过程中发生相应的结合反应。如果膜上只有一条捕获带显色（对照线），意味着这是一个阴性样品，如果两条带或线都显色，说明结果呈阳性。该法现已发展成为诊断试纸条，使用十分方便，在 5~10 分钟内可以得到结果，简便易行、经济节约，适用于初筛试验。

胶体金作为免疫标记物始于 1971 年，由 Faulk 和 Taylor 将其引入免疫化学，免疫胶体金技术已用于沙门菌等微生物检测，也用于怀孕、艾滋病等检测。胶体金标记技术由于标记物的制备简便，方法敏感、特异，不需要使用放射性同位素，也不需要荧光显微镜，使其应用范围广，在快速检测试剂中得到了广泛的应用和发展，具有巨大的发展潜力。

PPT

任务六　核酸探针技术

随着分子生物学的飞速发展，从分子生物学水平上特别是核酸结构及其组成部分对病原微生物进行鉴定已逐步应用于检测行业，核酸探针（nuclear acid probe）以其敏感、特异、简便、快速的特点成为世人瞩目的生物技术革命的新产物。

核酸探针是指一段带有检测标记的已知核苷酸片段，与未知核苷酸序列杂交，可以用于待测核酸样品中特定基因序列的探测。其基本原理是具有一定同源性的两条核苷酸单链在一定条件下（适宜的温度及离子强度等）按碱基互补原则杂交形成双链，此杂交过程是高度特异性的。核酸分子杂交可发生于两条 DNA 单链之间或者 RNA 链与 DNA 单链之间。用合适的标记物（如放射性同位素、荧光色素、生物素和地高辛等）标记一段已知基因（DNA 或 RNA），可作为探针与变性后的单链基因组 DNA 进行杂交反应，并用合适的方法（如放射自显影技术或免疫组织化学技术）把标记物检测出来，如果二者的碱基完全配对，它们即结合形成双链，从而表明被测基因组 DNA 中含有已知的基因序列（同源序列或片段）；如果检测不出结合则不含已知序列。近年来随着食品微生物检测技术的发展，核酸探针技术已被用于食品中沙门菌、金黄色葡萄球菌、副溶血性弧菌等食源性病原菌的快速检测。

一、核酸探针的种类

根据核酸分子探针的来源及其性质可分为基因组 DNA 探针、cDNA 探针、RNA 探针及人工合成的寡核苷酸探针等。实际应用中可以根据目的和要求不同，来选择不同类型的核酸探针。并不是任意一段核酸片段都可作为探针，选择探针最基本的原则是具有高度特异性、来源方便等。

二、核酸探针标记物特点及种类

标记探针的目的是跟踪探针的去向，确定探针是否与相应的基因组 DNA 杂交，即显示出与核酸探针具有同源性序列的精确位置，从而判断阳性菌落的位置、靶核酸在细胞中的位置（原位杂交），或特异性片段的大小（转移印迹杂交）等。

（一）理想的探针标记物的特点

1. 高度灵敏性。

2. 标记物与核酸探针分子的结合，应具有高度特异性，尽量降低假阳性率。

3. 应不影响探针分子的主要理化特性，特别是杂交特异性和杂交稳定性，杂交体的解链温度（T_m）应无较大的改变。

4. 用酶促方法进行标记时，应对酶促活性（K_m）无较大的影响，以保证标记反应的效率和标记产物的比活性，当标记探针还继续作为下一步酶促反应的底物（如用于 DNA 序列测定）时，不能影响此步骤的酶活性。

5. 另外还应具有较高的化学稳定性，保存时间较长；标记及检测方法简单；对环境无污染，对人体无损伤，价格低廉等特性。

（二）常用的探针标记物种类

主要有两类：放射性核素和非放射性核素标记物。

1. 放射性核素

（1）^{32}P ^{32}P 放射性强，其所释放的 β 粒子能量高，穿透力较强，因此放射自显影所需时间短，灵敏度高，被广泛应用于各种滤膜杂交以及液相杂交中，特别适合于基因组中单拷贝基因的检测。其缺点是半衰期短，射线散射严重，导致 X 线片上带型轮廓不清，有时会影响到结果的分析，特别是当要求高分辨率时（如 DNA 序列测定和细胞原位杂交）。^{32}P 大多是以标记的各种核苷酸（^{32}P－NTP）和脱氧核糖核苷酸（^{32}P－dNTP）的形式提供的。

（2）^{35}S ^{35}S 原子可取代磷酸分子上的一个氧原子，从而形成 ^{35}S 标记的核苷酸分子。核苷酸分子结构上的这种改变，对于大多数核酸修饰酶（如 DNA 和 RNA 聚合酶、激酶和磷酸酶）的活性没有太大的影响，是其适宜的反应底物。

（3）^{3}H ^{3}H 释放的 β 粒子能量极低，散射极少，因此在感光乳胶上的成影分辨率最高，本底较低，最适用于细胞原位杂交，但放射自显影所需时间较长。^{3}H 的另一优点是半衰期长，标记的探针可存放较长时间。

2. 非放射性核素标记物 非放射性指示系统是基于选用特异的互补探针的相互作用来检测各种生物靶分子。适宜的检测系统是与这些探针配对的，直接通过共价结合，或间接地通过附加的特异、高亲和力的相互作用。新近发展起来的非放射性系统大多数是基于报告基团的酶学、生物化学或化学的结合。这些基团能被具有高灵敏性的发光的、荧光的或金属沉淀的检测系统检测出来。

不同的非放射性系统可以分类为直接系统和间接系统两种类型，它们之间的差别在于检测反应的成分种类及其反应步骤的次数。直接系统大多是被用于检测标准化的靶生物分子，而间接系统常被用于检测具有变异特性的不同靶生物分子。

用于直接系统的报告基团是直接与探针结合，常使用的直接报告基团是荧光染料（如荧光素及碱性蕊香红）和标志酶（如碱性磷酸酶或辣根过氧化物酶）与化学发光检测结合。

在间接系统中报告基团是通过探针的修饰基团和被结合到修饰探针的特异指示剂分子之间非共价键的相互作用，间接地结合在一起。用作修饰基团的已知系统有维生素（如生物素）或各种半抗原（如地高辛、荧光素、二硝基苯基、溴脱氧尿核苷或免疫金）等。

（1）地高辛配基系统 地高辛配基（DIG）是一种类固醇半抗原，自然界存在于洋地黄植物。脱氧尿苷三磷酸（dUTP）是通过间臂连接类固醇半抗原地高辛配基形成 DIG－dUTP。杂交反应后，杂交的靶 DNA 通过酶联免疫法与一个抗体复合物（抗地高辛配基碱性磷酸酶复合物）结合，接着在 5－溴－4－氯－3－吲哚酸盐（X－磷酸盐）和硝基蓝四唑盐（NBT）存在下，由酶催化生成颜色反应。

（2）生物素系统 在生物素系统中，结合的成分被加入的生物素所修饰，而结合的生物素可用于与它相黏合的指示剂蛋白，即抗生物素蛋白或链抗生物素蛋白进行测定。抗生物素蛋白来自鸡蛋蛋白，链抗生物素蛋白分离自链霉菌属抗生物素蛋白。

（3）荧光素系统 荧光系统是另一种基础抗体系统，在此系统中荧光素标签被用作修饰基团，以其高亲和力抗体与标志酶（如碱性磷酸酶 A）相结合。检测核苷酸的灵敏度可达皮克（pg）级以下。如同 DIG 系统一样，特殊的荧光素抗体的特异性很高。荧光素修饰对光敏感，因此应用这种修饰基团标记的试剂应注意避免光照。联合使用 DIG 生物素和荧光素标记的探针可以达到同时对三种不同特异序列的多颜色检测。

三、探针标记方法

（一）探针的放射性核素标记法

以放射性核素 ^{32}P 为例，介绍缺口平移法和随机引物法，其他核素可参照执行。

1. 切口平移法

（1）利用 DNA 酶 I（DNase I）在 DNA 双链上造成单链切口。

（2）利用大肠埃希菌 DNA 聚合酶 I 的 5′→3′核酸外切酶活性在切口处将旧链从 5′末端逐步切除。

（3）在 DNA 聚合酶 I 的 5′→3′聚合酶催化下，以互补的 DNA 单链为模板依次将 dNTP 连接到切口的 3′末端 – OH 上，合成新的 DNA 链，同时将标记的核苷酸掺入到新的 DNA 链中。如图 7 – 1 所示。

图 7 – 1　缺口平移标记法

2. 随机引物法　随机引物法是一种较为理想的核酸探针标记方法，是实验室中标记 DNA 探针的常规方法之一。较常采用的随机引物大多是 6 个核苷酸片段的混合物，含有各种可能的组合排列顺序（4^6 =4096 种，实际上并非所有序列均为必需）。探针标记的基本过程是：寡核苷酸随机引物可与任何来源的单链 DNA 模板的同源区域杂交，从而提供引物 3′ – OH 末端，在 1 种标记 dNTP 和 3 种未标记 dNTPs 存在的条件下，大肠埃希菌 DNA 聚合酶 I 大片段沿单链 DNA 模板在多个位点起始 DNA 的合成，这样就可以得到标记的 DNA 探针。如图 7 – 2 所示。

图 7 – 2　随机引物法标记 DNA 探针原理示意

（二）探针的非放射性核素标记法

1. PCR 标记法　在 PCR 反应中，热稳定聚合酶（如 Taq 聚合酶）快速扩增靶 DNA，聚合酶以

DNA 为模板催化 dNTP 的聚合反应，其中掺入适宜比例的 DIG - dUTP，扩增的 DNA 片段即被 DIG 标记，敏感性和特异性都很高，PCR 标记反应的特异性使得这种技术特别适合于合成短序列的探针（图 7 - 3）。PCR 标记的探针特别适合于在基因组 Southern 印迹中检测单拷贝基因序列和 Northern 印迹中稀有 mRNA 的检测。

2. 体外转录标记 RNA 探针　体外转录标记 RNA 探针（RNA labeling）是在体外由 DNA 模板转录产生。DNA 片段被插入到载体的多克隆位点中，在其两边有不同的 RNA 聚合酶启动子（如 T7、SP6、T3RNA 聚合酶），反应前模板需要线性化（在插入序列附近），在 RNA 聚合酶作用下插入的 DNA 序列转录成互补的 RNA 序列，反应中加入 DIG - dUTP，模板 DNA 可被转录许多次（可达 100 倍之多），从而产生大量的全长 DIG 标记的 RNA 探针（在标准反应中，$1\mu g DNA$ 可产生 $10 \sim 20\mu g RNA$）。每 25 ~ 30 个核苷酸中可掺入一个 DIG 标记的 UTP。如图 7 - 4 所示。

图 7 - 3　PCR 法合成探针

图 7 - 4　体外转录法合成 RNA 探针

四、探针纯化

DNA 探针标记反应结束后，反应液中仍存在未掺入到 DNA 中的 dNTP 等小分子，需纯化将之去除，否则会干扰下一步反应。探针纯化方法分述如下。

（一）凝胶过滤柱色谱法

利用凝胶的分子筛作用，可将大分子 DNA 和小分子 dNTP、磷酸根离子及寡核苷酸（<80bp）等分离。大分子 DNA 流出，而小分子则滞留于凝胶色谱柱中。常用的凝胶基质是 Sephadex G - 50 和 Bio - GelP - 60。

（二）反相柱色谱法

反相柱色谱法是一种分离效果极好的色谱方法。具体步骤是：将注射器套在 Nensorb 柱上，吸取 1ml 甲醇洗柱，活化树脂；用 2ml 0.1mol/L Tris - HCl（pH 8.0）溶液平衡色谱柱；DNA 样品用 0.1mol/L Tris - HCl（pH 8.0）溶液稀释至 1ml，推过色谱柱。收集流出液后重新过柱 1 次；用 2ml 0.1mol/L Tris - HCl（pH 8.0）

洗柱，再用2ml 水洗柱，最后用0.5ml 50%乙醇洗脱色谱柱，收集流出液用乙醇或异丙醇沉淀。DNA 沉淀重溶于 TE 中。

（三）乙醇沉淀法

DNA 可被乙醇沉淀，而未掺入 DNA 的 dNTP 则保留于上清中，因此反复用乙醇沉淀可将二者分离。用 2mol/L 乙酸铵和乙醇沉淀效果较好，连续沉淀两次就可去除99%的 dNTP。蛋白质在此条件下多不会被沉淀。如果 DNA 浓度较稀（<10μg/ml），则可加入 10μg 酵母 tRNA 共沉淀。

五、探针杂交与信号检测

核酸分子杂交的方法有多种。根据支持物的不同可分为固相杂交和液相杂交，根据核酸品种的不同分为 Southern 印迹杂交和 Northern 印迹杂交等。

（一）Southern 印迹杂交

Southern 印迹杂交的基本原理是：硝酸纤维膜或尼龙滤膜对单链 DNA 的吸附能力很强，当电泳后凝胶经过 DNA 变性处理，覆上述滤膜，再于其上方压上多层干燥的吸水纸，借助它对深盐溶液的上吸作用，凝胶上的单链 DNA 将转移到滤膜上，转移结束后，经过80℃烘烤的 DNA，将原位地固定于膜上。当含有特定基因片段已原位转移到膜上后，即可与同位素标记的探针进行杂交，并将杂交的信号显示出来。杂交通常在塑料袋中进行，袋内放置上述杂交滤膜，加入含有变性后探针的杂交溶液后，在一定温度下让单链探针 DNA 与固定于膜上的单链基因 DNA 分子按碱基互补原理充分结合。结合具有特异性，如只有 β 珠蛋白基因 DNA 才能结合上 β 珠蛋白的探针。杂交后，洗去膜上未组合的探针，将 X 线胶片覆于膜上，在暗盒中进行放射自显影，结合了同位素标记探针的 DNA 片段所在部位将显示黑色的杂交带，基因的缺失或突变则可能导致带的缺失或位置改变。Southern 印迹杂交具体步骤如下。

1. DNA 提取　从样本中提取出 DNA。

2. DNA 酶切　使用限制酶对 DNA 进行切割，产生特定大小的片段。

3. 琼脂糖凝胶电泳　将酶切后的 DNA 片段在琼脂糖凝胶中进行电泳分离，根据片段大小和电荷差异，使不同的片段在凝胶中移动。

4. DNA 转移　将凝胶中的 DNA 片段转移到固相支持物上，通常是尼龙膜或硝酸纤维素膜。

5. 固定 DNA　使转移到膜上的 DNA 牢固地结合在膜上。

6. 探针制备　合成或标记特定的探针，用于与膜上的 DNA 片段杂交。

7. 杂交　将探针与膜上的 DNA 片段在一定条件下进行杂交。

8. 洗膜　去除未杂交的探针。

9. 信号检测　使用适当的检测方法，如放射性标记或化学发光，检测杂交信号。

10. 结果分析　根据杂交信号的位置和强度，分析 DNA 片段的特征。

在进行 Southern 印迹杂交时，需要注意以下几点：①酶切条件优化，以获得清晰的 DNA 片段；②转移过程严格操作，确保 DNA 有效转移到膜上；③探针特异性和灵敏度；④杂交和洗膜条件控制，以减少非特异性杂交；⑤准确解读结果，需要结合其他实验数据和背景知识。

（二）Northern 印迹杂交

Northern 印迹杂交是一种用于检测 RNA 的技术，它与 Southern 印迹杂交的原理相似，但针对的是 RNA 而不是 DNA。Northern 印迹杂交具体步骤如下。

1. RNA 提取　从样品中提取出总 RNA。

2. RNA 质量评估　通过琼脂糖凝胶电泳等方法检测 RNA 的完整性。

3. RNA 变性　将 RNA 进行变性处理，使其变为单链。

4. 琼脂糖凝胶电泳　将变性后的 RNA 在琼脂糖凝胶中进行电泳分离。

5. RNA 转移　将 RNA 从凝胶转移到固相支持物（如尼龙膜或硝酸纤维素膜）上。

6. RNA 固定　使转移到膜上的 RNA 牢固结合。

7. 探针制备　合成或标记特定的探针。

8. 杂交　将探针与膜上的 RNA 进行杂交。

9. 洗膜　去除未杂交的探针。

10. 信号检测　使用适当的检测方法，如放射性标记或荧光标记，检测杂交信号。

11. 结果分析　根据杂交信号的强度和位置，分析 RNA 的表达情况。

Northern 印迹杂交的特异性高，可以检测特定的 RNA 分子并定量分析，通过杂交信号的强度判断 RNA 的表达量。但对 RNA 质量要求较高，操作复杂，需要较高的技术。

（三）杂交信号检测

1. 放射性核素探针的检测　利用放射线在 X 胶片上的成影作用来检测杂交信号，称为放射显影。主要步骤是：①将滤膜用保鲜膜包好，置于暗盒中。②在暗室中，将磷钨酸钙增感屏前屏置于滤膜上，其光面向上；然后压上 1～2 张 X 胶片，再压上增感屏后屏，其光面面向 X 胶片，盖上暗盒，于 -70℃ 曝光适当的时间。③根据放射性的强度曝光一定的时间后，在暗室中取出 X 胶片，显影，定影。如曝光不足，可再压片重新曝光。

2. 非放射性核素探针的检测　对于非放射性标记的探针，除酶直接标记的探针外，其他非放射性标记物并不能被直接检测，而需先将非放射性标记物与检测系统偶联，再经检测系统的显色反应来检测杂交信号。前者称为偶联反应，后者称为显色反应。

（1）偶联反应　大多数非放射性标记物是半抗原，因此可以通过抗原－抗体免疫反应系统与显色体系偶联。另一类非放射性标记物如生物素，作为抗生物素蛋白的配体，则可通过亲和法进行检测。抗生物素蛋白是一种糖蛋白，其分子中有 4 个与生物素结合的位点，与生物素的亲和力极高。但由于体内存在内源性生物素的干扰，同时由于抗生物素蛋白等电点偏碱性（pH 10.5），在中性环境下带正电荷，易与其他带负电荷的生物大分子非特异性结合，从而导致假阳性结果，特别是细胞原位杂交。近年来大多使用链亲和素，它不是糖蛋白，等电点为中性，因此较少形成非特异性结合，使其特异性较高。

根据偶联反应的不同，可分为直接法、间接免疫法、直接亲和法、间接亲和法和间接免疫－亲和法几类。

（2）显色反应　通过连接在抗体或抗生物素蛋白上的显色物质（如酶、荧光素等）进行杂交信号的检测。常用的检测物质与方法有以下几类。

1）酶法检测：最常用的检测方法，通过酶促反应使其底物形成有色反应产物。最常用的酶是碱性磷酸酶和辣根过氧化酶，也偶见有使用酸性磷酸酶和 β－半乳糖苷酶。

碱性磷酸酶可使其作用底物 5－溴－4－氯－3－吲哚基－磷酸盐（BCIP）脱磷并聚合，在此过程中释放出的 H^+ 使硝基蓝四氮唑（NBT）还原而形成紫色化合物。

辣根过氧化物酶（HRP）的底物有二氨基联苯胺（DAB）和四甲基联苯胺（TMB）。DAB 经 HRP 催化反应后形成一种红棕色沉淀物，TMB 的反应产物为蓝色。

酸性磷酸酶可作用于其底物/色素混合物而形成紫色沉淀。

β－半乳糖苷酶作用于其底物 5－溴－4－氯－3－吲哚－β－D－半乳糖苷（X－gal）形成蓝色沉淀产物聚集在反应部位。

2）荧光检测：荧光检测法主要用于非放射性探针的原位杂交检测。在目前应用的荧光素中，异硫氰酸荧光素（FITC）应用最广，其他荧光素如罗丹明类（RBITC、TMRITC 等）也常被采用，但荧光强度较低。新一代的荧光素德克萨斯红（Texas Red）现也被广泛采用。红藻藻红蛋白（RPE）是一种重要的荧光蛋白，其吸收光谱广，荧光强度高（大约为荧光素的 20 ~ 50 倍），当需要通过高灵敏度有效提升检测能力时，最常使用该荧光蛋白。

3）化学发光法：化学发光是指在化学反应过程中伴随的发光反应。应用化学发光反应对于检测固相支持物上的 DNA 杂交体最为适宜。目前最有前途的是辣根过氧化物酶催化鲁米诺（Luminol）伴随的发光反应。

任务七　PCR 技术

聚合酶链式反应（polymerase chain reaction，PCR）是一种用于放大扩增特定 DNA 片段的分子生物学技术。以其快速、简便、敏感性高、特异性高、对标本要求不高、结果分析简单等诸多优势被广泛应用于食品微生物检测之中，替代了许多传统的鉴定方法，成为该领域的有力工具。PCR 技术包括普通 PCR、热启动 PCR、逆转录 PCR、荧光定量 PCR、巢式 PCR、降落 PCR、直接 PCR、多重 PCR、反向 PCR、数字 PCR 等技术。

一、检测原理

PCR 是依据 DNA 模板的特性，模仿体内的复制过程，在体外合适的条件下以单链 DNA 为模板，以人工设计和合成的寡核苷酸为引物，利用热稳定的 DNA 聚合酶沿 $5'→3'$ 方向掺入单核苷酸来特异性扩增 DNA 片段的技术。整个反应过程通常由 20 ~ 40 个 PCR 循环组成，每个循环由高温变性→低温复性（退火）→适温延伸三个步骤组成，经过多个变性→退火→延伸的 PCR 循环，使得 DNA 片段得到有效的扩增，通常情况下单一拷贝的基因经过 25 ~ 30 个循环可扩增 100 万 ~ 200 万个拷贝。

二、PCR 反应体系

PCR 反应体系主要由引物、dNTP、DNA 聚合酶（Taq DNA 聚合酶）、缓冲液、Mg^{2+} 和核酸模板组成。

（一）引物

引物是与待扩增 DNA 片段两侧互补的寡核苷酸，是决定 PCR 扩增特异性的因素，引物设计和合成的好坏直接决定 PCR 扩增的成败。通常情况下设计 PCR 引物应遵循以下原则。

1. 通常要求引物位于待分析基因组中的高度保守区域，长度至少为 16 个核苷酸，以 20 ~ 24 个核苷酸为宜。这种长度的引物在聚合温度下（通常为 72℃）不能形成十分稳定的杂交体。由于在低温下（37 ~ 55℃）Taq DNA 聚合酶也能作用，所以当寡核苷酸引物退火结合到模板上后，Taq DNA 聚合酶就马上开始工作（但 Taq DNA 聚合酶在低温下工作非常缓慢）；当反应温度升至 72℃ 时，延伸后的产物已经足够长，所以能稳定地结合在模板上。

2. 引物中的碱基应当随机分布，避免在引物中出现一些单一的碱基重复序列，引物内不能形成发夹结构或产生具有二级结构的区域，引物间不能互补，引物中 G + C 含量约为 45% ~ 55% 。

3. 在引物 $5'$ 末端可加入限制酶切位点序列以便进行克隆。在酶切位点 $5'$ 末端还应加上适当数量的保护碱基，以保证扩增反应产物克隆后能够被酶切。如果要使 PCR 产物能够直接被限制酶切割，则在设计引物的两端应稍多加几个保护碱基，否则不易切断。

4. 引物 $3'$ 末端对 Taq DNA 聚合酶的延伸效率影响很大。实验表明不同的引物 $3'$ 末端最末一个碱基的错配对扩增效率影响不同，一般引物 3′末端最好选 T，不要选 A、G 和 C。设计简并引物时 3′末端的简并性应尽量小。

5. 引物间的 T_m 值应尽可能接近，G + C 含量不能太高。

按上述这些原则设计的引物通常能够获得较好的结果。

在使用引物进行扩增反应时应注意所使用的引物浓度，一般引物浓度为 1.0μmol/L，这种浓度通常足以进行 30 轮以上的扩增反应，更高的引物浓度会在异位引导合成，从而扩增那些不需要的序列；相反若引物浓度不足，则 PCR 反应的效率极低。根据不同反应的需要，上下游两种引物的浓度可以相等，也可以不等。

（二）dNTP

dNTP 是 PCR 反应所必需的底物，为四种核苷酸的混合物。当四种核苷酸的浓度相同时可将核苷酸的错误掺入率降至最低。最适宜的 dNTP 终浓度应根据被扩增片段的长度和碱基组成来确定。一般使用的浓度为 0.2mol/L。

（三）DNA 聚合酶

目前 PCR 扩增中最常用的 DNA 聚合酶是 Taq DNA 聚合酶，它是由水生栖热菌产生，热稳定性好，可耐 94℃高温，在此温度下短时间内对活力无多大影响。最适反应温度为 72℃，70℃催化核酸链延长的速度是 2800 核苷酸/分钟，在 100μl 反应体系中一般用 2 单位，它的用量多少对 PCR 扩增效率及特异性有一定影响。除了 Taq DNA 聚合酶外，近年来耐热的 pfu DNA 聚合酶也被广泛地用于 PCR 反应，此酶是由极端嗜热的激烈热球菌产生的 DNA 聚合酶，是迄今发现的掺入错误率最低的耐热 DNA 聚合酶，但其延伸速度比 Taq DNA 聚合酶低 550 核苷酸/分钟。

（四）反应缓冲液

PCR 反应中常用的反应缓冲液含 10 ~ 50mmol/L（pH 8.3 ~ 8.8）的 Tris – HCl，50mmol/L KCl 和 1.5mmol/L MgCl$_2$。反应缓冲液的 pH 至关重要，如果 KCl 浓度过高，则会抑制酶的活性。在反应中存在适当浓度的 Mg^{2+} 至关重要，它是 Taq DNA 聚合酶活力所必需的，并可影响 PCR 产物的特异性和产量、引物退火的程度、模板与 PCR 产物链的解离温度、引物的特异性、引物二聚体的形成以及酶的活性和精确性等。由于 EDTA 或磷酸根能影响 Mg^{2+} 的浓度，所以应注意模板 DNA 溶液中的 EDTA 浓度和 PCR 反应中所加模板和引物的量，以及 dNTP 浓度（dNTP 可提供磷酸基团，从而影响 Mg^{2+} 浓度）。要获得最佳反应结果，必须选择合适的 Mg^{2+} 浓度，一般为 0.5 ~ 2mmol/L。

三、PCR 反应参数

PCR 技术的基本原理类似于 DNA 的天然复制过程，其特异性依赖于与靶序列两端互补的寡核苷酸引物。PCR 由变性→退火→延伸三个基本反应步骤构成。

1. 模板 DNA 的变性　模板 DNA 经加热至 93℃左右一定时间后，使模板 DNA 双链解离成为单链，以便它与引物结合。变性不完全往往使 PCR 反应失败，因为未完全变性的 DNA 会很快复性，减少 DNA 的产量。DNA 变性一般仅需要几秒钟即可完成，反应中变性所需的时间主要是为使整个反应体系达到合适的变性温度。变性时温度过高或时间过长，都会导致酶活力的降低。

2. 引物的退火（复性）　温度降至 55℃左右，使特定的引物与单链 DNA 模板上的目标序列特异性结合。引物退火温度和所需时间长短取决于引物的碱基组成、引物的长度、引物与模板的匹配程度以及引物的浓度。

3. 链的延伸　DNA 模板 – 引物结合物在 72℃、DNA 聚合酶（如 Taq DNA 聚合酶）的作用下，以

dNTP 为反应原料，靶序列为模板，按碱基互补配对与半保留复制原理，合成一条新的与模板 DNA 链互补的半保留复制链。

4. 重复循环 以上步骤重复进行，每一轮循环后，目标 DNA 片段成倍增加。

5. 检测产物 通过各种方法检测扩增后的 DNA 产物。

四、食品中多种致病菌快速 PCR 检测法

快速 RCR 检测法检测程序见图 7 - 5。

图 7 - 5　PCR 方法检测程序

（一）操作步骤

1. 样品制备、增菌培养和分离

（1）沙门菌按照 GB 4789.4 方法进行。

（2）志贺菌按照 GB 4789.5 方法进行。

（3）金黄色葡萄球菌可按照 GB 4789.10 进行。

（4）小肠结肠炎耶尔森菌可按照 GB 4789.8 方法进行。

（5）单核细胞增生李斯特菌可按照 GB 4789.30 方法进行。

（6）空肠弯曲菌按照 GB 4789.9 方法进行。

（7）肠出血性大肠埃希菌 O157：117 按照 GB 4789.6 方法进行。

（8）副溶血性弧菌按照 GB 4789.7 方法进行。

（9）霍乱弧菌按照 SN/T 1022 方法进行。

2. 细菌模板 DNA 的提取

（1）直接提取法　对于上述方法培养的增菌液，可直接取该增菌液 1ml 加到 1.5ml 无菌离心管中，

8000r/min 离心 5 分钟，尽量吸弃上清；加入 50μl DNA 提取液，混匀后沸水浴 5 分钟，12000r/min 离心 5 分钟，取上清保存于 −20℃ 备用以待检测。−70℃ 可长期保存。对于分离到的可疑菌落，可直接挑取可疑菌落，加入 50μl DNA 提取液，再按照上述步骤制备模板 DNA 以待检测。

（2）有机溶剂提纯法　取待测样本（增菌培养液或分离菌落菌悬液）1ml，加到 1.5ml 离心管中，8000 r/min 离心 4 分钟，尽量吸弃上清；加入 750μl DNA 提取液，沸水浴 5 分钟，加入酚：三氯甲烷（1：1，体积比）700μl，振荡混匀，13000r/min 离心 5 分钟，去上清液，70% 乙醇冲洗一次，13000r/min 离心 5 分钟，沉淀溶于 20μl 核酸溶解液中。保存在 −20℃ 备用。−70℃ 可长期保存。

也可使用等效的商业化 DNA 提取试剂盒并按其说明提取制备模板 DNA。

3. PCR 扩增

（1）按照标准选择相应致病菌的引物。

（2）空白对照、阴性对照和阳性对照设置　空白对照设为以水代替 DNA 模板。阴性对照采用非目标菌的 DNA 作为 PCR 反应的模板。阳性对照采用含有检测序列的 DNA（或质粒）作为 PCR 反应的模板。

（3）PCR 反应体系　普通 PCR 反应体系见表 7-2。

表 7-2　普通 PCR 反应体系

试剂	贮备液浓度	25μl 反应体系中加样体积/μl
10×PCR 缓冲液	–	2.5
氯化镁（$MgCl_2$）	25mmol/L	3.0
dNTPs（含 dUTP）	各 2.5mmol/L	1.0
UNG 酶	1U/μl	0.06
上游引物	20pmol/μl	1.0
下游引物		1.0
Taq 酶	5U/μl	0.5
DNA 模板	–	2.0
双蒸水	–	补至 25

注：1. 反应体系中各试剂的量可根据具体情况或不同的反应总体积进行适当调整。2. 每个反应体系应设置两个平行反应。

（4）PCR 反应参数

1）沙门菌：95℃ 预变性 5 分钟，扩增 35 个循环（95℃ 变性 30 秒，64℃ 退火 30 秒，72℃ 延伸 30 秒），72℃ 末次延伸 5 分钟。

2）金黄色葡萄球菌：94℃ 预变性 5 分钟，扩增 35 个循环（94℃ 变性 2 分钟，57℃ 退火 2 分钟，72℃ 延伸 1 分钟），72℃ 末次延伸 7 分钟。

3）志贺菌：95℃ 预变性 5 分钟，扩增 35 个循环（95℃ 变性 15 秒，65℃ 退火 30 秒，72℃ 延伸 30 秒），72℃ 末次延伸 5 分钟。

4）单增李斯特菌：95℃ 预变性 5 分钟，扩增 35 个循环（95℃ 变性 30s，55℃ 退火 30 秒，74℃ 延伸 30 秒），72℃ 末次延伸 5 分钟。

5）空肠弯曲杆菌：95℃ 预变性 5 分钟，扩增 35 个循环（95℃ 变性 30 秒，56℃ 退火 30 秒，72℃ 延伸 30 秒），72℃ 末次延伸 5 分钟。

6）副溶血性弧菌：95℃ 预变性 5 分钟，扩增 35 个循环（95℃ 变性 1 分钟，60℃ 退火 1 分钟，72℃ 延伸 2 分钟），72℃ 末次延伸 5 分钟。

7）霍乱弧菌：95℃ 预变性 5 分钟，扩增 35 个循环（95℃ 变性 30 秒，64℃ 退火 30 秒，72℃ 延伸 30 秒），72℃ 末次延伸 5 分钟。

8）肠出血性大肠埃希菌 O157：H7：95℃预变性 5 分钟，扩增 35 个循环（95℃变性 15 秒，55℃退火 30 秒，72℃延伸 1 分钟），72℃末次延伸 5 分钟。

注：PCR 反应参数可根据基因的扩增仪器型号不同进行适当的调整。

4. PCR 扩增产物的电泳检测 用电泳缓冲液（1×TAE）制备 1.8%～2% 琼脂糖凝胶（55～60℃时加入溴化乙锭至终浓度为 0.5μg/ml，也可在电泳后进行染色）。取 8～15μl PCR 扩增产物，分别和 2μl 上样缓冲液混合，进行点样，用 DNA 分子量标记物做参照。3～5V/cm 恒压电泳，电泳 20～40 分钟，电泳检测结果用凝胶成像分析系统记录并保存。

（二）结果判定和报告

在阴性对照未出现条带，阳性对照出现预期大小的扩增条带条件下，如待测样品未出现相应大小的扩增条带，则可报告该样品检验结果为阴性；如待测样品出现相应大小的扩增条带则可判定该样品结果为假定阳性，则回到传统的检测步骤，进一步按照致病菌对应的标准检测方法进行确认，最终结果以后者的检测结果为准。

如果阴性对照出现条带和（或）阳性对照未出现预期大小的扩增条带，本次待测样品的结果无效，应重新做实验，并排除污染因素。

任务八 基因芯片技术

PPT

基因芯片作为一种新技术，不仅准确、快速、高效，而且具有高通量等特点。在检测食源性致病菌方面，与其他检测方法相比具有很大的优势。探针的设计与选择是基因芯片的关键。在文献中，16S rDNA、23S rDNA、16～23S rDNA 的区间序列和 cpn60 通常为细菌的鉴定对象。

一、基因芯片技术检测原理及应用

基因芯片是指在固相支持物上原位合成寡核苷酸或者直接将大量预先制备的 DNA 探针以显微打印的方式有序地固化于支持物表面，然后与标记的样品杂交。通过计算机对杂交信号的检测分析，得出样品的遗传信息（基因序列及表达的信息）。由于计算机硅芯片作为固相支持物，所以称为 DNA 芯片。

（一）基因芯片技术检测原理

1. DNA 探针的大量收集和纯化 基因芯片探针制备方法可以是根据基因设计特异性的 PCR 引物，对基因进行特异性地扩张，也可以是建立均一化的 cDNA 文库，通过克隆鉴定、筛选、扩增产生。

2. 将纯化后的探针固定在片基上 首先要将基片（主要用的是玻璃片）进行特殊的化学处理，使玻璃片醛基化或氨基化，然后将纯化的探针通过显微打印或喷打在基片上，再将打印好的玻璃片进行后处理，如水合化、加热或紫外交联等。

3. 样品的标记 标记的方法一般是采用逆转录法或随机引物延伸法等。

4. 杂交后芯片的扫描、图像处理的采集和数据分析。

（二）基因芯片技术的应用

根据原理分为两部分：芯片的制备和样本的检测。

1. 基因芯片的制备 根据需要检测的外源目标基因设计寡核苷酸探针，用于制备基因芯片。在制备寡核苷酸探针时，一般在其 5′ 或 3′ 端进行氨基修饰，以利于其在玻片表面的固定。另外，对玻片表面进行氨基修饰，然后在氨基修饰后的玻片表面上连接双功能偶联剂，如戊二醛（GA）或对苯异硫氰酸酯（PDC），制备成基片。探针合成好后，通过点样仪点在基片上，寡核苷酸的修饰氨基将与基片上的

GA 的另一个醛基发生化学反应，或与 PDC 分子的另一个异硫氰基发生类似的反应，从而达到寡核苷酸交联固定的目的。为了有利于寡核苷酸探针分子和目标基因片段之间的杂交，通常在所设计的寡核苷酸探针序列的 5′或 3′端加入一段不直接参与杂交的重复序列，称为手臂分子。采用 poly（dT）10 作为手臂分子。点样完成后要对芯片进行后处理，后处理的目的主要是为了使探针能与载体表面牢固结合，同时还对载体上未与探针结合的游离活性基团进行封闭，以避免在杂交过程中非特异性的吸附对实验结果（特别是背景）造成影响。

2. 样本的检测 包括样品制备和标记、杂交反应、信号检测和结果分析。

（1）样品制备和标记 提取纯化样品核酸，尽量去除样品中的抑制物杂质，为了提高检验灵敏度，在对样品核酸进行荧光标记时，需要对待检靶标 DNA 进行 PCR 扩增。目前普遍采用的荧光标记方法有体外转录、PCR、逆转录等。目的是在以样品为模板合成相应核酸片段过程中掺入带有荧光标记的核苷酸，作为检测信号源。

（2）杂交反应 杂交反应是荧光标记的样品与芯片上的探针进行杂交产生一系列信息的过程。在合适的反应条件下，靶基因与芯片上的探针根据碱基互补配对形成稳定双链，未杂交的其他核酸分子随后被洗去。必须注意的是标记核酸样品必须变性成单链结构才能参与杂交，因此在杂交之前需要对标记样品进行变性处理，一般采用高温（95～100℃）沸水浴 10 分钟，然后冰浴骤冷的方法。

影响杂交效果的主要因素有杂交温度、杂交时间、杂交液的离子种类和强度等。一般基因芯片产品对适用范围、杂交体系和杂交条件均有较为详尽的说明。

（3）信号检测 当前主要的检测手段是荧光法和激光共聚焦显微扫描。杂交完成后，将芯片插入扫描仪中对片基进行激光共聚焦扫描，已与芯片探针杂交的样品核酸上的标记荧光分子受激发而产生荧光，用带滤光片镜头采集每一点荧光，经光电倍增管（PMT）或电荷耦合元件（CCD）转换为电信号，计算机软件将电信号转换为数值，并同时将数值大小用不同颜色在屏幕上显示出来。荧光分子对激发光、光电倍增管或电荷耦合元件都具有良好的线性响应，所得的杂交信号值与样品中靶分子的含量有一定的线性关系。

（4）结果分析 由于芯片上每个探针的序列和位置是已知的，对每个探针的杂交信号进行比较分析，最后得到样品核酸中基因结构和数量的信息。

二、基因芯片技术检测程序

基因芯片法检测肉及肉制品中常见致病菌的检测程序如图 7-6 所示。

三、基因芯片技术检测操作步骤

（一）增菌培养

按照 GB 4789.4、GB 4789.9、GB 4789.10、GB 4789.30、GB 4789.36 标准分别进行沙门菌、空肠弯曲菌、金黄色葡萄球菌、单核细胞增生李斯特菌、大肠埃希菌 O157：H7 致病菌的增菌培养。

（二）DNA 提取

按试剂盒操作说明进行如下操作。

1. 取上述 5 种增菌培养液各 1ml 至一个 10ml 无菌离心管中混匀，从中取 1ml 至一个 1.5ml 无菌离心管中，2500r/min 离心 30 秒。取上清液 800μl 到另一新的离心管中，12000r/min 离心 1 分钟。弃掉上清液，沉淀中加入 180μl 缓冲液 GA（25mmol/L EDTA 和 5% SDS，pH 8.0），振荡至菌体彻底悬浮。37℃作用 1～3 小时。加入 20μl Rnase 溶液，振荡 15 秒，室温放置 5 分钟。

```
                    ┌──────────┐
                    │  待测样品 │
                    └────┬─────┘
                         ↓
                    ┌──────────┐
                    │  增菌培养 │
                    └────┬─────┘
                         ↓
                   ┌───────────┐
                   │ 细菌DNA提取│
                   └─────┬─────┘
                         ↓
                   ┌──────────┐      ┌──────────┐
                   │  PCR扩增  │─────→│ 电泳检测 │
                   └─────┬────┘      └──────────┘
                         ↓
                   ┌──────────┐
                   │  芯片杂交 │
                   └─────┬────┘
                         ↓
                   ┌──────────┐
                   │  芯片扫描 │
                   └─────┬────┘
              ┌──────────┴──────────┐
              ↓                     ↓
        ┌──────────┐         ┌────────────┐
        │  阴性结果 │         │ 可疑阳性结果│
        └─────┬────┘         └─────┬──────┘
              │                    ↓
              │              ┌────────────┐
              │              │ 传统方法确认│
              │              └─────┬──────┘
              └──────────┬─────────┘
                         ↓
                   ┌──────────┐
                   │  报告结果 │
                   └──────────┘
```

图7-6　基因芯片法检测肉及肉制品中常见致病菌检测程序

余下的混合增菌液应放入冰箱，以备后期芯片检测阳性样品的确证实验用。

2. 向管中加入 $20\mu l$ 蛋白酶K溶液，混匀后加入 $220\mu l$ 缓冲液GB（5mmol/L盐酸胍），振荡15秒，70℃放置20~30分钟。简短离心以去除管盖内壁的水珠。

3. 加 $220\mu l$ 无水乙醇，充分振荡混匀15秒。简短离心以去除管盖内壁的水珠。将全部液体转移到吸附柱中。

4. 向吸附柱中加入 $500\mu l$ 去蛋白液GD（3mmol/L盐酸胍），12000r/min离心30秒，倒掉废液，吸附柱放入收集管中。

5. 向吸附柱中加入 $700\mu l$ 漂洗液PW（2mmol/L Tris缓冲液，pH 7.5），12000r/min离心30秒。倒掉废液，吸附柱放入收集管中。

6. 向吸附柱加入 $700\mu l$ 漂洗液PW，12000r/min离心30秒，倒掉废液。

7. 吸附柱放回收集管中，12000r/min离心2分钟，去除吸附柱中残余的漂洗液。将吸附柱置于室温或50℃温箱放置2~3分钟，以彻底晾干吸附材料中残余的漂洗液。

8. 将吸附柱转入一个干净的离心管中，向吸附膜的中间部位悬空滴加 $50\mu l$ 经 65~70℃ 水浴预热的洗脱缓冲液TE，室温放置2~5分钟，12000r/min离心30秒。

9. 再次向吸附膜的中间部位悬空滴加 $50\mu l$ 经 65~70℃ 水浴预热的洗脱缓冲液TE，室温放置2分钟，12000r/min离心2分钟。回收得到的DNA产物于 $-20℃$ 冰箱保存备用。

10. DNA结果检测。用0.8%的琼脂糖凝胶电泳检测DNA提取物。细菌基因组DNA通过琼脂糖凝胶电泳，出现的电泳条带位置在10000bp以上，且清晰可见。

（三）PCR 扩增

1. 扩增　将提取的细菌基因组 DNA 同时用两个 PCR 反应体系进行扩增，电泳检测 PCR 扩增产物。PCR 反应体系如表 7-3、表 7-4 所示。

表 7-3　PCR 反应体系 I

反应液组成	检测反应	阳性质控	阴性质控
Mix I	8.6	8.6	8.6
Taq（5U/μl）	0.2	0.2	0.2
细菌基因组 DNA	2	—	—
阳性质控基因组 DNA	—	2	—
无核酸酶灭菌水	9.2	9.2	11.2

表 7-4　PCR 反应体系 II

反应液组成	检测反应	阳性质控	阴性质控
Mix II	7.4	7.4	7.4
Taq（5U/μl）	0.2	0.2	0.2
细菌基因组 DNA	2	—	—
阳性质控基因组 DNA	—	2	—
无核酸酶灭菌水	10.4	10.4	12.4

2. PCR 反应的循环参数　94℃预变性 5 分钟；进入循环，94℃ 30 秒、56℃ 30 秒、72℃ 1 分钟 40 秒，共 40 个循环；最后 72℃延伸 7 分钟。

3. PCR 扩增结果检测　PCR 反应结束后取 3μl 扩增产物加入 3μl 2×PCR 载样液，用 1.5% 的琼脂糖凝胶电泳检测扩增结果。若在 1000～1500bp 出现明显的扩增条带，即可进行芯片杂交实验。

如果在此片段范围内无可见扩增条带，同时阳性质控也无可见扩增条带，则可能为扩增失败，建议更换另一批次的 PCR 扩增试剂，重新扩增。

（四）芯片杂交

1. 杂交体系配制　将杂交液置 42℃水浴预热 5 分钟，杂交体系的配制如表 7-5 所示。

表 7-5　杂交体系

组分	体积/μl
杂交液	8
2 种 PCR 扩增产物	各 3.5
总体积	15

2. 变性　将杂交体系 95℃变性 5 分钟，冰浴 5 分钟。

3. 杂交　将杂交盒半放在桌面上，在杂交盒的两边凹槽内加入约 80μl 活菌液，将固定有探针片段的芯片放入杂交盒内，芯片标签正面朝上；揭掉芯片盖片的塑料薄膜，放在芯片的黑色围栏上，凸块的一面对着芯片；然后从盖玻片的小孔缓慢注入 15μl 变性后的杂交液。不要振动盖玻片或芯片以避免破坏液膜。盖紧杂交盒盖，放入 42℃恒温水浴中，静置，杂交 2 小时以上。

（五）芯片洗涤

按需要量配制好芯片洗液 I 和洗液 II，并在 42℃预热 30 分钟。取出杂交后芯片，将芯片放在预热好的洗液 I 中，42℃水浴摇床振荡清洗 4 分钟，再转入预热好的洗液 I 中，42℃水浴摇床振荡清洗 4 分钟。最后用 42℃预热好清水中振荡清洗一次，清洗后的芯片经 1500r/min 离心 1 分钟以去除芯片表面的液体。此芯片可避光保存，在 4 小时内扫描结果。

（六）芯片扫描及结果判读

1. 芯片杂交结果扫描仪　用微阵列芯片扫描仪对洗净杂交后的芯片进行扫描分析。

2. 结果的判定标准

（1）信号值≥背景信号平均值 +4×背景信号值标准差，且信号值≥阴性对照信号平均值 +4×阴性对照信号值标准差，探针杂交结果为阳性。

（2）背景信号平均值 +2×背景信号值标准差 < 信号值 < 背景信号平均值 +4×背景信号值标准差，且阴性对照信号平均值 +2×阴性对照信号值标准差 < 信号值 < 阴性对照信号平均值 +4×阴性对照信号值标准差，探针杂交结果为疑似。

（3）信号值≤背景信号平均值 +2×背景信号值标准差，且信号值≤阴性对照信号平均值 +2×阴性对照信号值标准差，探针杂交结果为阴性。

（七）结果报告

若芯片检测结果为阴性，则结果报告为相应的致病微生物阴性；若检测结果为阳性或者疑似，则按传统方法确认。

任务九　食品微生物自动化仪器检测 e 微课6

PPT

食品微生物自动化仪器检测是一种利用专门的仪器设备对食品中的微生物进行快速、准确检测的方法。这种检测技术具有以下优点。①高效率：可以快速处理大量样本，提高检测速度；②准确性：减少人为因素的干扰，提供可靠的检测结果；③标准化：确保检测过程的一致性和可重复性；④高灵敏度：检测出微量的微生物，保证食品安全；⑤实时监测：及时发现问题，采取措施防止污染扩大。常见的食品微生物自动化仪器检测包括全自动微生物鉴定分析仪、全自动微生物分析仪、酶联免疫吸附分析仪、流式细胞仪等。

一、全自动微生物生化鉴定系统

传统的微生物鉴定方法包括涂片镜检、染色、生理生化反应、血清学反应、对噬菌体的敏感性等技术，这些方法不仅过程繁琐、费时费力，且在结果判定、解释等方面易发生主观错误，难以进行质量控制。随着仪器分析技术的进步和计算机的广泛应用，微生物菌种鉴定渐渐地由传统方法发展进入了基于仪器自动化分析的鉴定系统阶段。VITEK 全自动细菌鉴定系统、New ATB 细菌鉴定智能系统、BIOLOG 微生物自动分析系统等全自动微生物生化鉴定系统均以微生物的特征性生化反应作为鉴定依据，结果可靠，已被国内外多数政府部门和有资质的检验机构选择。

（一）系统原理

系统集微生物数值编码鉴定技术、微生物快速生化反应技术、反应结果自动检测查询技术于一个完整体系内，现分别进行阐述。

1. 微生物数值编码鉴定技术　编码鉴定是指通过数学的编码技术将细菌的生化反应模式转换成数学模式，给每种细菌的反应模式赋予一组数码，建立数据库或编成检索本。通过对未知菌种进行有关生化试验并将生化反应结果转换成数字（编码），查阅检索本或数据库，得到细菌名称。其基本原理是计算并比较数据库内每个细菌条目对系统中每个生化反应出现的频率总和。

2. 微生物快速生化反应技术 通过实验总结不同细菌与不同物质反应规律，设计独特的培养基。通过与未知细菌反应，根据反应结果鉴定出细菌。该技术采用生化反应试剂板条。

根据细菌生理学特点，利用生物化学方法鉴定细菌的类别，主要采用的试验包括：糖（醇）发酵试验、V–P 试验、甲基红试验、七叶苷水解试验、石蕊牛乳试验、靛基质（吲哚）试验、硫化氢试验、明胶液化试验等。

3. 反应结果自动检测查询技术 主要包括光学成像物镜、光电成像器件（如 CCD 传感器阵列）、视频信号处理电路、A/D 转换电路和微处理器（下位机）等组成部分；光学成像物镜放置在步进电机驱动的二维平面云台上，步进电机由微处理器通过接口电路控制。在典型工作过程中，细菌反应试剂板被光源均匀照明后，经物镜成像在 CCD 传感器阵列上，CCD 信号视频信号处理电路进行扫描切换和滤波放大后，经 A/D 电路数字化，传送至微处理器暂存；随后控制步进电机，带动 CCD 传感器阵列移动到下一个采样位置并重复采样过程，直到获得整个试剂板的图像数据；最后，CCD 传感器阵列回到初始位置，微处理器暂存数据则通过 RS–232 或 USB 接口传送到计算上位机，并通过高效算法确定每一个反应孔的数据结果。考虑到细菌分类入库，不同的细菌对应不同的生化反应产生有差异的结果，因此通过对照未知细菌与各种生化反应结果，能够得到相应的鉴定百分率，从而确定最终结果。

二、流式细胞仪

流式细胞仪（flow cytometer）是一种对细胞（包括细菌等微生物）进行自动分析分选的系统，以流式细胞术（flow cytometry，FCM）为理论基础发展而来。流式细胞仪集光学、电学、流体力学、细胞化学、生物学、免疫学和信息科学等交叉学科理论技术于一体，同时具有分析和分选细胞功能：不仅可测量细胞大小、内部微观颗粒性状，还可检测细胞内外抗原和胞内 DNA、RNA 含量；可在短时间内检测分析大量细胞，也可对样品在单细胞水平进行分析，并分类收集（分选）某一亚群细胞。因此，流式细胞仪在血液学、免疫学、肿瘤学、药物学、分子生物学和食品化学等多学科得到了广泛应用。

（一）系统原理

流式细胞术使单个细胞或其他微小生物粒子处于快速直线流动状态，且逐个通过光束，从而对单个细胞或微粒进行数量、大小、细胞活性、特定菌群或物种、核酸含量等多参数定量分析和分选的检测技术。

在微生物检测领域，FCM 可以同时克服传统方法耗时长和误差大的缺点，实现对目标微生物的快速检测，如对葡萄酒中酿酒酵母、酸奶中乳酸菌、食醋中醋酸菌等微生物的快速检测；对果汁等食品样品中的菌落总数进行计数，通过不同的荧光染料标记活菌与死菌，进而实现对样本中的死、活菌进行定量分析等。

（二）典型流式细胞仪组成

流式细胞术是由光源、液流通路、信号检测传输、细胞分选系统组成，结合 3 种光学信息即前向散射光（forward scatteredlight，FSC）、侧向散射光（sidescatteredlight，SSC）和侧向荧光（side fluorescencelight，SFL），利用液相悬浮细胞检测的高通量现代分析技术。

流式细胞仪组成部分包括：流动室和液流系统、激光源和光学系统、光电管和检测系统、计算机和分析系统。运行过程如下：首先，机器吸收细胞悬浮液并将其注入鞘液（通常是磷酸盐缓冲液）。由于鞘液的作用，细胞被限制在液流的轴线上，从而能通过一个非常小的喷嘴。这种微小的"流液束"使细胞一个接一个地通过激光。细胞/颗粒通过通道时所散射的光线将被多个检测器检测到。其中光柱前有一个检测器，称为前向散射（FS），而光柱的旁边则有几个检测器，称为侧向散射（SS）。荧光检测器是用作检测由阳性染色的细胞/颗粒散发的荧光。

图7-7　流式细胞仪射流系统

（三）前向和侧向散射光的检测

颗粒/细胞通过光束时使光线散射，并通过 FS 和 SS 而被检测到。散射光和荧光会被检测并一起分析。其中前向散射与细胞大小有关，而侧向散射则取决于颗粒/细胞的密度（即胞浆颗粒数量、细胞膜尺寸）。因此，透过这种方式，根据细胞大小和密度通常可把不同细胞群区分开。

（四）荧光信号的检测

荧光信号的强弱反映了细胞抗原的表达含量，荧光信号越强，抗原表达量越高；荧光信号越弱，抗原表达量越低。

三、全自动酶联免疫荧光系统

（一）系统原理

全自动酶联免疫荧光系统（mini VIDAS）基于荧光分析技术，通过固相吸附器使用已知抗体捕捉目标生物体，以带荧光的酶联抗体再次结合，经充分冲洗后通过激发光源检测，即能自动读出发光的阳性标本；其优点是检测灵敏度高、速度快，可以在 24～48 小时内快速鉴定沙门菌、大肠埃希菌 0157：H7、单核细胞增生李斯特菌、空肠弯曲杆菌和葡萄球菌肠毒素等。

（二）操作步骤

以免疫技术捕获目标微生物，可以应用荧光技术进行全自动检测。抗原鉴别是基于在 Mini VIDAS 仪器内进行的酶联荧光免疫分析。这种系统采用酶联免疫荧光（ELFA）技术为检测原理，ELFA 与荧光读数相结合。底物与荧光物质结合，荧光强弱与标本中被测物浓度相关。由于同时做标本对照，所以系统本身可以自动消除由标本产生的非特异荧光。经扫描后读数与标准比较计算出标本值，根据临界值判断结果并自动打印报告单。

1. 表面涂覆　将待检样品或纯化的抗原分子均匀涂覆在微孔板（通常是 96 孔板）的孔底上，使其与固相结合。

2. 免疫反应　将用于检测的荧光标记的抗体加入孔中，与样品中的抗原发生特异性反应，并形成

抗原 – 抗体复合物。

3. 洗涤 通过洗涤步骤去除非特异性结合的物质，以降低背景信号。

4. 信号放大 加入特定的酶标记抗体，并通过与抗原 – 抗体复合物的结合，进一步放大信号。

5. 底物反应 加入酶的底物，使其与酶反应产生可观察的荧光信号或颜色。

6. 信号检测 使用荧光光谱仪或酶标仪检测荧光强度或吸光度，从而实现对抗原或抗体的定量和检测。

全自动酶联免疫荧光系统见图 7 – 8 所示。

（三）技术优势

1. 结果准确 应用免疫夹心方法，对每个标本做两次免疫反应，大大提高检测的特异性，从而保证检测结果的可靠性。特大固相吸附表面积，提高免疫捕获的数量，增加灵敏度。荧光检测方法灵敏度比可见光方法高出 1000 倍。

2. 检测快速 上机检测时间 45 ~ 70 分钟。

3. 检测项目多。

4. 使用灵活 独立运行的检测仓可随机进行样品的检测。可在不同的检测仓检测相同或不同的项目，也可在同一检测仓检测相同或不同的项目。

图 7 – 8 全自动酶联免疫荧光系统

5. 特异性强 标本不需分离出目标微生物即可上机检测。

6. 避免交叉污染 没有采样针，避免标本之间交叉污染；样品不与仪器接触，仪器内没有抽吸样品的管路，杜绝了标本对环境的污染。

7. 全自动化、操作简便 标本加入试剂条启动仪器后，便可自动完成全部检测过程并自动打印报告。所有免疫试剂都已配制成可直接使用的形式。

8. 稳定性高 试剂有效期长，14 天内只需做一次质控。

（四）系统组成

mini VIDAS 主要由试剂条槽板、SPR 仓、操作状态灯、微处理器、孵育箱、试剂条准备槽板、条形码读数器、检测系统、中心处理器、键盘和显示屏、内置打印机、背面组件组成。

任务十 基因编辑技术 微课7

基因编辑技术是一种通过人工干预 DNA 序列来改变生物体基因组的技术。其原理是利用特定的酶或蛋白质，将 DNA 序列进行切割、插入、删除等操作，从而实现对基因组的精确修改。基因编辑技术可以分为多种类型，如成簇规律间隔短回文重复序列及相关蛋白质技术（CRISPR/Cas）、转录激活样效应因子核酸酶技术（TALEN）、锌指核酸酶技术（ZFN）等。这些技术在不同的领域都有广泛应用，如农业、医学、环境保护、食品检验等。基因编辑技术可以用于检测食品中的致病菌，如沙门菌、大肠埃希菌等，从而保障食品的安全性。

在基因编辑技术中，CRISPR/Cas 系统因其具有高通量、高效性、专一性等特点而备受关注。目前，国内外学者已经成功将 CRISPR/Cas 系统应用于多种细菌、病毒等病原体的基因编辑。

一、CRISPR/Cas 概述

CRISPR/Cas 技术是一种以"基因打靶"为原理的基因编辑技术，通过在外源 DNA 或 RNA 上设计和添加 Cas 蛋白 DNA 或 RNA 引导序列，对特定基因进行定点敲除或敲入，从而达到所需目的。该技术具有操作简便、安全性高等特点，可有效用于病原菌的检测。通过将 CRISPR/Cas 基因编辑系统与荧光定量 PCR 技术结合，可以构建出一种新型的病原快速检测方法。该方法通过对外源 DNA 或 RNA 进行定点、定向编辑，从而实现快速、准确的病原检测。参与分子检测常见的 CRISPR/Cas 系统有 CRISPR/Cas9、CRISPR/Cas12、CRISPR/Cas13 和 CRISPR/Cas14。

CRISPR/Cas 系统在引导 RNA 的引导下识别目标核酸（DNA/RNA）序列后，激活 Cas 蛋白对靶向和非靶向核酸（DNA/RNA）分子切割。CRISPR/Cas 系统在靶向识别和切割过程中转化靶标核酸分子信号为检测仪器或肉眼可观察的信号。

依据检测核酸分子类型，CRISPR/Cas 技术核酸检测可分为 DNA（CRISPR/Cas9、CRISPR/Cas12 和 CRISPR/Cas12 识别 DNA 序列）和 RNA（CRISPR/Cas13 识别 RNA 序列）检测。不同的 CRISPR/Cas 系统识别的核酸类型不同，然而检测过程中为了实现同一个 CRISPR/Cas 系统对 DNA 和 RNA 均能够检测，必须借助于转录技术（transcription, T）和逆转录（reverse transcription, RT）实现 DNA 与 RNA 的相互转化。

依据 CRISPR/Cas 系统检测核酸分子过程中是否需要体外核酸扩增，CRISPR/Cas 技术核酸检测可分为辅助体外核酸扩增检测和无体外核酸扩增检测。辅助体外核酸扩增检测过程：首先应用 PCR、重组酶聚合酶等温扩增（recombinase polymerase amplification, RPA）、环介导等温扩增（loop – mediated isothermal amplification, LAMP）等技术对靶向核酸序列进行体外扩增，然后再通过 CRISPR/Cas 对靶标分子检测。而基于 CRISPR/Cas 技术的无体外核酸扩增检测技术，可实现直接检测靶标核酸，此过程操作步骤少、检测时间短、污染少。

基于 CRISPR/Cas 建立的核酸检测系统，可有效地转化靶向 DNA 分子信号为检测工具或肉眼可观察的荧光信号、化学信号、电化学信号等，实现靶标核酸信号分子的检测。

二、CRISPR/Cas 系统在核酸靶标检测的应用

CRISPR/Cas 系统对核酸的特异性识别为核酸检测提供了独特的优势。通常情况下，由于靶标检测浓度较低，需要将 CRISPR/Cas 系统与核酸扩增技术相结合进行检测。近年来，基于 CRISPR/Cas 系统的无预扩增核酸检测系统也在陆续开发中。无预扩增核酸检测系统主要通过两种方案放大信号：第一，利用 Cas12a、Cas13a 和 Cas14 蛋白靶向结合后激活的反式裂解活性，可以在一定程度上实现对原始信号的扩增；第二，利用多种 Cas 效应蛋白作为高度特异性的序列识别元件，结合电化学、比色法和荧光等多种信号输出方法，开发无扩增系统，实现核酸的高灵敏度和高特异度检测。

（一）结合靶标预扩增的 CRISPR/Cas 核酸检测系统

1. 基于顺式切割原理的核酸靶标检测

（1）CRISPR/Cas9 触发的等温指数扩增反应　结合 CRISPR/Cas9 位点特异性切割的优势和等温指数扩增技术的动力学优势构建的检测系统称为 CAS – EXPAR，该方法具有快速、位点特异性核酸检测的功能。该方法的主要原理是利用 CRISPR/Cas9 的特异识别和切割特性从长链 DNA 或 RNA 产生特异性 EXPAR 触发器，触发指数扩增，既利用了 EXPAR 优越的扩增动力学，又采用 CRISPR/Cas9 弥补传统 EXPAR 只适用于检测短序列的局限，见图 7 – 9。结果表明，该方法对单碱基错配具有良好的特异性，检出限为 0.82amol，且可以在 1 小时内检测到 DNA。

（2）CRISDA 检测系统　虽然 PCR 是最广泛使用的 DNA 扩增方法，但热循环的要求限制了其非实验室应用。因此，等温 DNA 扩增技术在代替传统 PCR 的现场诊断应用中具有价值。链置换扩增（strand displacement amplification, SDA）是一种基于酶促反应的 DNA 体外等温扩增技术，在靶 DNA 两

图 7 – 9　CAS – EXPAR 的机制示意

端加上被化学修饰的限制性核酸内切酶识别序列，核酸内切酶在识别位点将 DNA 链打开缺口，DNA 聚合酶延伸这个缺口的 3′端并替换下一条 DNA 链，被替换下来的 DNA 单链可以与引物结合，并被 DNA 聚合酶延伸成双链，这个过程不断反复进行。但此反应第一步仍然需要高温打开双链，并未达到真正的"恒温"。利用 CRISPR/Cas9 系统在天然 DNA 分子中引入单链断裂或缺口，恒温条件下从天然双链 DNA 生成大量单链 DNA，启动 SDA，建立了称为 CRISDA 的检测系统。整个过程在 25 ~ 40℃的恒定温度下进行，真正实现了恒温扩增。结合肽核酸侵袭介导的终点测量，该方法在复杂样品背景下检测各种 DNA 靶标时具有灵敏度和单核苷酸特异性。CRISDA 是一种强大的等温工具，用于超灵敏和特异性的核酸检测，尤其适用于即时诊断和现场分析。

2. 基于反式切割原理的核酸靶标检测

（1）DETECTR 检测系统　一旦 CRISPR/Cas12a 与 crRNA 和靶 DNA 形成复合体，该系统的反式切割活性就能有效裂解系统中的任何 ssDNA。利用这一特点，将重组酶聚合酶扩增（recombinase polymerase amplification，RPA）与 Cas12a 结合建立了 DETECTR（DNA endonuclease – targeted CRISPR transreporter）的检测系统。该系统包括 Cas12a、crRNA 和荧光团猝灭剂标记的报告基因，一旦 Cas12a 检测到并切割目标 DNA 序列，就会激活反式切割活性，切割带有荧光团猝灭剂标记的 TaqMan 探针，释放荧光。通过监测荧光信号可以准确地定量靶 DNA 的存在。

（2）RAA – based E – CRISPR　将 CRISPR – Cas12a 的反式切割活性引入电化学生物传感器（E – CRISPR）中，结合重组酶辅助扩增（RAA），建立了一种经济、特异、超灵敏的检测方法，即 RAA – based E – CRISPR。在这种方法中，目标核酸能够诱导表面信号探针的数量发生变化，在目标有无的情况下，信号变化明显不同。在优化条件下，基于 RAA 的 E – CRISPR 可以检测到低至 0.68amol 的基因组 DNA 和 26CFU/ml 的单核增生乳杆菌的纯培养物。

（二）无靶标预扩增的 CRISPR/Cas 核酸检测系统

为了达到较好的灵敏度和特异度，目前的 CRISPR 系统经常与扩增技术相结合，以实现靶富集和信号扩增。而无扩增核酸检测的优点主要包括原始信号检测提高保真性、避免潜在的气溶胶污染和缩短检测时间等。利用无扩增系统是 CRISPR/Cas 检测的大趋势。构建无扩增系统的策略主要包括 CRISPR/Cas 产生的反式裂解活性增强，以及提高信号检测器的灵敏度两个方面。

1. 基于 CRISPR/Cas 产生的反式裂解活性增强的无扩增系统　基于 CRISPR/Cas13a 开发了一种可在 30 分钟内以 100 拷贝/μl 的灵敏度检出鼻拭子样品中新型冠状病毒的无扩增精密检测方法。该方法将多个 crRNA 连接起来以提高 CRISPR 诊断的检测灵敏度，并利用酶动力学参数来量化病毒载量。利用多个 crRNA 探针进行串联，建立了灵敏度高达 30 拷贝/μl 的无扩增靶 RNA 检测方法。该方法通过靶 RNA 触发 Cas13a/crRNA 的反式裂解活性，裂解 ssRNA 探针，激活 Csm6 蛋白的 RNA 内切酶活性来剪切荧光分子，使分子爆裂放大信号。该系统将 8 个 crRNA 探针串联，检测灵敏度再次从 1000 拷贝/μl 提高到 31 拷贝/μl。

2. 通过提高信号检测器的灵敏度构建 CRISPR/Cas 无扩增检测系统　建立以 CRISPRCas12a 为基础的电化学生物传感器（E - CRISPR）系统，在靶核酸存在的情况下，Cas12a 的反式裂解被激活，亚甲基蓝修饰的 ssDNA 偶联在金电极上被裂解，导致亚甲基蓝的脱离和电导率的转变，通过电流值的变化来监测目标核酸，可以达到 pmol 的灵敏度。

三、CRISPR/Cas 检测非核酸靶标

多项研究正在尝试利用 CRISPR/Cas 构建非核酸靶标如蛋白质、小分子、细胞等的检测系统。通过生物祖体（包括适体、DNAzymes 和抗原 - 抗体反应）特异性识别靶物质实现非核酸信号转换为核酸信号，将实现基于 CRISPR/Cas 的非核酸物质检测系统。如核酸抗体是一种短的寡核苷酸序列，能以高亲和力和高特异性与相应的配体结合，常被称为"化学抗体"。适体在溶液中主要表现为非结构化。一旦适体与其配体结合，它们就折叠成分子结构，配体就成为核酸结构的固有部分。适配体 - 配体结合的特异性通常依赖于平面部分的精确堆叠、特定的氢键和分子形状的互补性。因此，结合适体已经开发了许多基于 CRISPR/Cas 的非核酸检测系统，用于检测蛋白质、小分子、细胞等。随着技术的进步，基于 CRISPR/Cas 系统构建非核酸靶标检测系统将越来越成熟，有巨大的应用潜力。

四、CRISPR/Cas 系统在病原菌检测中的研究进展

将 PCR 与 CRISPR/Cas13 结合，用于检测沙门菌，显示出优异的敏感性，2 小时内可以检出至少 10 个沙门菌基因组 DNA（1amol/L 或 10CFU/ml），特异性良好，与其他常见的食源性细菌没有交叉反应。该方法为食品中食源性病原体的检测提供了一种新的策略，突破了传统方法的局限。利用 CRISPR/Cas13 系统检测 B 族链球菌，与基于培养和 PCR 的检测方法相比，这种新检测方法显示出优异的诊断性能，敏感性和特异性被大大提高。利用 CRISPR/Cas13a 技术在 2 小时内快速检测布鲁氏菌，敏感性和特异性均为 100%，检测下限接近 10fg/μl，成功解决了临床布鲁氏菌检测周期长、患者无法得到及时救治的难题。利用 CRISPR/Cas13a 辅助 RAA 技术检测食品中的金黄色葡萄球菌，其灵敏度为 101CFU/ml，远高于实时荧光定量 PCR（102CFU/ml），且检测时间仅需 30 分钟，大大提高了对食源性疾病暴发的应急检测能力，为金黄色葡萄球菌引起的食源性疾病早期诊断提供了有力的支持。

基于特异性高灵敏度酶报告解锁（specific high - sensitivity enzymatic reporter unlocking，SHERLOCK）技术可检出 EB 病毒、乙型肝炎病毒、人类免疫缺陷病毒、禽流感病毒、非洲猪瘟病毒等，灵敏度高，特异性强，与其他病原体无交叉反应。将 CRISPR/Cas13 检测与重组酶介导的扩增技术（recombinase aided amplification，RAA）结合，39℃条件下 40～52 分钟可检出 8 种输入性传染病病原体，灵敏度可以达到 1～10 拷贝/μl。

答案解析

练 习 题

一、选择题

1. 关于酶免疫技术的特点，正确的是

    A. 酶标记物催化抗原抗体反应，使其结果放大，提高了检测的灵敏度

    B. 酶活性易受理化因素的影响，酶标记物稳定性差

    C. 底物经酶催化后的成色，使酶标记免疫反应结果得以放大

    D. 选择高质量的标记用酶是建立酶免疫技术最重要的前提

    E. 酶免疫技术检测方法较为繁琐

2. 酶免疫组织化学技术中，常用的酶是

    A. 胰蛋白酶，葡萄糖氧化酶

    B. 辣根过氧化物酶，碱性磷酸酶

    C. 胃蛋白酶，蛋白酶 K

    D. 碱性磷酸酶，胃蛋白酶

    E. 葡萄糖氧化酶，蛋白酶 K

3. 下列关于抗原抗体反应的特点表述，正确的是

    A. 抗原抗体反应有交叉反应，故抗原抗体反应特异性不强

    B. 抗原抗体反应必须在抗体量略大于抗原量时，形成的复合物最大

    C. 抗原抗体反应形成的复合物又可解离为游离的抗原与抗体

    D. 抗体与抗原结合牢固，不易被解离

    E. 抗原抗体反应分为两个阶段，两个阶段之间有明显的界线

二、简答题

1. 简述 DNA 的提取方法。
2. 简述 DNA 的电泳分离要点。
3. 简述酶联免疫吸附测定的原理。
4. 简述放射免疫技术的原理、类型及检测特点。
5. 物质发出荧光的原因是什么？是否所有的分子在紫外线的照射下可以发出荧光？并比较优劣。

书网融合……

本章小结

微课 1

微课 2

微课 3

微课 4

微课 5

微课 6

微课 7

题库

附　录

附录一　最可能数（MPN）检索表

大肠菌群、单核细胞增生李斯特菌、副溶血性弧菌、蜡样芽孢杆菌最可能数（MPN）检索表

阳性管数			MPN	0.95 可信限		阳性管数			MPN	0.95 可信限	
0.10	0.01	0.001		下限	上限	0.10	0.01	0.001		下限	上限
0	0	0	<3.0	–	9.5	2	2	0	21	45	42
0	0	1	3.0	0.15	9.6	2	2	1	28	87	94
0	1	0	3.0	0.15	11	2	2	2	35	87	94
0	1	1	6.1	1.2	18	2	3	0	29	87	94
0	2	0	6.2	1.2	18	2	3	1	36	87	94
0	3	0	9.4	3.6	38	3	0	0	23	46	94
1	0	0	3.6	0.17	18	3	0	1	38	87	110
1	0	1	7.2	1.3	18	3	0	2	64	17	180
1	0	2	11	3.6	38	3	1	0	43	9	180
1	1	0	7.4	1.3	20	3	1	1	75	17	200
1	1	1	11	3.6	38	3	1	2	120	37	420
1	2	0	11	3.6	42	3	1	3	160	40	420
1	2	1	15	4.5	42	3	2	0	93	18	420
1	3	0	16	4.5	42	3	2	1	150	37	420
2	0	0	9.2	1.4	38	3	2	2	210	40	430
2	0	1	14	3.6	42	3	2	3	290	90	1000
2	0	2	20	4.5	42	3	3	0	240	42	1000
2	1	0	15	3.7	42	3	3	1	460	90	2000
2	1	1	20	4.5	42	3	3	2	1100	180	4100
2	1	2	27	8.7	94	3	3	3	>1100	420	–

注：1. 本表采用3个稀释度［0.1g（ml）、0.01g（ml）、0.001g（ml）］，每个稀释度接种3管。

2. 表内所列检样量如改用1g（ml）、0.1g（ml）和0.01g（ml）时，表内数字应相应降低10倍；如改用0.01g（ml）、0.001g（ml）和0.0001g（ml）时，则表内数字应相应增高10倍，其余类推。

克罗诺杆菌属最可能数检索表

阳性管数			MPN	0.95 可信限		阳性管数			MPN	0.95 可信限	
100	10	1		下限	上限	100	10	1		下限	上限
0	0	0	<0.3	–	0.95	2	2	0	2.1	045	4.2
0	0	1	0.3	0.015	0.96	2	2	1	2.8	0.87	9.4
0	1	0	0.3	0.015	1.1	2	2	2	3.5	0.87	9.4
0	1	1	0.61	0.12	1.8	2	3	0	2.9	0.87	9.4
0	2	0	0.62	0.12	1.8	2	3	1	3.6	0.87	9.4
0	3	0	0.94	0.36	3.8	3	0	0	2..3	0.46	9.4
1	0	0	0.36	0.017	1.8	3	0	1	3.8	0.87	11
1	0	1	0.72	0.13	1.8	3	0	2	6.4	1.7	18
1	0	2	1.1	0.36	3.8	3	1	0	4.3	0.9	18
1	1	0	0.74	0.13	2	3	1	1	7.5	1.7	20
1	1	1	1.1	0.36	3.8	3	1	2	12	3.7	42
1	2	0	1.1	0.36	4.2	3	1	3	16	4	42
1	2	1	1.5	0.45	4.2	3	2	0	9.3	1.8	42
1	3	0	1.6	0.45	4.2	3	2	1	15	3.7	42
2	0	0	0.92	0.14	3.8	3	2	2	21	4.2	43
2	0	1	1.4	0.36	4.2	3	2	3	29	9	100
2	0	2	2	0.45	4.2	3	3	0	24	42	100
2	1	0	1.5	0.37	4.2	3	3	1	46	9	200
2	1	1	2	0.45	4.2	3	3	2	110	18	410
2	1	2	2.7	0.87	9.4	3	3	3	>110	42	–

注：1. 本表采用 3 个稀释度 ［100g（ml）、10g（ml）、1g（ml）］，每个稀释度接种 3 管。

　　2. 表内所列检样量如改用 1000g（ml）、100g（ml）和 10g（ml）时，表内数字应相应降低 10 倍；如改用 10g（ml）、1g（ml）和 0.01g（ml）时，则表内数字应相应增高 10 倍，其余类推。

附录二　食品微生物检验常用培养基

（一）平板计数琼脂（PCA）培养基

1. 用途　用于细菌总数测定（GB 4789.2—2022）。

2. 培养基配方　胰蛋白胨（主要营养成分）50g，酵母浸膏（主要营养成分）25g，葡萄糖（主要营养成分）10g，琼脂15.0g，蒸馏水1000ml，pH（25℃）7.0±0.2。

3. 制法　将上述各成分加入蒸馏水中，煮沸溶解，调节 pH 至 7.0±0.2，分装试管或锥形瓶，121℃高压灭菌 15 分钟。

4. 质量控制　此培养基呈淡黄色，清晰无沉淀。大肠埃希菌、金黄色葡萄球菌和枯草芽孢杆菌生长良好。

（二）月桂基硫酸盐胰蛋白胨（LST）肉汤

1. 用途　用于多管发酵法测定大肠菌群和粪大肠菌群（GB 4789.3—2016）。

2. 培养基配方 胰蛋白胨或胰酪胨200g，氯化钠50g，乳糖50g，磷酸氢二钾（K₂HPO₄）275g，磷酸二氢钾（KH₂PO₄）275g，月桂基硫酸钠0.1g，蒸馏水1000ml，pH（25℃）6.8±0.2。

3. 制法 将上述成分溶解于蒸馏水中，调节pH至6.8±0.2，分装到有小倒管的试管中，每管10ml，121℃高压灭菌15分钟，备用。

4. 质量控制 此培养基呈淡黄色，清晰无沉淀。大肠埃希菌和弗氏枸橼酸杆菌生长良好，产气；鼠伤寒沙门菌生长良好，不产气；粪肠球菌生长受抑制。

（三）煌绿乳糖胆盐（BGLB）肉汤

1. 用途 用于多管发酵法测定大肠菌群的确证试验（GB 4789.3—2016）。

2. 培养基配方 蛋白胨100g，乳糖100g，牛胆粉（oxgall或oxbile）溶液200ml，0.1%煌绿水溶液133ml，蒸馏水800ml，pH（25℃）7.2±0.1。

3. 制法 将蛋白胨、乳糖溶于约500ml蒸馏水中，加入牛胆粉溶液200ml（将200g脱水牛胆粉溶于200ml蒸馏水中，调节pH至7.0~7.5，用蒸馏水中稀释到975ml，调节pH至7.2±0.1，再加入0.1%煌绿水溶液133ml，用蒸馏水补足到1000ml，用棉花过滤后，分装到有玻璃小倒管的试管中，每管10ml，121℃高压灭菌15分钟，备用。

4. 质量控制 此培养基呈绿色，清晰无沉淀。大肠埃希菌和弗氏枸橼酸杆菌生长良好，产气；鼠伤寒沙门菌生长良好，不产气；粪肠球菌生长受抑制。

（四）结晶紫中性红胆盐琼脂（VRBA）

1. 用途 用于水或食品中大肠菌群平板菌落计数（GB 4789.3—2016）。

2. 培养基配方 蛋白胨70g，酵母浸粉30g，乳糖100g，氯化钠50g，胆盐或3号胆盐15g，中性红0.03g，结晶紫0.002g，琼脂15g，蒸馏水1000ml，pH（25℃）7.4±0.1。

3. 制法 将上述成分溶解于蒸馏水中，静置几分钟，充分搅拌，调节pH至7.4±0.1，煮沸2分钟，将培养基溶化并恒温至45~50℃倾注平板，使用前临时制备，不得超过3小时。

4. 质量控制 此培养基呈紫红色，清晰无沉淀。大肠埃希菌和弗氏枸橼酸杆菌生长良好，可带有沉淀环的紫红色或红色菌落。鼠伤寒沙门菌生长良好，无色半透明菌落；粪肠球菌生长受抑制。

（五）马铃薯葡萄糖琼脂

1. 用途 供霉菌和酵母的计数、分离和培养用（GB 4789.15—2016）。

2. 培养基配方 马铃薯（去皮切块）300g，葡萄糖20g，琼脂20g，氯霉素0.1g，蒸馏水1000ml。

3. 制法 将马铃薯去皮切块，加入1000ml蒸馏水，煮沸10~20分钟，用纱布过滤，补加蒸馏水至1000ml，加入葡萄糖和琼脂，加热溶解，分装后，121℃灭菌15分钟，备用。

4. 质量控制 此培养基呈淡黄色，清晰有少量沉淀。黑曲霉、白色念珠菌和酵母菌生长良好；大肠埃希菌和金黄色葡萄球菌生长受抑制。

（六）孟加拉红琼脂

1. 用途 供霉菌和酵母的计数、分离和培养用（GB 4789.15—2016）。

2. 培养基配方 蛋白胨50g，葡萄糖100g，磷酸二氢钾10g，硫酸镁（无水）0.5g，琼脂200g，孟加拉红0.033g，氯霉素0.1g，蒸馏水1000ml。

3. 制法 上述各成分加入蒸馏水中，加热溶解，补足蒸馏水至1000ml，分装后，121℃灭菌15分钟，避光保存备用。

4. 质量控制 此培养基呈玫瑰红色，清晰无沉淀。酿酒酵母生长良好，菌落奶油色；黑曲霉生长良好，白色菌丝，黑色孢子；大肠埃希菌和金黄色葡萄球菌生长受抑制。

（七）缓冲蛋白胨水（BPW）肉汤

1. 用途　用于沙门菌、李斯特菌和克罗诺杆菌的前增菌培养（GB 4789.4—2024，GB 4789.30—2016，GB 4789.40—2024）。

2. 培养基配方　蛋白胨 100g，氯化钠 50g，磷酸氢二钠（含 12 个结晶水）90g，磷酸二氢钾 15g，蒸馏水 1000ml，pH（25℃）7.2 ± 0.2。

3. 制法　将上述成分加入蒸馏水中，搅拌均匀，静置约 10 分钟，煮沸溶解，调节 pH 至 7.2 ± 0.2，121℃高压灭菌 15 分钟，备用。

4. 质量控制　此培养基呈淡黄色，清晰无沉淀。沙门菌增菌良好。

（八）四硫磺酸钠煌绿（TTB）增菌液

1. 用途　用于沙门菌的选择性增菌培养（GB 4789.4—2024）。

2. 培养基配方

（1）基础液　蛋白胨 9.0g，牛肉浸粉 4.5g，氯化钠 2.7g，碳酸钙 40.5g，硫代硫酸钠（含 5 个结晶水）50.0g，牛胆盐 5.0g，蒸馏水 1000ml。将各成分加入蒸馏水中，搅匀后加热溶解。煮沸，无须高压灭菌。煮沸后的培养基在 25℃的 pH 为 7.6 ± 0.2。

（2）碘溶液　碘化钾 25.0g，碘 20.0g，蒸馏水 100ml。将碘化钾溶解于少量的蒸馏水中，再加入碘，振摇至碘全部溶解。加蒸馏水至 100ml，转入棕色瓶内，塞紧瓶塞冷藏贮存。

（3）煌绿溶液　煌绿 0.5g，蒸馏水 100ml，将煌绿在蒸馏水中溶解后，存放在冷暗处不少于 1 天，使其自然灭菌。

3. 制法　基础液 1000ml，煌绿溶液 2.0ml，碘溶液 20.0ml。使用当天，在冷却后的基础液中以无菌操作加入煌绿溶液摇匀，加入碘溶液，再摇匀，分装到无菌试管中。加入煌绿和碘液的培养基当天使用，且不能再次加热。

4. 质量控制　此培养基呈绿 – 蓝绿色，有白色沉淀。沙门菌增菌良好；大肠埃希菌和粪肠球菌生长受抑制。

（九）氯化镁孔雀绿大豆胨（RVS）增菌液

1. 用途　用于沙门菌的选择性增菌培养（GB 4789.4—2024）。

2. 培养基配方　大豆蛋白胨 4.5g，氯化钠 7.2g，磷酸二氢钾 1.26g，磷酸氢二钾 0.18g，氯化镁（含 6 个结晶水）28.6g，孔雀绿 0.036g，蒸馏水 1000ml，pH（25℃）5.2 ± 0.2。

3. 制法　将各成分加入蒸馏水中，搅匀后加热溶解，必要时调节 pH，定量分装于试管中，115℃高压灭菌 15 分钟。灭菌后的培养基在 25℃的 pH 为 5.2 ± 0.2。

4. 质量控制　此培养基呈淡蓝色，清晰无沉淀。沙门菌增菌良好；大肠埃希菌和粪肠球菌生长受抑制。

（十）亚硫酸铋（BS）琼脂

1. 用途　用于沙门菌的选择性分离（GB 4789.4—2024）。

2. 培养基配方　蛋白胨 10.0g，牛肉浸粉 5.0g，葡萄糖 5.0g，硫酸亚铁 0.3g，磷酸氢二钠 4.0g，煌绿 0.025g 或 5.0g/L 水溶液 5.0ml，枸橼酸铋铵 2.0g，亚硫酸钠 6.0g，琼脂 18.0g，蒸馏水 1000ml，pH（25℃）7.5 ± 0.2。

3. 制法　将前三种成分加入 300ml 蒸馏水（制作基础液），硫酸亚铁和磷酸氢二钠分别加入 20ml 和 30ml 蒸馏水中，枸橼酸铋铵和亚硫酸钠分别加入另一 20ml 和 30ml 蒸馏水中，琼脂加入 600ml 蒸馏水中，然后分别搅拌均匀，煮沸溶解。冷至 80℃左右时，先将硫酸亚铁和磷酸氢二钠混匀，倒入基础液中，混匀。将枸橼酸铋铵和亚硫酸钠混匀，倒入基础液中，再混匀。调节 pH 至 7.5 ± 0.2，随即倾入琼脂液中，混合均匀，冷至 50 ~ 55℃。加入煌绿溶液，充分混匀后立即倾注平板。

注：本培养基不需要高压灭菌，在制备过程中不宜过分加热，避免降低其选择性，贮于室温暗处，超过 48 小时会降低其选择性，本培养基宜于使用前一天制备。

4. 质量控制 此培养基呈淡蓝色，有白色沉淀。沙门菌生长良好，可有光泽；大肠埃希菌和粪肠球菌生长受抑制。

(十一) HE 琼脂

1. 用途 用于沙门菌的选择性分离（GB 4789.4—2024）。

2. 培养基配方 蛋白胨 12.0g，牛肉浸粉 3.0g，乳糖 12.0g，蔗糖 12.0g，水杨苷 2.0g，胆盐 20.0g，氯化钠 5.0g，硫代硫酸钠 6.8g，枸橼酸铁铵 0.8g，脱氧胆酸钠 2.0g，酸性品红 0.1g，溴麝香草酚蓝 0.064g，琼脂 18.0g，蒸馏水 1000ml，pH（25℃）7.5 ± 0.2。

3. 制法 将各成分加入蒸馏水中，搅匀后加热溶解，必要时调节 pH。煮沸，勿过度加热，勿高压灭菌。冷却至（48 ± 2）℃倾注平板，煮沸后的培养基在 25℃的 pH 为 7.5 ± 0.2。

4. 质量控制 此培养基呈黄绿 - 绿色，无絮状物及沉淀。沙门菌生长良好；大肠埃希菌和粪肠球菌生长受抑制。

(十二) 木糖赖氨酸脱氧胆盐（XLD）琼脂

1. 用途 用于沙门菌的选择性分离（GB 4789.4—2024）。

2. 培养基配方 酵母浸粉 3.0g，L - 赖氨酸 5.0g，木糖 3.75g，乳糖 7.5g，蔗糖 7.5g，脱氧胆酸钠 2.5g，枸橼酸铁铵 0.8g，硫代硫酸钠 6.8g，氯化钠 5.0g，酚红 0.08g，琼脂 15.0g，蒸馏水 1000ml，pH（25℃）7.4 ± 0.2。

3. 制法 将各成分加入蒸馏水中，搅匀后加热溶解，必要时调节 pH。煮沸，勿过度加热，勿高压灭菌。冷却至（48 ± 2）℃倾注平板，煮沸后的培养基在 25℃的 pH 为 7.4 ± 0.2。

4. 质量控制 此培养基呈红色，清晰无沉淀。鼠伤寒沙门菌呈红色菌落有黑心；宋内志贺菌呈红色菌落；大肠埃希菌呈黄色菌落；金黄色葡萄球菌生长受抑制。

(十三) 三糖铁（TSI）琼脂

1. 用途 用于沙门菌、志贺菌的生化鉴定（GB 4789.4—2024，GB 4789.5—2012）。

2. 培养基配方 蛋白胨 20.0g，牛肉浸粉 5.0g，乳糖 10.0g，蔗糖 10.0g，葡萄糖 1.0g，酚红 0.025g，氯化钠 5.0g，硫酸亚铁铵（含 6 个结晶水）0.2g，硫代硫酸钠 0.2g，琼脂 12.0g，蒸馏水 1000ml，pH（25℃）7.4 ± 0.2。

3. 制法 将各成分加入蒸馏水中，搅匀后加热溶解，必要时调节 pH。定量分装于试管中，115℃高压灭菌 15 分钟。灭菌后制成斜面，底层深度不小于 2.5cm。灭菌后的培养基在 25℃的 pH 为 7.4 ± 0.2。

4. 质量控制 此培养基呈橘红色，清晰无沉淀。伤寒沙门菌 K/A，硫化氢阳性；甲型副伤寒沙门菌 K/A，硫化氢阴性；福氏志贺菌 K/A；大肠埃希菌 A/A；铜绿假单胞菌 K/K。

(十四) 蛋白胨水

1. 用途 用于沙门菌、志贺菌的色氨酸酶鉴定（GB 4789.4—2024，GB 4789.5—2012）。

2. 培养基配方 蛋白胨 10.0g，氯化钠 5.0g，DL - 色氨酸 1.0g，蒸馏水 1000ml，pH（25℃）7.4 ± 0.2。

3. 制法 将各成分加入蒸馏水中，搅匀后加热溶解，必要时调节 pH。分装小试管，121℃高压灭菌 15 分钟。灭菌后的培养基在 25℃的 pH 为 7.4 ± 0.2。

4. 试验方法　挑取少量培养物接种在蛋白胨水中，（36±1）℃培养24～48小时。加入柯凡克试剂约0.5ml，轻摇试管，试剂层呈深红色者为阳性。或取欧－波试剂约0.5ml，沿管壁流下，覆盖于培养液表面，液面接触处呈玫瑰红色者为阳性。

5. 质量控制　此培养基呈淡黄色，清晰无沉淀。大肠埃希菌阳性；鼠伤寒沙门菌和福氏志贺菌阴性。

（十五）尿素琼脂（pH 7.2）

1. 用途　用于沙门菌、志贺菌生化鉴定（GB 4789.4—2024，GB 4789.5—2012）。

2. 培养基配方　蛋白胨1.0g，氯化钠5.0g，葡萄糖1.0g，磷酸二氢钾2.0g，酚红0.012g，琼脂20.0g，蒸馏水900ml，20%尿素溶液100ml，pH（25℃）7.2±0.2。

3. 制法　除尿素外，将其他成分加入900ml蒸馏水中，搅匀后加热溶解，必要时调节pH。121℃高压灭菌15分钟。冷却至（48±2）℃，加入100ml经过滤除菌的20%尿素溶液，分装于无菌试管内制成斜面。灭菌后的培养基在25℃的pH为7.2±0.2。

4. 试验方法　挑取培养物接种在尿素琼脂斜面上，（36±1）℃培养24小时，观察结果。尿素琼脂斜面变为玫瑰红色者为尿素酶阳性。

注：也可采用不含琼脂的尿素培养基。

5. 质量控制　此培养基呈淡黄色，清晰无沉淀。普通变形杆菌阳性；沙门菌、志贺菌阴性。

（十六）氰化钾（KCN）培养基

1. 用途　用于沙门菌的生化鉴定（GB 4789.4—2024）。

2. 培养基配方　蛋白胨10.0g，氯化钠5.0g，磷酸二氢钾0.225g，磷酸氢二钠5.64g，蒸馏水1000ml，0.5%氰化钾20.0ml。

3. 制法　将除氰化钾以外的成分加入蒸馏水中，搅匀后加热溶解，121℃高压灭菌15分钟。充分冷却后，在每100ml培养基加入2.0ml新制备的0.5%氰化钾溶液（最后浓度为1：10000），分装于无菌试管内，立刻用无菌管塞塞紧。同时，将不加氰化钾的培养基作为对照培养基，分装后备用。

4. 试验方法　将待测菌的纯培养物用生理盐水配制成0.5麦氏浊度的菌悬液，滴加2～3滴菌悬液于氰化钾（KCN）培养基，混匀后滴加一层无菌液体石蜡进行密封。另外滴加2～3滴菌悬液于对照培养基。在（36±1）℃培养24～48小时，观察结果。氰化钾（KCN）培养基内有细菌生长者为阳性（不抑制），培养48小时无细菌生长者为阴性（抑制）。

注：氰化钾是剧毒药，操作时应戴手套，避免沾染。试验失败的主要原因是密封不严而造成假阳性反应。

5. 质量控制　此培养基呈淡黄色，清晰无沉淀。普通变形杆菌阳性；沙门菌阴性。

（十七）赖氨酸脱羧酶试验培养基

1. 用途　用于细菌的氨基酸脱羧酶试验（GB 4789.4—2024）。

2. 培养基配方　蛋白胨5.0g，酵母浸粉3.0g，葡萄糖1.0g，溴甲酚紫0.02g，蒸馏水1000ml，L－赖氨酸或DL－赖氨酸5.0g或10.0g，pH（25℃）6.8±0.2。

3. 制法　除赖氨酸以外的成分加入蒸馏水中，搅匀后加热溶解，加入L－赖氨酸或DL－赖氨酸，对照培养基不加赖氨酸。必要时调节pH。分装后115℃高压灭菌15分钟。灭菌后的培养基在25℃的pH为6.8±0.2。

4. 试验方法　挑取培养物接种于赖氨酸脱羧酶试验培养基，混匀后滴加一层无菌液体石蜡进行密封。（36±1）℃培养18～24小时，观察结果。培养基呈紫色者为赖氨酸脱羧酶阳性，培养基呈黄色者为赖氨酸脱羧酶阴性。对照管应为蓝色。

5. 质量控制 此培养基呈紫色，清晰无沉淀。赖氨酸脱羧酶鼠伤寒沙门菌阳性；普通变形杆菌、志贺菌阴性。宋内志贺菌阳性；福氏志贺菌阴性。克罗诺杆菌阳性；普通变形杆菌阴性。

（十八）L – 赖氨酸脱羧酶培养基

1. 用途 用于细菌的氨基酸脱羧酶试验（GB 4789.40—2024）。

2. 培养基配方 L – 赖氨酸盐酸盐（L – lysine monohydrochloride）5.0g，酵母浸膏3.0g，葡萄糖1.0g，溴甲酚紫0.015g，蒸馏水1000ml，pH（25℃）6.8 ± 0.2。

3. 制法 将各成分加热溶解，必要时调节 pH。每管分装5ml，上面滴加一层液体石蜡，121℃高压15分钟。灭菌后的培养基25℃时的 pH 应为6.8 ± 0.2。

4. 试验方法 挑取培养物接种于 L – 赖氨酸脱羧酶培养基液面下。（36 ±1）℃培养（24 ±2）小时，观察结果。L – 赖氨酸脱羧酶试验阳性者，培养基呈紫色，阴性者为黄色，空白对照管为紫色。

5. 质量控制 此培养基呈紫色，清晰无沉淀。赖氨酸脱羧酶鼠伤寒沙门菌阳性，普通变形杆菌、志贺菌阴性。鸟氨酸脱羧酶宋内志贺菌阳性，福氏志贺菌阴性。精氨酸脱羧酶克罗诺杆菌阳性，普通变形杆菌阴性。

（十九）糖发酵培养基

1. 用途 用于细菌的生化鉴定（GB 4789.4—2024，GB 4789.5—2012，GB 4789.4—2014，GB 4789.30—2016）。

2. 培养基配方 蛋白胨10.0g，牛肉浸粉5.0g，氯化钠3.0g，磷酸氢二钠（含12个结晶水）2.0g，溴麝香草酚蓝0.025g，蒸馏水1000ml，pH（25℃）7.4 ± 0.2。

3. 制法 将各成分加入蒸馏水中，搅匀后加热溶解，必要时调节 pH，121℃高压灭菌15分钟。冷却后，加入终浓度为0.5% ~1%的无菌糖溶液，分装。灭菌后的培养基在25℃的 pH 为7.4 ± 0.2。

4. 试验方法 挑取少量培养物接种于糖发酵管，（36 ±1）℃培养24 ~48小时，观察结果。培养基变为黄色者为阳性。对于培养48小时后，怀疑为乳糖迟缓发酵者，可继续培养至3 ~5天再观察结果。

5. 质量控制 此培养基呈绿色，清晰无沉淀。如添加的糖为葡萄糖，则沙门菌、志贺菌为阳性；铜绿假单胞菌为阴性。

（二十）β – 半乳糖苷酶试验（ONPG 法）

1. 用途 用于沙门菌、志贺菌的生化鉴定（GB 4789.4—2024，GB 4789.5—2012）。

2. 培养基配方 邻硝基酚 β – D – 半乳糖苷（ONPG）60.0mg，0.01mol/L 磷酸钠缓冲液（pH 7.5）10.0ml，1%蛋白胨水（pH 7.5）30.0ml，1%蛋白胨水（pH 7.5）30.0ml。

3. 制法 将 ONPG 溶于缓冲液内，加入蛋白胨水，过滤除菌后分装于无菌的小试管内，塞紧管塞。

4. 试验方法 挑取培养物接种于 ONPG 培养基，（36 ±1）℃培养3小时观察结果，培养基变为黄色者，为 β – 半乳糖苷酶阳性。若培养基不变色，继续培养至24小时，培养基变黄者，为 β – 半乳糖苷酶阳性，否则为阴性。

5. 质量控制 此培养基呈浅黄色，清晰无沉淀。亚利桑那沙门菌和宋内志贺菌阳性；鼠伤寒沙门菌和福氏志贺菌阴性。

（二十一）平板法（X – GL 法）

1. 用途 用于志贺菌的生化鉴定（GB 4789.5—2012）。

2. 培养基配方 蛋白胨20.0g，氯化钠3.0g，5 – 溴 – 4 – 氯 – 3 – 吲哚 – β – D – 半乳糖苷（X – GAl）200.0mg，琼脂15.0g，蒸馏水1000.0ml，pH（25℃）7.2 ± 0.2。

3. 制法　将上述各成分加热煮沸于 1L 水中，冷至 50～55℃，调节 pH，115℃高压灭菌 10 分钟，倾注平板避光冷藏备用。

4. 试验方法　挑取琼脂斜面培养物接种于平板，划线和点种均可，于（36±1）℃培养 18～24 小时观察结果。如果 β-D-半乳糖苷酶产生，则平板上培养物颜色变蓝绿色；如无此酶则培养物为无色或不透明色，培养 48～72 小时后有部分转为淡粉红色。

5. 质量控制　此培养基呈浅黄色，清晰无沉淀。宋内志贺菌阳性；福氏志贺菌阴性。

（二十二）半固体琼脂

1. 用途　用于沙门菌、志贺菌的生化鉴定（GB 4789.4—2024，GB 4789.5—2012）。

2. 培养基配方　蛋白胨 10.0g，牛肉浸粉 3.0，氯化钠 5.0g，琼脂 3.0～6.5g，蒸馏水 1000ml，pH（25℃）7.4±0.2。

3. 制法　将各成分加入蒸馏水中，搅匀后加热溶解，必要时调节 pH，121℃高压灭菌 15 分钟。冷却至（48±2）℃倾注平板，或分装小玻管。灭菌后的培养基在 25℃的 pH 为 7.4±0.2。

4. 质量控制　此培养基呈绿色，清晰无沉淀。沙门菌阳性；宋内志贺菌阴性。

（二十三）丙二酸钠培养基

1. 用途　用于沙门菌的生化鉴定（GB 4789.4—2024）。

2. 培养基配方　酵母浸粉 1.0g，硫酸铵 2.0g，磷酸氢二钾 0.6g，磷酸二氢钾 0.4g，氯化钠 2.0g，丙二酸钠 3.0g，溴麝香草酚蓝 0.025g，蒸馏水 1000ml，pH（25℃）6.8±0.2。

3. 制法　将各成分加入蒸馏水中，搅匀后加热溶解，必要时调节 pH，分装后 121℃高压灭菌 15 分钟。灭菌后的培养基在 25℃的 pH 为 6.8±0.2。

4. 试验方法　用新鲜培养物接种于丙二酸钠培养基，（36±1）℃培养 48 小时，观察结果。培养基变蓝色者为阳性。

5. 质量控制　此培养基呈绿色，清晰无沉淀。产气肠杆菌阳性，鼠伤寒沙门菌阴性。

（二十四）志贺菌增菌肉汤-新生霉素

1. 用途　用于志贺菌的选择性增菌培养（GB 4789.5—2012）。

2. 培养基配方

（1）志贺菌增菌肉汤　胰蛋白胨 20.0g，葡萄糖 1.0g，磷酸氢二钾 2.0g，磷酸二氢钾 2.0g，氯化钠 5.0g，吐温 80（Tween80）1.5ml，蒸馏水 1000.0ml。

（2）新生霉素溶液　新生霉素 250mg，蒸馏水 1000ml。

3. 制法　将志贺菌增菌肉汤各成分混合加热溶解，冷却至 25℃左右校正 pH 至 7.0±0.2，分装适当的容器，121℃灭菌 15 分钟。将新生霉素溶解于蒸馏水中，用 0.22μm 滤膜过滤除菌，如不立即使用，在 2～8℃条件下可储存一个月。

临用时每 225ml 志贺菌增菌肉汤加入 5ml 新生霉素溶液，混匀。

4. 质量控制　此培养基呈淡黄色，清晰无沉淀。志贺菌生长良好，金黄色葡萄球菌生长受抑制。

（二十五）麦康凯（MC）琼脂

1. 用途　用于志贺菌的分离培养（GB 4789.5—2012）。

2. 培养基配方　蛋白胨 20.0g，乳糖 10.0g，3 号胆盐 1.5g，氯化钠 5.0g，中性红 0.03g，结晶紫 0.001g，琼脂 15.0g，蒸馏水 1000.0ml，pH（25℃）7.2±0.2。

3. 制法　将以上成分混合加热溶解，冷却至 25℃左右校正 pH 至 7.2±0.2，分装。121℃高压灭菌 15 分钟，冷却至 45～50℃，倾注平板。如不立即使用，在 2～8℃条件下可贮存两周。

4. 质量控制 此培养基呈红色，清晰无沉淀。志贺菌生长良好，淡粉红色菌落；粪肠球菌生长受抑制。

（二十六）木糖赖氨酸脱氧胆盐（XLD）琼脂

1. 用途 用于志贺菌的选择性分离（GB 4789.5—2012）。

2. 培养基配方 酵母膏 3.0g，L - 赖氨酸 5.0g，木糖 3.75g，乳糖 7.5g，蔗糖 7.5g，脱氧胆酸钠 1.0g，氯化钠 5.0g，硫代硫酸钠 6.8g，枸橼酸铁铵 0.8g，酚红 0.08g，琼脂 15.0g，蒸馏水 1000.0ml，pH（25℃）7.4 ±0.2。

3. 制法 除酚红和琼脂外，将其他成分加入 400ml 蒸馏水中，煮沸溶解，校正 pH 至 7.4 ±0.2。另将琼脂加入 600ml 蒸馏水中，煮沸溶解。将上述两溶液混合均匀后，再加入指示剂，待冷至 50～55℃ 倾注平板。

注：本培养基不需要高压灭菌，在制备过程中不宜过分加热，避免降低其选择性，贮于室温暗处。本培养基宜于当天制备，第二天使用。使用前必须去除平板表面上的水珠，在 37～55℃ 温度下，琼脂面向下、平板盖亦向下烘干。另外如配制好的培养基不立即使用，在 2～8℃ 条件下可储存二周。

4. 质量控制 此培养基呈红色，清晰无沉淀。鼠伤寒沙门菌呈红色菌落有黑心；宋内志贺菌呈红色菌落；大肠埃希菌呈黄色菌落；金黄色葡萄球菌生长受抑制。

（二十七）志贺菌显色培养基

1. 用途 用于志贺菌的选择性分离和初步鉴别（GB 4789.5—2012）。

2. 培养基配方 基础培养基，蛋白胨 9.0g，酵母浸粉 3.0g，氯化钠 5.0g，糖类 15.0g，琼脂 15.0g，酚红 0.1g，混合色素 2.1g，抑制剂 2.0g，添加剂 10.0g，蒸馏水 1000ml，pH（25℃）6.8 ± 0.2，配套试剂 10g。

3. 制法 将上述成分加热溶解，调节 pH 至 6.8 ±0.2，分装，不需灭菌。用 30ml 蒸馏水或去离子水溶解 1 瓶配套试剂，充分混匀直至溶液变成淡黄色，使用 0.45μm 的滤膜过滤除菌，无菌操作加入到已冷却至 50～55℃ 的 970ml 培养基中，约50℃时，倾注灭菌平板。

注：本培养基不需要高压灭菌，在制备过程中不宜过分加热，避免降低其选择性，贮于室温暗处。如不立即使用，在 2～8℃ 条件下可贮存一周。

4. 质量控制 此培养基呈红色，清晰无沉淀。志贺菌呈白色至粉红色的菌落，周围培养基变为红色；大肠埃希菌呈黄色菌落，有清晰环，无色素沉淀圈；产气肠杆菌呈绿色菌落，无环和沉淀圈；金黄色葡萄球菌生长受抑制。

（二十八）营养琼脂斜面

1. 用途 用于细菌的纯培养（GB 4789.5—2012，GB 4789.10—2016）。

2. 培养基配方 蛋白胨 10.0g，牛肉浸粉 3.0g，氯化钠 5.0g，琼脂 15.0g，蒸馏水 1000ml，pH（25℃）7.0 ±0.2。

3. 制法 将除琼脂以外的各成分溶解于蒸馏水内，加入 15% 氢氧化钠溶液约 2ml，冷却至 25℃ 左右校正 pH 至 7.0 ±0.2。加入琼脂，加热煮沸，使琼脂溶化。分装小号试管，每管约3ml。于121℃灭菌 15 分钟，制成斜面。

4. 质量控制 此培养基呈浅黄色，清晰无沉淀。志贺菌、金黄色葡萄球菌生长良好。

（二十九）葡萄糖铵培养基

1. 用途 用于志贺菌的生化鉴定（GB 4789.5—2012）。

2. 培养基配方 氯化钠 5.0g，硫酸镁（$MgSO_4 \cdot 7H_2O$）0.2g，磷酸二氢铵 1.0g，磷酸氢二钾

1.0g，葡萄糖2.0g，琼脂20.0g，0.2%溴麝香草酚蓝水溶液40.0ml，蒸馏水1000.0ml，pH（25℃）6.8±0.2。

3. 制法　先将盐类和糖溶解于水内，校正pH至6.8±0.2，再加琼脂加热溶解，然后加入指示剂。混合均匀后分装试管，121℃高压灭菌15分钟，制成斜面备用。

4. 试验方法　用接种针轻轻触及培养物的表面，在盐水管内做成极稀的悬液，肉眼观察不到浑浊，以每一接种环内含菌数在20~100为宜。将接种环灭菌后挑取菌液接种，同时再以同法接种普通斜面一支作为对照。于（36±1）℃培养24小时。阳性者葡萄糖铵斜面上有正常大小的菌落生长；阴性者不生长，但在对照培养基上生长良好。如在葡萄糖铵斜面生长极微小的菌落可视为阴性结果。

注：容器使用前应用清洁液浸泡。再用清水、蒸馏水冲洗干净，并用新棉花做成棉塞，干热灭菌后使用。如果操作时不注意，有杂质污染时，易造成假阳性的结果。

5. 质量控制　此培养基呈绿色，无絮状物及沉淀。大肠埃希菌阳性，培养基变黄色；志贺菌阴性，培养基不变色。

（三十）黏液酸盐培养基

1. 用途　用于志贺菌的生化鉴定（GB 4789.5—2012）。

2. 测试肉汤

（1）培养基配方　酪蛋白胨10.0g，溴麝香草酚蓝溶液0.024g，蒸馏水1000.0ml，黏液酸10.0g。

（2）制法　慢慢加入5mol/L氢氧化钠以溶解黏液酸，混匀。其余成分加热溶解，加入上述黏液酸，冷却到25℃左右校正pH至7.4±0.2，分装试管，每管约5ml，于121℃高压灭菌10分钟。

3. 质控肉汤

（1）培养基配方　酪蛋白胨10.0g，溴麝香草酚蓝溶液0.024g，蒸馏水1000.0ml。

（2）制法　所有成分加热溶解，冷却到25℃左右，校正pH至7.4±0.2，分装试管，每管约5ml，于121℃高压灭菌10分钟。

4. 试验方法　将待测新鲜培养物接种测试肉汤和质控肉汤，于（36±1）℃培养48小时观察结果。肉汤颜色蓝绿色不变则为阴性结果，黄色或稻草色为阳性结果。

5. 质量控制　此培养基呈蓝绿色，无絮状物及沉淀。测试肉汤大肠埃希菌阳性，培养基变黄色；福氏志贺菌阴性，肉汤颜色蓝绿色不变；质控肉汤大肠埃希菌和福氏志贺菌均为蓝绿色不变。

（三十一）7.5%氯化钠肉汤

1. 用途　用于金黄色葡萄球菌的选择性增菌培养（GB 4789.10—2016）。

2. 培养基配方　蛋白胨10.0g，牛肉浸粉5.0g，氯化钠75.0g，蒸馏水1000ml，pH（25℃）7.4±0.2。

3. 制法　将上述成分加热溶解，调节pH至7.4±0.2，分装，每瓶225ml，121℃高压灭菌15分钟。

4. 质量控制　此培养基呈淡黄色，清晰无沉淀。金黄色葡萄球菌生长良好，大肠埃希菌生长受抑制。

（三十二）血琼脂平板

1. 用途　用于金黄色葡萄球菌的溶血鉴别试验（GB 4789.10—2016）。

2. 培养基配方

（1）豆粉琼脂（血琼脂基础）　牛心浸粉15.0g，氯化钠5.0g，豌豆浸粉3.0g，琼脂15.0g，蒸馏水1000ml，pH（25℃）7.5±0.2。

（2）血琼脂平板　豆粉琼脂100ml，脱纤维羊血（或兔血）5~10ml。

3. 制法　将豆粉琼脂各成分加热溶解，调节pH至7.5±0.2，分装，每瓶100ml，121℃高压灭菌

15 分钟。冷却至 50℃，以无菌操作加入脱纤维羊血，摇匀，倾注平板。

4. 质量控制 此培养基呈红色，不透明。金黄色葡萄球菌 β 溶血环，普通大肠埃希菌不溶血。

（三十三）Bird – Prker 琼脂平板

1. 用途 用于金黄色葡萄球菌的选择性计数培养（GB 4789.10—2016）。

2. 培养基配方 胰蛋白胨 10.0g，牛肉膏 5.0g，酵母膏 1.0g，丙酮酸钠 10.0g，甘氨酸 12.0g，氯化锂（LiCl·6H_2O）5.0g，琼脂 20.0g，蒸馏水 950ml，pH（25℃）7.0±0.2。

3. 增菌剂配法 30% 卵黄盐水 50ml 与经 0.22μm 滤膜过滤除菌的 1% 亚碲酸钾溶液 10ml 混合，保存于冰箱内。

4. 制法 将各成分加到蒸馏水中，加热煮沸至完全溶解，调节 pH 至 7.0±0.2。分装每瓶 95ml，121℃ 高压灭菌 15 分钟。临用时加热溶化琼脂，冷至 50℃，每 95ml 加入预热至 50℃ 的卵黄亚碲酸钾增菌剂 5ml，摇匀后倾注平板。培养基应是致密不透明的。使用前在冰箱贮存不得超过 48 小时。

5. 质量控制 此培养基呈黄色，清晰无沉淀，加入增菌剂后，不透明。金黄色葡萄球菌黑色凸起菌落，周围为一浑浊带，在其外层有一透明圈；表皮葡萄球菌黑色菌落，无浑浊带和透明圈；大肠埃希菌生长受抑制。

（三十四）脑心浸出液肉汤（BHI）

1. 用途 用于金黄色葡萄球菌的培养（GB 4789.10—2016）。

2. 培养基配方 胰蛋白质胨 10.0g，氯化钠 5.0g，磷酸氢二钠（12H_2O）2.5g，葡萄糖 2.0g，牛心浸出液 500ml，pH（25℃）7.4±0.2。

3. 制法 加热溶解，调节 pH 至 7.4±0.2，分装 16mm×160mm 试管，每管 5ml，置 121℃ 灭菌 15 分钟。

4. 质量控制 此培养基呈黄色，清晰无沉淀。金黄色葡萄球菌生长良好。

（三十五）庖肉培养基

1. 用途 用于肉毒梭菌的增菌培养（GB 4789.12—2016）。

2. 培养基配方 新鲜牛肉 500.0g，蛋白胨 30.0g，酵母浸膏 5.0g，磷酸二氢钠 5.0g，葡萄糖 3.0g，可溶性淀粉 2.0g，蒸馏水 1000ml，pH（25℃）7.4±0.1。

3. 制法 称取新鲜除去脂肪与筋膜的牛肉 500.0g，切碎，加入蒸馏水 1000ml 和 1mol/L 氢氧化钠溶液 25ml，搅拌煮沸 15 分钟，充分冷却，除去表层脂肪，纱布过滤并挤出肉渣余液，分别收集肉汤和碎肉渣。在肉汤中加入培养基配方中其他物质并用蒸馏水补足至 1000ml，调节 pH 至 7.4±0.1，肉渣晾至半干。在 20mm×150mm 试管中先加入碎肉渣 1~2cm 高，每管加入还原铁粉 0.1~0.2g 或少许铁屑，再加入配制肉汤 15ml，最后加入液体石蜡覆盖培养基 0.3~0.4cm，121℃ 高压蒸汽灭菌 20 分钟。

4. 质量控制 此试剂呈淡黄色，有少量沉淀。肉毒梭菌生长良好，产气。

（三十六）胰蛋白酶胰蛋白胨葡萄糖酵母浸粉肉汤（TPGYT）

1. 用途 用于肉毒梭菌的增菌培养及毒素试验（GB 4789.12—2016）。

2. 培养基配方

（1）基础成分（TPGY 肉汤） 胰酪胨 50.0g，蛋白胨 5.0g，酵母浸膏 20.0g，葡萄糖 4.0g，硫乙醇酸钠 1.0g，蒸馏水 1000.0ml，pH（25℃）7.2±0.1。

（2）胰酶液 称取胰酶（1:250）15g，加入 100ml 蒸馏水中溶解，过滤除菌，4℃ 保存备用。

3. 制法 将基础成分溶于蒸馏水中，调节 pH 至 7.2±0.1，分装 20mm×150mm 试管，每管 15ml，加入液体石蜡覆盖培养基 0.3~0.4cm，121℃ 高压蒸汽灭菌 10 分钟。冰箱冷藏，两周内使用。临用接种样品时，每管加入胰酶液 1.0ml。

注：TPGYT 增菌液的毒素试验无须添加胰酶处理。

4. 质量控制　此培养基呈淡黄色，清晰无沉淀。肉毒梭菌生长良好。

（三十七）卵黄琼脂培养基

1. 用途　用于肉毒梭菌的分离与纯化培养（GB 4789.12—2016）。

2. 培养基配方

（1）基础培养基成分　酵母浸膏 5.0g，胰胨 5.0g，胨胨（proteose peptone）20.0g，氯化钠 5.0g，琼脂 20.0g，蒸馏水 1000ml，pH（25℃）7.0±0.2。

（2）卵黄乳液　用硬刷清洗鸡蛋 2～3 个，沥干，杀菌消毒表面，无菌打开，取出内容物，弃去蛋白，用无菌注射器吸取蛋黄，放入无菌容器中，加等量无菌生理盐水，充分混合调匀，4℃保存备用。

3. 制法　将基础培养基成分中各成分溶于蒸馏水中，调节 pH 至 7.0±0.2，分装锥形瓶，121℃高压蒸汽灭菌 15 分钟，冷却至 50℃左右，按每 100ml 基础培养基加入 15ml 卵黄乳液，充分混匀，倾注平板，35℃培养 24 小时进行无菌检查后，冷藏备用。

4. 质量控制　此培养基呈淡黄色，清晰无沉淀，加入卵黄乳液后，不透明。肉毒梭菌在菌落周围形成乳色沉淀晕圈，在斜视光下观察，菌落表面呈现珍珠样虹彩，这种光泽区可随蔓延生长扩散到不规则边缘区外的晕圈。

（三十八）含 0.6% 酵母浸膏的胰酪胨大豆肉汤（TSB－YE）

1. 用途　用于李斯特菌的增菌培养（GB 4789.30—2016）。

2. 培养基配方　胰胨 17.0g，多价胨 3.0g，酵母膏 6.0g，氯化钠 5.0g，磷酸氢二钾 2.5g，葡萄糖 2.5g，蒸馏水 1000ml，pH（25℃）7.2±0.2。

3. 制法　将上述各成分加热搅拌溶解，调节 pH 至 7.2±0.2，分装，121℃高压灭菌 15 分钟，备用。

4. 质量控制　此培养基呈黄色，清晰无沉淀。李斯特菌生长良好。

（三十九）含 0.6% 酵母浸膏的胰酪胨大豆琼脂（TS－YE）

1. 用途　用于李斯特菌的分离与培养（GB 4789.30—2016）。

2. 培养基配方　胰胨 17.0g，多价胨 3.0g，酵母膏 6.0g，氯化钠 5.0g，磷酸氢二钾 2.5g，葡萄糖 2.5g，琼脂 15.0g，蒸馏水 1000ml，pH（25℃）7.2±0.2。

3. 制法　将上述各成分加热搅拌溶解，调节 pH 至 7.2±0.2，分装，121℃高压灭菌 15 分钟，备用。

4. 质量控制　此培养基呈黄色，清晰无沉淀。李斯特菌生长良好。

（四十）李氏增菌肉汤（LB_1，LB_2）

1. 用途　用于李斯特菌的选择性增菌培养（GB 4789.30—2016）。

2. 培养基配方

（1）基础配方　胰胨 5.0g，多价胨 5.0g，酵母膏 5.0g，氯化钠 20.0g，磷酸二氢钾 1.4g，磷酸氢二钠 12.0g，七叶苷 1.0g，蒸馏水 1000ml，pH（25℃）7.2±0.2。

（2）李氏Ⅰ液（LB_1）225ml 中加入：1% 萘啶酮酸（用 0.05mol/L 氢氧化钠溶液配制）0.5ml，1% 吖啶黄（用无菌蒸馏水配制）0.3ml。

（3）李氏Ⅱ液（LB_2）200ml 中加入：1% 萘啶酮酸 0.4ml，1% 吖啶黄 0.5ml。

3. 制法　将基础配方中上述各成分加热搅拌溶解，调节 pH 至 7.2±0.2，分装，121℃高压灭菌 15 分钟，等冷却至室温，可加入上述对应成分分别配制成 LB_1 和 LB_2 培养基。

4. 质量控制 此试剂呈浅黄色,表面有蓝环,清晰无沉淀。李斯特菌生长良好,大肠埃希菌和粪肠球菌生长受抑制。

(四十一) PLCM 琼脂

1. 用途 用于李斯特菌的选择性分离与培养(GB 4789.30—2016)。

2. 培养基配方

(1)基础配方 酵母膏 8.0g,葡萄糖 0.5g,七叶苷 0.8g,枸橼酸铁铵 0.5g,甘露醇 10.0g,酚红 0.1g,氯化锂 15.0g,酪蛋白胰酶消化物 10.0g,心胰酶消化物 3.0g,玉米淀粉 1.0g,肉胃酶消化物 5.0g,氯化钠 5.0g,琼脂 15.0g,蒸馏水 1000ml,pH(25℃)7.2±0.2。

(2)PLCM 选择性添加剂 多黏菌素 B 5.0mg,盐酸吖啶黄 2.5mg,头孢他啶 10.0mg,无菌蒸馏水 500ml。

3. 制法 将基础配方中上述各成分加热搅拌溶解,调节 pH 至 7.2±0.2,分装,121℃高压灭菌 15 分钟,等冷却至约 50℃,加入 2ml PALCAM 选择性添加剂,混匀后倾倒在无菌的平板中,备用。

4. 质量控制 此培养基呈红色,清晰无沉淀。李斯特菌生长良好,大肠埃希菌和粪肠球菌生长受抑制。

(四十二) SIM 动力培养基

1. 用途 用于李斯特菌的鉴定实验(GB 4789.30—2016)。

2. 培养基配方 胰胨 20.0g,多价胨 6.0g,硫酸铁铵 0.2g,硫代硫酸钠 0.2g,琼脂 3.5g,蒸馏水 1000ml,pH(25℃)7.2±0.2。

3. 制法 将上述各成分加热搅拌溶解,调节 pH 至 7.2±0.2,分装小试管,121℃高压灭菌 15 分钟,备用。

4. 试验方法 挑取纯培养的单个可疑菌落穿刺接种到 SIM 培养基中,于 25～30℃培养 48 小时,观察结果。

5. 质量控制 此培养基呈淡黄色,清晰无沉淀。李斯特菌有动力阳性,呈伞状生长,硫化氢阴性;金黄色葡萄球菌动力阴性,硫化氢阴性;鼠伤寒沙门菌动力阳性,硫化氢阳性。

(四十三) 缓冲葡萄糖蛋白胨水

1. 用途 用于细菌的 MR 和 VP 试验(GB 4789.30—2016,GB 4789.7—2013,GB 4789.14—2014)。

2. 培养基配方 多价胨 7.0g,葡萄糖 5.0g,磷酸氢二钾 5.0g,蒸馏水 1000ml,pH(25℃)7.0±0.2。

3. 制法 将上述各成分加热搅拌溶解,调节 pH 至 7.2±0.2,分装小试管,每管 1ml,121℃高压灭菌 15 分钟,备用。

4. 质量控制 此培养基呈淡黄色,清晰无沉淀。细菌生长良好。

(四十四) 血琼脂

1. 用途 用于李斯特菌的溶血鉴定实验(GB 4789.30—2016)。

2. 培养基配方 蛋白胨 1.0g,牛肉浸粉 0.3g,氯化钠 0.5g,琼脂 1.5g,蒸馏水 100ml,脱纤维羊血 5～8ml,pH(25℃)7.3±0.2。

3. 制法 除新鲜脱纤维羊血外,将上述各成分加热搅拌溶解,调节 pH 至 7.3±0.2,121℃高压灭菌 15 分钟,冷到约 50℃,以无菌操作加入新鲜脱纤维羊血,摇匀,倾注平板。

4. 试验方法 挑取纯培养的单个可疑菌落点种接种到培养基中,于 25～30℃培养 48 小时,观察结果。

5. 质量控制 此培养基呈红色，清晰无沉淀。单核细胞增生李斯特菌阳性，菌落周围有窄小 β 溶血环；英诺克李斯特菌阴性，菌落周围无溶血环。

（四十五）李斯特菌显色培养基

1. 用途 用于分离和初步鉴别单增李斯特菌和其他李斯特菌（GB 4789.30—2016）。

2. 培养基配方

（1）基础配方 蛋白胨 28.0g，胰酪胨 6.0g，琼脂粉 15.0g，氯化钠 5.0g，色素 2.1g，抑制剂 15.0g，蒸馏水 1000ml，pH（25℃）7.0±0.2。

（2）配套试剂 A。

（3）配套试剂 B。

3. 制法 将基础配方中上述各成分加热搅拌溶解，调节 pH 至 7.0±0.2，分装，121℃高压灭菌 15 分钟，冷至约 50℃，备用。配套试剂 A：称取 2g 加入 40ml 冷的蒸馏水充分混匀成均一悬浊液，15 分钟高压蒸汽灭菌，冷至约 50℃，备用。配套试剂 B：每支加入 1ml 无菌蒸馏水充分溶解。将配套试剂 A 和 B 加入 100ml 基础配方中充分混匀倾注平板，备用。

4. 质量控制 此培养基呈淡黄色，清晰无沉淀，加配套试剂后，有少量沉淀不透明。单核细胞增生李斯特菌，蓝绿色光滑规则小菌落，周围有乳白色脂肪沉淀环；英诺克李斯特菌，蓝绿色光滑规则小菌落；大肠埃希菌和粪肠球菌生长受抑制。

（四十六）3%氯化钠碱性蛋白胨水

1. 用途 用于副溶血性弧菌增菌培养（GB 4789.7—2013）。

2. 培养基配方 蛋白胨 10.0g，氯化钠 30.0g，蒸馏水 1000ml，pH（25℃）8.5±0.2。

3. 制法 将上述成分溶于蒸馏水中，调节 pH 至 8.5±0.2，分装后，121℃高压灭菌 10 分钟。

4. 质量控制 此培养基呈淡黄色，清晰无沉淀。副溶血性弧菌生长良好。

（四十七）硫代硫酸盐－枸橼酸盐－胆盐－蔗糖（TCBS）琼脂

1. 用途 用于肠道致病性弧菌特别是霍乱弧菌和副溶血性弧菌的选择性分离培养（GB 4789.7—2013）。

2. 培养基配方 蛋白胨 10.0g，酵母浸膏 5.0g，枸橼酸钠（$C_6H_5O_7N_3 \cdot 2H_2O$）10.0g，硫代硫酸钠（$Na_2S_2O_3 \cdot 5H_2O$）10.0g，氯化钠 10.0g，牛胆汁粉 5.0g，枸橼酸铁 1.0g，胆酸钠 3.0g，蔗糖 20.0g，溴麝香草酚蓝 0.04g，麝香草酚蓝 0.04g，琼脂 15.0g，蒸馏水 1000ml，pH（25℃）8.6±0.2。

3. 制法 将上述成分溶于蒸馏水中，调节 pH 至 8.6±0.2，分装后，加热煮沸至完全溶解，冷至 50℃左右倾注平板，备用。

4. 质量控制 此培养基呈绿色，无絮状物及沉淀。霍乱弧菌和副溶血性弧菌生长良好，大肠埃希菌生长受抑制。

（四十八）弧菌显色培养基

1. 用途 用于水产品及食物中毒样品中弧菌特别是副溶血性弧菌的分离和鉴定（GB 4789.7—2013）。

2. 培养基配方 蛋白胨 18.8g，酵母浸粉 5.0g，氯化钠 10.0g，蔗糖 20.0g，抑菌剂 1.5g，琼脂 13.0g，混合色素 3.0g，蒸馏水 1000ml，pH（25℃）9.0±0.2。

3. 制法 将上述成分溶于蒸馏水中，调节 pH 至 9.0±0.2，分装后，加热煮沸至完全溶解，冷至 50℃左右倾注平板，备用。

4. 质量控制 此培养基呈淡黄色，清晰无沉淀。副溶血性弧菌菌落呈紫红色；霍乱弧菌菌落呈蓝绿色；大肠埃希菌和粪肠球菌生长受抑制。

（四十九）3％氯化钠胰蛋白胨大豆琼脂

1. 用途　用于副溶血性弧菌的生长试验（GB 4789.7—2013）。

2. 培养基配方　胰蛋白胨 15.0g，大豆蛋白胨 5.0g，氯化钠 30.0g，琼脂 15.0g，蒸馏水 1000ml，pH（25℃）7.3±0.2。

3. 制法　将上述成分溶于蒸馏水中，调节 pH 至 7.3±0.2，分装后，121℃高压灭菌 15 分钟。

4. 质量控制　此培养基呈淡黄色，清晰无沉淀。副溶血性弧菌生长良好。

（五十）3％氯化钠三糖铁琼脂

1. 用途　用于鉴别副溶血性弧菌的生化反应（GB 4789.7—2013）。

2. 培养基配方　胰蛋白胨 15.0g，大豆蛋白胨 5.0g，氯化钠 30.0g，琼脂 15.0g，蒸馏水 1000ml，pH（25℃）7.4±0.2。

3. 制法　将上述成分溶于蒸馏水中，调节 pH 至 7.4±0.2，分装到适当容量的试管中，121℃高压灭菌 15 分钟，制成高层斜面，斜面长 4~5cm，高层深度为 2~3cm。

4. 质量控制　此培养基呈红色，清晰无沉淀。副溶血性弧菌斜面变红，底部变黄；溶藻弧菌斜面和底部均变黄。

（五十一）我妻血琼脂

1. 用途　用于副溶血性弧菌的神奈川试验（GB 4789.7—2013）。

2. 培养基配方

（1）基础培养基成分　酵母浸粉 3.0g，蛋白胨 100g，氯化钠 70.0g，磷酸氢二钾 5.0g，甘露醇 10.0g，结晶紫 1.0mg，琼脂 15.0g，蒸馏水 950ml，pH（25℃）8.0±0.2。

（2）添加试剂成分　兔血红细胞（含抗凝剂）50ml。

3. 制法　将上述成分溶于蒸馏水中，搅拌加热煮沸至完全溶解，调节 pH 至 8.0±0.2，加热至 100℃，保持 30 分钟，冷至 45~50℃，与 50ml 预先洗涤的新鲜人或兔红细胞（含抗凝血剂）混合，倾注平板。彻底干燥平板，尽快使用。

4. 质量控制　此培养基呈红色，无絮状物及沉淀。副溶血性弧菌 ATCC 33847 有溶血现象；副溶血性弧菌 ATCC 17802 无溶血现象。

（五十二）嗜盐性试验培养基

1. 用途　用于鉴别副溶血性弧菌的嗜盐性反应（GB 4789.7—2013）。

2. 培养基配方　胰蛋白胨 10.0g，氯化钠按不同量加入，蒸馏水 1000ml，pH（25℃）7.2±0.2。

3. 制法　将上述成分溶于蒸馏水中，调节 pH 至 7.2±0.2，共配制 5 瓶，每瓶 100ml。每瓶分别加入不同量的氯化钠：0、3g、6g、8g、10g。分装试管，121℃高压灭菌 15 分钟。

4. 质量控制　此培养基呈淡黄色，清晰无沉淀。副溶血性弧菌在不含氯化钠及 10g 时不生长，其余浓度生长；霍乱弧菌在不加时生长；溶藻弧菌 10g 时生长。

（五十三）3％氯化钠甘露醇试验培养基

1. 用途　用于鉴别副溶血性弧菌的生化反应（GB 4789.7—2013）。

2. 培养基配方　牛肉膏 5.0g，蛋白胨 10.0g，氯化钠 30.0g，磷酸氢二钠（$Na_2HPO_4 \cdot 12H_2O$）2.0g，甘露醇 5.0g，溴麝香草酚蓝 0.024g，蒸馏水 1000ml，pH（25℃）7.4±0.2。

3. 制法　将上述成分溶于蒸馏水中，调节 pH 至 7.4±0.2，分装每瓶 100ml，121℃高压灭菌 10 分钟。另配 10％甘露醇溶液，同时高压灭菌。将 5ml 糖溶液加入于 100ml 培养基内，以无菌操作分装小试管。

4. 试验方法　从琼脂斜面上挑取培养物接种，于（36±1）℃培养不少于24小时，观察结果。甘露醇阳性者培养物呈黄色，阴性者为绿色或蓝色。

5. 质量控制　此培养基呈蓝绿色，清晰无沉淀。副溶血性弧菌阳性；普通变形杆菌阴性。

（五十四）3%氯化钠赖氨酸脱羧酶试验培养基

1. 用途　用于鉴别副溶血性弧菌的生化反应（GB 4789.7—2013）。

2. 培养基配方　蛋白胨5.0g，酵母浸膏3.0g，葡萄糖1.0g，溴甲酚紫0.02g，L-赖氨酸5.0g，氯化钠30.0g，蒸馏水1000ml，pH（25℃）6.8±0.2。

3. 制法　除赖氨酸以外的成分溶于蒸馏水中，调节pH至6.8±0.2，再按0.5%的比例加入赖氨酸，对照培养基不加赖氨酸。分装小试管，每管0.5ml，121℃高压灭菌15分钟。

4. 试验方法　从琼脂斜面上挑取培养物接种，于（36±1）℃培养不少于24小时，观察结果。赖氨酸脱羧酶阳性者由于产碱中和葡萄糖产酸，故培养基仍应呈紫色。阴性者无碱性产物，但因葡萄糖产酸而使培养基变为黄色。对照管应为黄色。

5. 质量控制　此培养基呈紫色，清晰无沉淀。副溶血性弧菌阳性；普通变形杆菌阴性。

（五十五）3%氯化钠MR-VP培养基

1. 用途　用于副溶血性弧菌的VP试验（GB 4789.7—2013）。

2. 培养基配方　多胨7.0g，葡萄糖5.0g，磷酸氢二钾（K_2HPO_4）5.0g，氯化钠30.0g，蒸馏水1000ml，pH（25℃）6.9±0.2。

3. 制法　将上述各成分加热搅拌溶解，调节pH至6.9±0.2，分装小试管，每管1ml，121℃高压灭菌15分钟，备用。

4. 质量控制　此培养基呈淡黄色，清晰无沉淀。副溶血性弧菌生长良好，滴加VP试剂后，副溶血性弧菌阴性；溶藻弧菌阳性。

（五十六）ONPG试剂

1. 用途　用于细菌的β-D-半乳糖苷酶试验（GB 4789.7—2013）。

2. 培养基配方

（1）缓冲液　磷酸二氢钠（$NaH_2PO_4 \cdot H_2O$）6.9g，蒸馏水加至50.0ml，pH（25℃）7.0±0.2。

（2）ONPG溶液　邻硝基酚-β-D-半乳糖苷（ONPG）0.08g，蒸馏水15.0ml，缓冲液5.0ml。

3. 制法　将磷酸二氢钠溶于蒸馏水中，校正pH至7.0，缓冲液置2~5℃冰箱保存。将ONPG在37℃的蒸馏水中溶解，加入缓冲液。ONPG溶液置冰箱保存。试验前，将所需用量的ONPG溶液加热至37℃。

4. 试验方法　将待检培养物接种3%氯化钠三糖铁琼脂，（36±1）℃培养18小时，挑取1满环新鲜培养物接种于0.25ml 3%氯化钠溶液，在通风橱中滴加1滴甲苯，摇匀后置37℃水浴5分钟，加0.25ml ONPG溶液，（36±1）℃培养观察24小时。阳性结果呈黄色，阴性结果则24小时不变色。

5. 质量控制　此培养基呈淡黄色，清晰无沉淀。副溶血性弧菌阴性；霍乱弧菌阳性。

（五十七）改良月桂基硫酸盐胰蛋白胨肉汤-万古霉素（mLST-Vm）

1. 用途　用于克罗诺杆菌的选择性增菌培养（GB 4789.40—2024）。

2. 培养基配方

（1）基础培养基　氯化钠34.0g，胰蛋白胨20.0g，乳糖5.0g，磷酸二氢钾2.75g，磷酸氢二钾2.75g，十二烷基硫酸钠0.1g，蒸馏水1000ml，pH（25℃）6.8±0.2。

（2）万古霉素溶液　万古霉素 10.0mg，蒸馏水 10ml。

3. 制法　将上述基础培养基成分溶于蒸馏水中，加热搅拌至溶解，调节 pH 至 6.8 ± 0.2，分装每管 10ml，121℃ 高压灭菌 15 分钟，备用。10.0mg 万古霉素溶解于 10.0ml 蒸馏水，过滤除菌。万古霉素溶液可以在 0 ~ 5℃ 保存 15 天。把冷却至约 50℃ 的每 10ml mLST 加入万古霉素溶液 0.1ml，混合液中万古霉素的终浓度为 10μg/ml。

注：mLST – Vm 必须在 24 小时之内使用。

4. 质量控制　此培养基呈淡黄色，清晰无沉淀。克罗诺杆菌（阪崎肠杆菌）生长良好；粪肠球菌生长受抑制。

（五十八）胰蛋白胨大豆琼脂（TSA）

1. 用途　用于克罗诺杆菌的培养及产色素实验（GB 4789.40—2024）。

2. 培养基配方　胰蛋白胨 15.0g，植物蛋白胨 5.0g，氯化钠 5.0g，琼脂 15.0g，蒸馏水 1000ml，pH（25℃）7.3 ± 0.2。

3. 制法　将上述成分溶于蒸馏水中，加热搅拌至溶解，煮沸 1 分钟，调节 pH 至 7.3 ± 0.2，121℃ 高压灭菌 15 分钟，备用。

4. 质量控制　此培养基呈淡黄色，清晰无沉淀。克罗诺杆菌（阪崎肠杆菌）生长良好，产黄色色素。

（五十九）糖类发酵培养基

1. 用途　用于克罗诺杆菌的糖类发酵实验（GB 4789.40—2024）。

2. 培养基配方

（1）基础培养基　酪蛋白（酶消化）10.0g，氯化钠 3.0g，酚红 0.02g，蒸馏水 1000ml，pH（25℃）6.8 ± 0.2。

（2）糖类溶液　D – 山梨醇、L – 鼠李糖、D – 蔗糖、D – 蜜二糖、苦杏仁苷等糖类成分各 8.0g，蒸馏水 100ml。

（3）完全培养基　基础培养基 875ml，糖类溶液 125ml。

3. 制法　将基础培养基各成分加热溶解，必要时调节 pH 至 6.8 ± 0.2，每管分装 5ml，121℃ 高压 15 分钟。分别称取 D – 山梨醇、L – 鼠李糖、D – 蔗糖、D – 蜜二糖、苦杏仁苷等糖类成分各 8g，溶于 100ml 蒸馏水中，过滤除菌，制成 80mg/ml 的糖类溶液。无菌操作，将每种糖类溶液加入基础培养基，混匀，分装到无菌试管中，每管 10ml。

4. 试验方法　挑取培养物接种于各种糖类发酵培养基，刚好在液体培养基的液面下，（30 ± 1）℃ 培养（24 ± 2）小时，观察结果。糖类发酵试验阳性者，培养基呈黄色；阴性者为红色。

5. 质量控制　此培养基呈红色，清晰无沉淀。

（六十）西蒙枸橼酸盐培养基

1. 用途　用于细菌的枸橼酸盐利用实验（GB 4789.5—2012，GB 4789.40—2024，GB 4789.14—2014）。

2. 培养基配方　枸橼酸钠 1.0 ~ 5.0g，氯化钠 5.0g，磷酸氢二钾 1.0g，磷酸二氢铵 1.0g，硫酸镁 0.2g，溴百里香酚蓝 0.08g，琼脂 10.0 ~ 18.0g，蒸馏水 1000ml，pH（25℃）6.8 ± 0.2。

3. 制法　将各成分加热溶解，必要时调节 pH 至 6.8 ± 0.2，每管分装 10ml，121℃ 高压灭菌 15 分钟，制成斜面。

4. 试验方法　挑取培养物接种于整个培养基斜面，（36 ± 1）℃ 培养（24 ± 2）小时，观察结果。阳性者培养基变为蓝色。

5. 质量控制　此培养基呈绿色，清晰无沉淀。克罗诺杆菌阳性；宋内志贺菌阴性。

（六十一）克罗诺杆菌显色培养基

1. 用途　供婴儿乳粉以及其他食品中克罗诺杆菌的鉴定和计数（GB 4789.40—2024）。

2. 培养基配方　胰蛋白胨 15.0g，氯化钠 5.0g，枸橼酸铁铵 1.0g，脱氧胆酸钠 1.0g，硫代硫酸钠 1.0g，5 - 溴 - 4 - 氯 - 3 - 吲哚 - α - D - 葡萄糖苷 0.1g，琼脂 15.0g，蒸馏水 1000ml，pH（25℃）7.3 ± 0.2。

3. 制法　将上述成分溶于蒸馏水中，调节 pH 至 7.3 ± 0.2，分装后，加热煮沸至完全溶解，121℃ 高压灭菌 15 分钟，冷至 50℃ 左右倾注平板，备用。

4. 质量控制　此培养基呈黄色，清晰无沉淀。阪崎肠杆菌菌落呈蓝绿色；普通变形杆菌菌落呈灰黑色；大肠埃希菌呈无色菌落；粪肠球菌生长受抑制。

（六十二）胰酪胨大豆多黏菌素肉汤

1. 用途　可广泛应用于细菌的培养，特别用于蜡样芽孢杆菌的多管发酵法测定（GB 4789.14—2014）。

2. 培养基配方

（1）基础培养基成分　胰蛋白胨 17.0g，植物蛋白胨 3.0g，氯化钠 5.0g，磷酸氢二钾 2.5g，葡萄糖 2.5g，蒸馏水 1000ml，pH（25℃）7.3 ± 0.2。

（2）添加试剂成分　多黏菌素 B 100IU/ml。

3. 制法　将基础培养基各成分加入于蒸馏水中，加热溶解，校正 pH 至 7.3 ± 0.2，121℃ 高压灭菌 15 分钟。临用时加入多黏菌素 B 溶液混匀即可。

多黏菌素 B 溶液：在 50ml 灭菌蒸馏水中溶解 500000 IU 的无菌硫酸盐多黏菌素 B。

4. 质量控制　此培养基呈淡黄色，清晰无沉淀。蜡样芽孢杆菌生长良好，大肠埃希菌生长受抑制。

（六十三）甘露醇卵黄多黏菌素（MYP）琼脂

1. 用途　用于蜡样芽孢杆菌的菌数测定及分离培养（GB 4789.14—2014）。

2. 培养基配方

（1）基础培养基成分　蛋白胨 10.0g，牛肉浸粉粉 1.0g，D - 甘露醇 10.0g，氯化钠 10.0g，琼脂 15.0g，酚红 26.0mg，蒸馏水 1000ml，pH（25℃）7.3 ± 0.1。

（2）添加试剂成分　多黏菌素 B 10000IU，50% 卵黄液 50ml。

3. 制法　将基础培养基各成分加入于 950ml 蒸馏水中，加热溶解，校正 pH 至 7.3 ± 0.1，加入酚红溶液，分装。每瓶 95ml，121℃ 高压灭菌 15 分钟。临用时加热溶化琼脂，冷却至 50℃，每瓶加入 50% 卵黄液 5ml 和浓度为 10000IU 的多黏菌素 B 溶液 1ml，混匀后倾注平板。

50% 卵黄液：取鲜鸡蛋，用硬刷将蛋壳彻底洗净，沥干，于 70% 乙醇溶液中浸泡 30 分钟，用无菌操作取出卵黄，加入等量无菌生理盐水，混匀后备用。

多黏菌素 B 溶液：在 50ml 灭菌蒸馏水中溶解 500000IU 的无菌硫酸盐多黏菌素 B。

4. 质量控制　此培养基呈橙红色，不透明。蜡样芽孢杆菌粉红色菌落，周围有较大沉淀环；枯草芽孢杆菌黄色菌落，无沉淀环；大肠埃希菌生长受抑制。

（六十四）营养琼脂

1. 用途　一般细菌总数测定、保存菌种及纯培养以及根状生长试验（GB 4789.14—2014）。

2. 培养基配方　蛋白胨 10.0g，牛肉膏 5.0g，氯化钠 5.0g，琼脂粉 12.0 ~ 15.0g，蒸馏水 1000ml，pH（25℃）7.2 ± 0.2。

3. 制法 将除琼脂以外的各成分溶解于蒸馏水内，校正 pH 至 7.2 ± 0.2，加入琼脂，加热煮沸，使琼脂溶化，分装，121℃高压灭菌 15 分钟，备用。

4. 质量控制 此培养基呈淡黄色，清晰无沉淀。蕈状芽孢杆菌呈根状生长的特征；蜡样芽孢杆菌呈粗糙山谷状生长的特征。

（六十五）胰酪胨大豆羊血（TSSB）琼脂

1. 用途 用于营养要求较高的细菌的培养及溶血试验（GB 4789.14—2014）。

2. 培养基配方

（1）基础培养基成分 胰酪胨（或酪蛋白胨）15.0g，植物蛋白胨（或大豆蛋白胨）5.0g，氯化钠 5.0g，无水磷酸氢二钾 2.5g，葡萄糖 2.5g，琼脂 15.0g，蒸馏水 1000ml，pH（25℃）7.2 ± 0.2。

（2）添加试剂成分 无菌脱纤维羊血 50 ~ 100ml。

3. 制法 将基础培养基各成分于蒸馏水中加热溶解，校正 pH 至 7.2 ± 0.2，分装每瓶 100ml，121℃高压灭菌 15 分钟。水浴中冷却至 45 ~ 50℃，每 100ml 加入 5 ~ 10ml 无菌脱纤维羊血，混匀后倾注平板，备用。

4. 质量控制 此培养基呈红色，不透明。蜡样芽孢杆菌菌落周围有 β 溶血环；巨大芽孢杆菌不溶血。

（六十六）硫酸锰营养琼脂培养基

1. 用途 用于蜡样芽孢杆菌鉴定中蛋白质毒素结晶体试验（GB 4789.14—2014）。

2. 培养基配方 胰蛋白胨 5.0g，葡萄糖 5.0g，酵母浸粉 5.0g，硫酸锰（$MnSO_4 \cdot H_2O$）30.8mg，琼脂 15.0g，蒸馏水 1000ml，pH（25℃）7.2 ± 0.2。

3. 制法 将各成分溶解于蒸馏水，校正 pH 至 7.2 ± 0.2，121℃高压灭菌 15 分钟，备用。

4. 质量控制 此培养基呈淡黄色，清晰无沉淀。短小芽孢杆菌和枯草芽孢杆菌黑色变种芽孢形成 90% 以上。

（六十七）酪蛋白琼脂

1. 用途 用于蜡样芽孢杆菌鉴定中酪蛋白酶试验（GB 4789.14—2014）。

2. 培养基配方 酪蛋白 10.0g，牛肉粉 3.0g，无水磷酸氢二钠 2.0g，氯化钠 2.0g，琼脂 15.0g，蒸馏水 1000ml，0.4%溴麝香草酚蓝溶液 12.5ml，pH（25℃）7.4 ± 0.2。

3. 制法 除溴麝香草酚蓝溶液外，各成分溶于蒸馏水中加热溶解（酪蛋白不会溶解）。校正 pH 至 7.4 ± 0.2，加入溴麝香草酚蓝溶液，121℃高压灭菌 15 分钟后倾注平板。

4. 试验方法 用接种环挑取可疑菌落，接种于酪蛋白琼脂培养基上，（36 ± 1）℃培养（48 ± 2）小时，阳性反应菌落周围培养基应出现澄清透明区（表示产生酪蛋白酶）。阴性反应时应继续培养 72 小时再观察。

5. 质量控制 此培养基呈绿色，有白色粉末沉淀。蜡样芽孢杆菌菌落周围有透明圈，培养基颜色由绿变蓝；大肠埃希菌菌落周围没有透明圈，培养基由绿变蓝。

（六十八）动力培养基

1. 用途 用于细菌的动力试验（GB 4789.14—2014）。

2. 培养基配方 胰酪胨（或酪蛋白胨）10.0g，酵母粉 2.5g，葡萄糖 5.0g，无水磷酸氢二钠 2.5g，琼脂 3.0 ~ 5.0g，蒸馏水 1000ml，pH（25℃）7.0 ± 0.2。

3. 制法 将上述各成分溶解于蒸馏水，校正 pH 至 7.2 ± 0.2，加热溶解，分装每管 2 ~ 3ml，115℃高压灭菌 20 分钟，备用。

4. 试验方法 用接种针挑取培养物穿刺接种于动力培养基中，（30±1）℃培养（48±2）小时。蜡样芽孢杆菌应沿穿刺线呈扩散生长，而蕈状芽孢杆菌常常呈绒毛状生长，形成蜂巢状扩散。动力试验也可用悬滴法检查。蜡样芽孢杆菌和苏云金芽孢杆菌通常运动极为活泼，而炭疽杆菌则不运动。

5. 质量控制 此培养基呈淡黄色，清晰无沉淀。蜡样芽孢杆菌动力阳性；炭疽杆菌动力阴性。

（六十九）硝酸盐肉汤

1. 用途 用于蜡样芽孢杆菌利用硝酸盐的鉴定试验（GB 4789.14—2014）。

2. 培养基配方 蛋白胨 5.0g，硝酸钾 0.2g，蒸馏水 1000ml，pH（25℃）7.4±0.2。

3. 制法 将上述各成分溶解于蒸馏水，校正 pH 至 7.4±0.2，分装每管 5ml，121℃高压灭菌 15 分钟。

硝酸盐还原试剂：①甲液：将对氨基苯磺酸 0.8g 溶解于 2.5mol/L 乙酸溶液 100ml 中。②乙液：将甲萘胺 0.5g 溶解于 2.5mol/L 乙酸溶液 100ml 中。

4. 试验方法 接种后在（36±1）℃培养 24～72 小时，加甲液和乙液各 1 滴，观察结果。阳性反应立即或数分钟内显红色。如为阴性，可再加入锌粉少许，如出现红色，表示硝酸盐未被还原，为阴性。反之，则表示硝酸盐已被还原，为阳性。

5. 质量控制 此培养基呈无色，清晰无沉淀。蜡样芽孢杆菌阳性；硝酸盐阴性不动杆菌阴性。

（七十）明胶培养基

1. 用途 用于鉴定蜡样芽孢杆菌明胶酶的试验（GB 4789.14—2014）。

2. 培养基配方 蛋白胨 5.0g，牛肉粉 3.0g，明胶 120.0g，蒸馏水 1000ml，pH（25℃）7.5±0.1。

3. 制法 将上述成分混合，置流动蒸汽灭菌器内，加热溶解，校正 pH 至 7.5±0.1，过滤，分装试管，121℃高压灭菌 10 分钟，备用。

4. 试验方法 挑取可疑菌落接种于明胶培养基，（36±1）℃培养（24±2）小时，取出，2～8℃放置 30 分钟，取出，观察明胶液化情况。

5. 质量控制 此培养基呈淡黄色，少量沉淀。蜡样芽孢杆菌阳性；大肠埃希菌阴性。

（七十一）溶菌酶营养肉汤

1. 用途 用于鉴定蜡样芽孢杆菌溶菌酶耐性试验（GB 4789.14—2014）。

2. 培养基配方 牛肉粉 3.0g，蛋白胨 5.0g，蒸馏水 990ml，0.1% 溶菌酶溶液 10.0ml，pH（25℃）6.8±0.1。

3. 制法 除溶菌酶溶液外，将上述成分溶解于蒸馏水，校正 pH 至 6.8±0.1，分装每瓶 99ml。121℃高压灭菌 15 分钟。每瓶加入 0.1% 溶菌酶溶液 1ml，混匀后分装灭菌试管，每管 2.5ml。

0.1% 溶菌酶溶液配制：在 65ml 灭菌的 0.1mol/L 盐酸中加入 0.1g 溶菌酶，隔水煮沸 20 分钟溶解后，再用灭菌的 0.1mol/L 盐酸稀释至 100ml。或者称取 0.1g 溶菌酶溶于 100ml 的无菌蒸馏水后，用孔径为 0.45μm 硝酸纤维膜过滤，使用前测试是否无菌。

4. 试验方法 用接种环取纯菌悬液一环，接种于溶菌酶肉汤中，（36±1）℃培养 24 小时。蜡样芽孢杆菌在本培养基（含 0.001% 溶菌酶）中能生长。如出现阴性反应，应继续培养 24 小时。

5. 质量控制 此培养基呈淡黄色。蜡样芽孢杆菌生长良好；巨大芽孢杆菌不生长。

（七十二）Bolton 肉汤

1. 用途 用于空肠弯曲菌选择性增菌培养（GB 4789.9—2014）。

2. 培养基配方

（1）基础培养基成分　动物组织酶解物 10.0g，乳白蛋白水解物 5.0g，酵母浸膏 5.0g，氯化钠 5.0g，丙酮酸钠 0.5g，偏亚硫酸氢钠 0.5g，碳酸钠 0.6g，α-酮戊二酸 1.0g，蒸馏水 1000.0ml。

（2）抗生素溶液成分　头孢哌酮 0.02g，万古霉素 0.02g，甲氧苄啶乳酸盐 0.02g，两性霉素 B 0.01g，多黏菌素 B 0.01g，乙醇/灭菌水（50/50，体积分数）5.0ml。

3. 制法　将基础培养基各成分于蒸馏水中，121℃灭菌 15 分钟。当基础培养基的温度约为 45℃左右时，无菌加入绵羊或马血以及经 0.22μm 滤膜过滤除菌的抗生素溶液，混匀。

将完全培养基的 pH 调至 7.4±0.2（25℃），将培养基无菌分装至合适的试管或锥形瓶中备用。配制的增菌液在常温下放置不得超过 4 小时，或在 4℃左右避光保存不得超过 7 天。

无菌裂解脱纤维绵羊或马血：对无菌脱纤维绵羊或马血通过反复冻融进行裂解或使用皂角苷进行裂解。

4. 质量控制　此培养基呈黄色，清晰无沉淀，加血后红色不透明。空肠弯曲菌生长良好；金黄色葡萄球菌、大肠埃希菌和酿酒酵母生长受抑制。

（七十三）改良 CCD 琼脂

1. 用途　用于空肠弯曲菌的选择性分离培养（GB 4789.9—2014）。

2. 培养基配方

（1）基础培养基成分　肉浸液 10.0g，动物组织酶解物 10.0g，氯化钠 5.0g，木炭 4.0g，酪蛋白酶解物 3.0g，去氧胆酸钠 1.0g，硫酸亚铁 0.25g，丙酮酸钠 0.25g，琼脂 8.0～18.0g，蒸馏水 1000.0ml。

（2）抗生素溶液成分　头孢哌酮 0.032g，两性霉素 B 0.01g，利福平 0.01g，乙醇/灭菌水（50/50，体积分数）5.0ml。

3. 制法　将基础培养基各成分于蒸馏水中加热溶解，分装至合适的锥形瓶内，121℃灭菌 15 分钟。当基础培养基的温度约为 45℃左右时，加入抗生素溶液，混匀。将完全培养基的 pH 调至 7.4±0.2（25℃），倾注约 15ml 于无菌平板中，静置至培养基凝固。使用前需预先干燥平板，可将平板盖打开，使培养基面朝下，置于干燥箱中约 30 分钟，直到琼脂表面没有可见潮湿。预先制备的平板未干燥时在室温放置不得超过 4 小时，或在 4℃左右冷藏不得超过 7 天。

4. 质量控制　此培养基呈黑色，不透明。空肠弯曲菌生长良好，为淡灰色，有金属光泽、潮湿、扁平，呈扩散生长的倾向；金黄色葡萄球菌、大肠埃希菌和酿酒酵母生长受抑制。

（七十四）Skirrow 血琼脂

1. 用途　用于空肠弯曲菌的选择性分离培养（GB 4789.9—2014）。

2. 培养基配方

（1）基础培养基成分　蛋白胨 15.0g，胰蛋白胨 2.5g，酵母浸粉 5.0g，氯化钠 5.0g，琼脂 15.0g，蒸馏水 1000ml，pH（25℃）7.4±0.2。

（2）FBP 溶液成分　丙酮酸钠 12.5mg，焦亚硫酸钠 12.5mg，硫酸亚铁 12.5mg，蒸馏水 5ml。

（3）抗生素溶液成分　头孢哌酮 0.032g，两性霉素 B 0.01g，利福平 0.01g，乙醇/灭菌水（50/50，体积分数）5.0ml。

（4）添加试剂成分　无菌脱纤维羊血 50ml。

3. 制法　将基础培养基各成分于蒸馏水中加热溶解，分装至合适的锥形瓶内，121℃灭菌 15 分钟。当基础培养基的温度约为 45℃左右时，加入 FBP 溶液、抗生素溶液与冻融的无菌脱纤维绵羊血，混匀。将完全培养基的 pH 调至 7.4±0.2（25℃），倾注约 15ml 于无菌平板中，静置至培养基凝固。使用前需预先干燥平板，可将平板盖打开，使培养基面朝下，置于干燥箱中约 30 分钟，直到琼脂表面没有可见潮湿。预先制备的平板未干燥时，在室温放置不得超过 4 小时，或在 4℃ 左右冷藏不得超过 7 天。

4. 质量控制 此培养基呈黄色，清晰无沉淀，加血后红色不透明。空肠弯曲菌生长良好，第一型可疑菌落为灰色、扁平、湿润有光泽，呈沿接种线向外扩散的倾向；第二型可疑菌落常呈分散凸起的单个菌落，边缘整齐、发亮；金黄色葡萄球菌、大肠埃希菌生长受抑制。

（七十五）哥伦比亚血琼脂

1. 用途 用于营养要求较高的细菌的培养和进行溶血试验，还用于空肠弯曲菌的微需氧和有氧生长试验（GB 4789.9—2014）。

2. 培养基配方

（1）基础培养基成分 动物组织酶解物 23.0g，淀粉 1.0g，氯化钠 5.0g，琼脂 8.0 ~ 18.0g，蒸馏水 1000.0ml。

（2）添加试剂成分 无菌脱纤维羊血或兔血 50ml。

3. 制法 将基础培养基各成分于蒸馏水中加热溶解，分装至合适的锥形瓶内，121℃ 灭菌 15 分钟。当基础培养基的温度约为 45℃ 左右时，加入冻融的无菌脱纤维绵羊血，混匀。将完全培养基的 pH 调至 7.3 ± 0.2（25℃），倾注约 15ml 于无菌平板中，静置至培养基凝固。使用前需预先干燥平板。可将平板盖打开，使培养基面朝下，置于干燥箱中约 30 分钟，直到琼脂表面没有可见潮湿。预先制备的平板未干燥时，在室温放置不得超过 4 小时，或在 4℃ 左右冷藏不得超过 7 天。

4. 质量控制 此培养基呈浅黄色，清晰无沉淀。加血后红色不透明。在微需氧条件下（25 ± 1）℃ 和有氧条件下（42 ± 1）℃ 生长试验，空肠弯曲菌均不生长。

（七十六）布氏肉汤

1. 用途 用于空肠弯曲菌的增菌培养或测动力的悬浮液，亦用于布鲁菌的培养（GB4789.9 - 2014）。

2. 培养基配方 酪蛋白酶解物 10.0g，动物组织酶解物 10.0g，葡萄糖 1.0g，酵母浸粉 2.0g，氯化钠 5.0g，亚硫酸氢钠 0.1g，蒸馏水 1000ml，pH（25℃）7.0 ± 0.2。

3. 制法 将基础培养基成分溶解于水中，把 pH 调至 7.0 ± 0.2（25℃），121℃ 高压灭菌 15 分钟，备用。

4. 质量控制 此培养基呈淡黄色，清晰无沉淀。空肠弯曲菌生长良好。

（七十七）马尿酸钠水解试剂

1. 用途 用于链球菌和空肠弯曲菌的生化鉴定（GB 4789.9—2014）。

2. 培养基配方

（1）马尿酸钠溶液 马尿酸钠 10.0g。

（2）磷酸盐缓冲液（PBS）组分 氯化钠 8.5g，磷酸氢二钠 8.98g，磷酸二氢钠 2.71g，蒸馏水 1000.0ml。

（3）3.5%（水合）茚三酮溶液 （水合）茚三酮 1.75g，丙酮 25.0ml，丁醇 25.0ml。

3. 制法 将马尿酸钠溶于磷酸盐缓冲液中，过滤除菌，无菌分装，每管 0.4ml，贮存于 - 20℃。将（水合）茚三酮溶解于丙酮 - 丁醇混合液中。该溶液在避光冷藏时最多不超过 7 天。

4. 质量控制 马尿酸钠溶液呈白色，清晰无沉淀；茚三酮溶液黄绿色液体，清晰无沉淀。空肠弯曲菌阳性，出现深紫色；乙型溶血链球菌阴性，黄色。

（七十八）MRS 培养基

1. 用途 用于乳酸菌的分离与培养（GB 4789.34—2016，GB 4789.35—2023）。

2. 培养基配方 蛋白胨 10.0g，牛肉粉 5.0g，酵母粉 4.0g，葡萄糖 20.0g，吐温 80 1.0ml，K_2PO_4 · $7H_2O$ 2.0g，醋酸钠（$3H_2O$）5.0g，枸橼酸三铵 2.0g，$MgSO_4$ · $7H_2O$ 0.2g，$MnSO_4$ · $4H_2O$ 0.05g，琼脂粉 15.0g，加蒸馏水至 1000.0ml，pH（25℃）6.2 ± 0.2。

3. 制法 将上述成分加入到 1000ml 蒸馏水中，加热溶解，调节 pH 至 6.2 ± 0.2，分装后 121℃ 高压灭菌 15 ~ 20 分钟。

4. 质量控制 此培养基呈黄色，清晰无沉淀。乳酸菌均生长良好。

（七十九）莫匹罗星锂盐和半胱氨酸盐酸盐改良 MRS 培养基

1. 用途 用于双歧杆菌的分离与培养（GB 4789.35—2023）。

2. 培养基配方 MRS 培养基 985ml，莫匹罗星锂盐贮备液 5ml，半胱氨酸盐酸盐贮备液 10ml。

3. 制法 将 MRS 培养基各成分加入到 985ml 蒸馏水中，加热溶解，调节 pH，分装后，121℃ 高压灭菌 15 ~ 20 分钟。临用时加热溶化琼脂，在水浴中冷至 48℃，用带有 0.22μm 滤膜的注射器将莫匹罗星锂盐贮备液及半胱氨酸盐酸盐贮备液制备加入到溶化琼脂中，使培养基中莫匹罗星锂盐的浓度为 50μg/ml，半胱氨酸盐酸盐的浓度为 500μg/ml。

莫匹罗星锂盐贮备液制备：称取 50mg 莫匹罗星锂盐加入到 5ml 蒸馏水中，用 0.22μm 滤膜过滤除菌。

半胱氨酸盐酸盐贮备液制备：称取 500mg 半胱氨酸盐酸盐加入到 10ml 蒸馏水中，用 0.22μm 滤膜过滤除菌。

4. 质量控制 此培养基呈黄色，清晰无沉淀。两歧双歧杆菌和婴儿双歧杆菌生长良好；植物乳杆菌生长受抑制。

（八十）MC 培养基

1. 用途 用于嗜热链球菌的分离与培养（GB 4789.35—2023）。

2. 培养基配方 大豆蛋白胨 5.0g，牛肉粉 5.0g，酵母浸粉 5.0g，葡萄糖 20.0g，乳糖 20.0g，碳酸钙 10.0g，琼脂 15.0g，蒸馏水 1000ml，1% 中性红溶液 5.0ml，pH（25℃）6.2 ± 0.2。

3. 制法 将前面 7 种成分加入蒸馏水中，加热溶解，调节 pH 至 6.2 ± 0.2，加入中性红溶液。分装后 121℃ 高压灭菌 15 ~ 20 分钟。

4. 质量控制 此培养基呈红色，有微量白色沉淀。嗜热链球菌生长良好。

（八十一）乳酸杆菌糖发酵管

1. 用途 用于乳酸菌的生化鉴定（GB 4789.35—2023）。

2. 培养基配方 牛肉浸粉 5.0g，蛋白胨 5.0g，酵母浸粉 5.0g，吐温 80 0.5ml，琼脂 1.5g，1.6% 溴甲酚紫 – 乙醇溶液 1.4ml，蒸馏水 1000ml，pH（25℃）7.2 ± 0.2。

3. 制法 将上述成分加入蒸馏水中，按 0.5% 加入所需糖类，加热溶解，调节 pH 至 7.2 ± 0.2，并分装小试管，121℃ 高压灭菌 15 ~ 20 分钟。

4. 质量控制 此培养基呈紫色，清晰无沉淀。0.5% 蔗糖发酵管，植物乳杆菌阳性，培养基变黄；德氏乳杆菌保加利亚亚种阴性，培养基紫色不变。

（八十二）七叶苷培养基

1. 用途 用于乳酸菌的生化鉴定（GB 4789.35—2023）。

2. 培养基配方 蛋白胨 5.0g，磷酸氢二钾 1.0g，七叶苷 3.0g，枸橼酸铁 0.5g，1.6% 溴甲酚紫 – 乙醇溶液 14ml，蒸馏水 100ml，pH（25℃）7.2 ± 0.2。

3. 制法 将上述成分加入蒸馏水中，加热溶解，调节 pH 至 7.2 ± 0.2，121℃ 高压灭菌 15 ~ 20 分钟。

4. 质量控制 此培养基呈红褐色，清晰无沉淀。植物乳杆菌阳性，培养基变棕黑色；德氏乳杆菌保加利亚亚种阴性，培养基红褐色不变。

（八十三）双歧杆菌琼脂培养基

1. 用途 用于双歧杆菌的分离、培养与计数（GB 4789.34—2016）。

2. 培养基配方 蛋白胨15.0g，酵母浸膏2.0g，葡萄糖20.0g，可溶性淀粉0.5g，氯化钠5.0g，西红柿浸出液400.0ml，吐温80 10ml，肝粉0.3g，琼脂粉20.0g，加蒸馏水至1000ml，pH（25℃）6.8±0.1。

3. 制法 将上述所有成分加入蒸馏水中，加热溶解，然后加入半胱氨酸盐溶液，校正pH 6.8±0.1。分装后，121℃高压灭菌15～20分钟。临用时，加热溶化琼脂，冷至50℃时使用。

半胱氨酸盐溶液的配制：称取半胱氨酸0.5g，加入1.0ml盐酸，使半胱氨酸全部溶解，配制成半胱氨酸盐溶液。

西红柿浸出液的制备：将新鲜的西红柿洗净后称重切碎，加等量的蒸馏水在100℃水浴中加热，搅拌90分钟，然后用纱布过滤，校正pH 7.0±0.1，将浸出液分装后，121℃高压灭菌15～20分钟。

4. 质量控制 此培养基呈浅黄色，清晰无沉淀。两歧双歧杆菌和婴儿双歧杆菌生长良好。

（八十四）PYG 液体培养基

1. 用途 用于培养双歧杆菌对其有机酸代谢产物进行测定（GB 4789.34—2016）。

2. 培养基配方 蛋白胨10.0g，葡萄糖2.5g，酵母粉5.0g，半胱氨酸盐酸盐0.25g，盐溶液200ml，维生素K_1溶液0.5ml，5mg/ml氯化血红素溶液2.5ml，加蒸馏水至500ml，pH（25℃）6.0±0.1。

3. 制法 盐溶液的配制：称取无水氯化钙0.2g，硫酸镁0.2，磷酸氢二钾1.0g，磷酸二氢钾1.0g，碳酸氢钠10.0g，氯化钠2.0g，加蒸馏水至1000ml。

氯化血红素溶液（5mg/ml）的配制：称取氯化血红素0.5g溶于1mol/L氢氧化钠1.0ml中，加蒸馏水至1000ml，121℃高压灭菌15～20分钟。

维生素K_1溶液的配制：称取维生素K_1 1.0g，加无水乙醇99.0ml，过滤除菌，冷藏保存。

除氯化血红素溶液和维生素K_1溶液外，其余成分加入蒸馏水中，加热溶解，校正pH 6.0±0.1，加入中性红溶液，分装后121℃高压灭菌15～20分钟。临用时加热溶化琼脂，加入氯化血红素溶液和维生素K_1溶液，冷至50℃使用。

4. 质量控制 此培养基呈黄色，清晰无沉淀。两歧双歧杆菌和婴儿双歧杆菌生长良好。

附录三 常用染色液

（一）革兰染液

1. 用途 用于细菌的鉴定（GB 4789.7—2013，GB 4789.10—2016，GB 4789.12—2016，GB 4789.26—2023，GB 4789.30—2016，GB 4789.35—2023）。

2. 组成

（1）结晶紫染液　结晶紫1.0g，95%乙醇20.0ml，1%草酸铵水溶液80.0ml。

制法：将结晶紫完全溶解于乙醇中，然后与草酸铵溶液混合。

（2）革兰碘液　碘1.0g，碘化钾2.0g，蒸馏水300.0ml。

制法：将碘与碘化钾先行混合，加入蒸馏水少许充分振摇。待完全溶解后，再加蒸馏水至300.0ml.

（3）沙黄复染液　沙黄0.25g，95%乙醇10.0ml，蒸馏水90.0ml。

制法：将沙黄溶解于乙醇中，然后用蒸馏水稀释。

3. 染色法

（1）涂片在酒精灯火焰上固定，滴加结晶紫染液覆盖，染 1 分钟，水洗。

（2）滴加革兰碘液覆盖，作用 1 分钟，水洗。

（3）滴加 95% 乙醇脱色约 15 ~ 30 秒，（可将乙醇覆盖整个涂片，立即倾去，再用乙醇覆盖涂片，作用约 10 秒，倾去脱色液，滴加乙醇从涂片流下至出现无色为止，不要过分脱色），水洗。

（4）滴加沙黄复染液覆盖，复染 1 分钟，水洗、待干、镜检。

4. 质量控制 金黄色葡萄球菌革兰阳性，菌体紫色；大肠埃希菌革兰阴性，菌体红色。

（二）芽孢染液

1. 用途 用于芽孢的染色。

2. 组成

（1）孔雀绿染液 孔雀绿 5g，蒸馏水 100ml。

（2）番红水溶液 番红 0.5g，蒸馏水 100ml。

3. 染色法

（1）涂片在酒精灯火焰上固定，滴加 3 ~ 5 滴孔雀绿染液于已固定的涂片上，用镊子夹住载玻片在火焰上加热，使染液冒蒸汽但勿沸腾，切忌使染液蒸干，必要时可添加少许染液。加热时间从染液冒蒸汽时开始计算 4 ~ 5 分钟。

（2）倾去染液，待载玻片冷却后水洗至孔雀绿不再褪色为止。

（3）用番红水溶液复染 1 分钟，水洗。

（4）待干燥后，置油镜观察，芽孢呈绿色，菌体呈红色。

附录四 常用试剂和指示剂

（一）磷酸盐缓冲液（PBS）

1. 用途 用于样品稀释（GB 4789.2—2022，GB 4789.3—2016，GB 4789.10—2016，GB 4789.14—2014，GB 4789.15—2016）。

2. 试剂配方 磷酸二氢钾（KH_2PO_4）34.0g，蒸馏水 500ml，pH（25℃）7.2 ±0.2。

3. 制法 贮存液：称取 34.0g 的磷酸二氢钾溶于 500ml 蒸馏水中，用大约 175ml 的 1mol/L 氢氧化钠溶液调节 pH 至 7.2 ±0.2，用蒸馏水稀释至 1000ml 后贮存于冰箱。

稀释液：取贮存液 1.25ml，用蒸馏水稀释至 1000ml，分装于适宜容器中，121℃高压灭菌 15 分钟。

4. 质量控制 此试剂呈无色，清晰无沉淀。大肠埃希菌和金黄色葡萄球菌 45 分钟前后菌落数变化不超过 ±50%。

（二）无菌生理盐水

1. 用途 用于样品稀释（GB 4789.2—2022，GB 4789.3—2016，GB 4789.10—2016，GB 4789.15—2016）。

2. 试剂配方 氯化钠 8.5g，蒸馏水 1000ml。

3. 制法 称取 8.5g 氯化钠溶于 1000ml 蒸馏水中，搅拌至完全溶解，分装后，121℃灭菌 15 分钟，备用。

4. 质量控制 此试剂呈无色，清晰无沉淀。大肠埃希菌和金黄色葡萄球菌 45 分钟前后菌落数变化不超过 ±50%。

（三）靛基质试剂

1. 用途　用于沙门菌、志贺菌的色氨酸酶试验（GB 4789.4—2024，GB 4789.5—2012）。

2. 试剂配方及制法

（1）蛋白胨水　蛋白胨（或胰蛋白胨）20.0g。氯化钠 5.0g。蒸馏水 1000ml，pH（25℃）7.4 ±0.2。

将上述成分加入蒸馏水中，煮沸溶解，调节 pH 至 7.4 ±0.2，分装小试管，121℃高压灭菌 15 分钟。

（2）靛基质试剂　柯凡克试剂：将 5g 对二甲氨基甲醛溶解于 75ml 戊醇中，然后缓慢加入浓盐酸 25ml。欧-波试剂：将 1g 对二甲氨基苯甲醛溶解于 95ml 95% 乙醇内，然后缓慢加入浓盐酸 20ml。

3. 试验方法　挑取小量培养物接种，在（36 ±1）℃培养 1～2 天，必要时可培养 4～5 天，加入柯凡克试剂约 0.5ml，轻摇试管，阳性者于试剂层呈深红色；或加入欧-波试剂约 0.5ml，沿管壁流下，覆盖于培养液表面，阳性者于液面接触处呈玫瑰红色。

注：蛋白胨中应含有丰富的色氨酸，每批蛋白胨买来后，应先用已知菌种鉴定后方可使用。

4. 质量控制　此试剂呈液体，清晰无沉淀。大肠埃希菌阳性，鼠伤寒沙门菌和福氏志贺菌阴性。

（四）兔血浆

1. 用途　用于血浆凝固酶阳性的金黄色葡萄球菌的确认（GB 4789.10—2016）。

2. 试剂配方及制法　取枸橼酸钠 3.8g，加蒸馏水 100ml，溶解后过滤，装瓶，121℃高压灭菌 15 分钟。

兔血浆制备：取 38% 枸橼酸钠溶液一份，加兔全血四份，混合均匀，静置（或以 3000r/min 离心 30 分钟），使血液细胞下降，即可得血浆。

3. 质量控制　此试剂呈微红色，不透明。金黄色葡萄球菌阳性，血浆凝固；表皮葡萄球菌阴性，血浆不凝固。

（五）胰蛋白酶溶液

1. 用途　用于肉毒梭菌的肉毒素检测（GB 4789.12—2016）。

2. 试剂配方　胰蛋白酶（1：250）100g，蒸馏水 100ml。

3. 制法　将胰蛋白酶溶于蒸馏水中，膜过滤除菌，4℃保存备用。

4. 质量控制　此试剂呈淡黄色，清晰无沉淀。

（六）明胶磷酸盐缓冲液

1. 用途　用于检测肉毒梭菌的样品的处理及肉毒梭菌的稀释（GB 4789.12—2016）。

2. 试剂配方　明胶 2.0g，磷酸氢二钠（N_2HPO_4）4.0g，蒸馏水 1000ml，pH（25℃）6.2 ±0.2。

3. 制法　将配方中成分溶于蒸馏水中，调节 pH 至 6.2 ±0.2，121℃高压蒸汽灭菌 15 分钟。

4. 质量控制　此试剂呈淡无色，清晰无沉淀。肉毒梭菌生长良好。

（七）磷酸盐缓冲液（PBS）

1. 用途　用于肉毒梭菌毒素基因检测中悬浮菌体（GB 4789.12—2016）。

2. 试剂配方　氯化钠 7.65g，磷酸氢二钠 0.724g，磷酸二氢钾 0.21g，超纯水 1000ml，pH（25℃）7.4 ±0.2。

3. 制法　准确称取配方中化学试剂，溶于超纯水中，调节 pH 至 7.4 ±0.2，121℃高压蒸汽灭菌 15 分钟。

4. 质量控制　此试剂呈淡无色，清晰无沉淀。

（八）甲基红（MR）试验试剂

1. 用途　用于李斯特菌的 MR 试验（GB 4789.30—2016）。

2. 试剂配方　甲基红 10mg，95% 乙醇 30ml，蒸馏水 20ml。

3. 制法　10mg 甲基红溶于 30ml 95% 乙醇中，然后加入 20ml 蒸馏水。

4. 试验方法　取适量琼脂培养物接种于缓冲葡萄糖蛋白胨水中，（36±1）℃培养 2～5 天，滴加甲基红试剂一滴，立即观察结果。鲜红色为阳性，黄色为阴性。

5. 质量控制　此试剂呈淡黄色，清晰无沉淀。李斯特菌阳性；产气肠杆菌阴性。

（九）V–P 试验液

1. 用途　用于细菌的 V–P 试验（GB 4789.7—2013，GB 4789.14—2014，GB 4789.30—2016）。

2. 试剂及制法　6% α–萘酚–乙醇溶液：取 α–萘酚 6.0g，加无水乙醇溶解，定容至 100ml。
40% 氢氧化钾溶液：取氢氧化钾 40g，加蒸馏水溶解，定容至 100ml。

3. 试验方法　取适量琼脂培养物接种于缓冲葡萄糖蛋白胨水中，（36±1）℃培养 2～4 天，加入 6% α–萘酚–乙醇溶液 0.5ml 和 40% 氢氧化钾溶液 0.2ml，充分振摇试管，观察结果。阳性反应立刻或于数分钟内出现红色，如为阴性，应放在（36±1）℃继续培养 1 小时再进行观察。

4. 质量控制　此试剂呈淡黄色，清晰无沉淀。李斯特菌阳性；大肠埃希菌阴性。

（十）过氧化氢试剂（3%过氧化氢试剂）

1. 用途　用于细菌的过氧化氢酶试验（GB 4789.9—2014，GB 4789.14—2014，GB 4789.30—2016）。

2. 试剂及制法　3% 过氧化氢溶液：临用时配制，用 H_2O_2 配制。

3. 试验方法　用细玻璃棒或一次性接种针挑取单个菌落，置于洁净试管内，滴加 3% 过氧化氢溶液 2ml，观察结果。于半分钟内发生气泡者为阳性，不发生气泡者为阴性。

4. 质量控制　此试剂呈无色，清晰无沉淀。单增李斯特菌阳性；粪肠球菌阴性。

（十一）3%氯化钠溶液

1. 用途　用于副溶血性弧菌 K 抗原的鉴定（GB 4789.7—2013）。

2. 试剂配方　氯化钠 30.0g，蒸馏水 1000ml，pH（25℃）7.2±0.2。

3. 制法　将氯化钠溶于蒸馏水中，121℃高压灭菌 15 分钟。

4. 质量控制　此试剂呈无色，清晰无沉淀。

（十二）氧化酶试剂

1. 用途　用于细菌的氧化酶试验（GB 4789.7—2013，GB 4789.9—2014，GB 4789.40—2024）。

2. 试剂配方　N,N,N',N'–四甲基对苯二胺盐酸盐 1.0g，蒸馏水 100ml。

3. 制法　将 N,N,N',N'–四甲基对苯二胺盐酸盐溶于蒸馏水中，2～5℃冰箱内避光保存，在 7 天之内使用。

4. 试验方法　用细玻璃棒或一次性接种针挑取新鲜（24 小时）菌落；涂布在氧化酶试剂湿润的滤纸上。如果滤纸在 10 秒之内呈现粉红或紫红色，即为氧化酶试验阳性。不变色为氧化酶试验阴性。

5. 质量控制　此试剂呈无色，清晰无沉淀。副溶血性弧菌阳性；大肠埃希菌阴性。

（十三）0.5%碱性复红

1. 用途　用于鉴定蜡样芽孢杆菌的蛋白质毒素结晶试验（GB 4789.14—2014）。

2. 试剂配方　碱性复红 0.5g，乙醇 200ml，蒸馏水 800ml。

3. 制法　取碱性复红 0.5g 溶解于 20ml 乙醇中，再用蒸馏水稀释至 100ml，滤纸过滤后贮存备用。

4. 质量控制　此试剂呈深红色，清晰无沉淀。苏云金芽孢杆菌有蛋白质毒素结晶体，蜡样芽孢杆菌无蛋白质毒素结晶体。

（十四）吲哚乙酸酯纸片

1. 用途　用于空肠弯曲菌的生化鉴定（GB 4789.9—2014）。

2. 试纸配方　吲哚乙酸酯 0.1g，丙酮 1ml。

3. 制法　将吲哚乙酸酯溶于丙酮中，吸取 25 ~ 50μl 溶液于空白纸片上（直径为 0.6 ~ 1.2cm）。室温干燥，用带有硅胶塞的棕色试管或瓶于 4℃ 保存。

4. 质量控制　此试纸呈无色。空肠弯曲菌阳性，出现深蓝色。

（十五）0.1% 蛋白胨水

1. 用途　用于检测空肠弯曲菌的样品的处理（GB 4789.9—2014）。

2. 试剂配方　蛋白胨 1.0g，蒸馏水 1000ml，pH（25℃）7.0 ± 0.2。

3. 制法　将蛋白胨溶解于蒸馏水中，校正 pH 至 7.0 ± 0.2（25℃），121℃ 高压灭菌 15 分钟。

4. 质量控制　此试剂呈淡黄色，清晰无沉淀。空肠弯曲菌 45 分钟前后菌落数变化不超过 ±50%。

（十六）1mol/L 硫代硫酸钠（$Na_2S_2O_3$）溶液

1. 用途　用于检测空肠弯曲菌的水样的处理（GB 4789.9—2014）。

2. 试剂配方　硫代硫酸钠（无水）160.0g，碳酸钠（无水）2.0g，蒸馏水 1000ml，pH（25℃）7.0 ± 0.2。

3. 制法　称取 160.0g 无水硫代硫酸钠，加入 2.0g 无水碳酸钠，溶于 1000ml 水中，缓缓煮沸 10 分钟，冷却。

4. 质量控制　此试剂呈无色，清晰无沉淀。

参考文献

［1］段巧玲，李淑荣.食品微生物检验技术［M］.北京：人民卫生出版社，2020.

［2］范丽平，潘嫣丽.食品微生物检验技术［M］.北京：中国农业大学出版社，2021.

［3］黄高明.食品检验工（中级）［M］.2版.北京：机械工业出版社，2016.

［4］黄玉坤，陈祥贵.食品安全与检测［M］.2版.北京：中国轻工业出版社，2022.

［5］李自刚，邵慧杰.食品微生物检验技术［M］.2版.北京：中国轻工业出版社，2023.

［6］路福平，李玉.微生物学实验技术［M］.2版.北京：中国轻工业出版社，2020.

［7］罗红霞，王建.食品微生物检验技术［M］.北京：中国轻工业出版社，2018.

［8］倪语星，尚红.临床微生物学检验［M］.5版.北京：人民卫生出版社，2012.

［9］杨玉红，高江原.食品微生物学基础［M］.北京：中国医药科技出版社，2019.

［10］姚勇芳.食品微生物检验技术［M］.3版.北京：科学出版社，2022.

［11］宁喜斌.食品微生物检验学［M］.北京：中国轻工业出版社，2019.

［12］许晖，王娣，曹珂珂.新编食品微生物学［M］.北京：中国纺织出版社，2021.

［13］旭日干，庞国芳.中国食品安全现状、问题及对策战略研究［M］.北京：科学出版社，2021.

［14］雅梅.食品微生物检验技术［M］.3版.北京：化学工业出版社，2022.

［15］严晓玲，牛红云.食品微生物检测技术［M］.2版.北京：中国轻工业出版社，2023.

［16］张琪，陈祥俊，李金霞.食品理化检验技术［M］.长春：吉林科学技术出版社，2022.

［17］赵月明.乳制品中蜡样芽孢杆菌的暴露研究［D］.长沙：中南林业科技大学，2014.

［18］李凤梅.食品微生物检验［M］.北京：化学工业出版社，2015.

［19］王廷璞，王静.食品微生物检验技术［M］.北京：化学工业出版社，2014.

［20］周建新.食品微生物学检验［M］.2版.北京：化学工业出版社，2020.